机电专业"十三五"精品规划教材

金属材料与热处理

主　编　崔永广　朱永丽　包　钢
副主编　贾荣粮　牛　毅　李　爽
　　　　夏　浩　王　玮

哈尔滨工程大学出版社
Harbin Engineering University Press

内容简介

本书是根据机械类专业机械基础课的基本要求组织编写的。全书共 11 章，主要包括绪论、工程材料的性能、工程材料的结构、金属材料的结晶、钢的热处理、工业用钢、铸铁、非铁金属及其合金、非金属材料、现代新型材料、机械零件材料选择与失效形式。全书以厘清概念、强调应用为教学的根本目的，内容上则通过"基础知识、基本方法、典型工艺、教学实习、综合应用"的模式构成知识链，便于教学实施。

本书可作为应用型本科、职业院校机械类专业或其他近机类专业机械基础课程的教材，也可供继续教育和工程技术人员学习参考。

图书在版编目（CIP）数据

金属材料与热处理 / 崔永广，朱永丽，包钢主编
. -- 哈尔滨 ：哈尔滨工程大学出版社，2019.11（2023.8 重印）
ISBN 978-7-5661-2533-0

Ⅰ. ①金… Ⅱ. ①崔… ②朱… ③包… Ⅲ. ①金属材料－教材②热处理－教材 Ⅳ. ①TG14②TG15

中国版本图书馆 CIP 数据核字（2019）第 254707 号

责任编辑　王俊一
封面设计　赵俊红

出版发行　哈尔滨工程大学出版社
社　　址　哈尔滨市南岗区南通大街 145 号
邮政编码　150001
发行电话　0451-82519328
传　　真　0451-82519699
经　　销　新华书店
印　　刷　唐山唐文印刷有限公司
开　　本　787 mm×1 092 mm　　1/16
印　　张　14.5
字　　数　371 千字
版　　次　2019 年 11 月第 1 版
印　　次　2023 年 8 月第 2 次印刷
定　　价　48.00 元
http：//www.hrbeupress.com
E-mail：heupress@hrbeu.edu.cn

前　言

　　本书为了更好地适应全国院校教育改革、推进素质教育的需要，全面提升教学质量以更加符合技能人才培养的需要，编写时融入了先进的教学理念和教学方法，注重加强应用实践教学内涵，体现了职业教育的职业性、实践性、发展性的特点。本书在理论体系、组织结构、内容描述等方面做了大胆创新，教学目的明确、重点突出。

　　本书依据当前学生的实际情况，本着专业知识为生产实践服务的原则，认真分析斟酌每一章节内容，确定生产实用的专业基础知识为教学重点，简化、剔除不实用的深奥理论内容。具体来说，本书有以下几个特点。

　　（1）本书教学与生产实际紧密结合，强调学生的职业能力与素质教育内涵，收录企业产品案例编写在有关章节，让学生"听得懂""学得会"。

　　（2）本书的每一章节内容划分为学习目标、基本知识和应用实例，同时还有思维训练、探究分析、能力拓展等内容。

　　（3）本书把主要精力放在加强学生的思维能力、动手能力、语言和文字表达能力、自学能力的培养训练上，而对于机械设计手册表明的不常用的钢种材料及图表等有关专业内容不再重复写到书中。

　　（4）本书选编了生产常用的金属材料作为学习内容，把编写的重点放在了常用的基础知识和生产实践的实用性方面。

　　全书共11章，主要包括绪论、工程材料的性能、工程材料的结构、金属材料的结晶、钢的热处理、工业用钢铸铁、非铁金属及其合金、非金属材料、现代新型材料、机械零件材料选择与失效形式。全书以厘清概念、强调应用为教学的根本目的，内容上则通过"基础知识、基本方法、典型工艺、教学实习、综合应用"的模式构成知识链，便于教学实施。

　　本书由河南科技学院高等职业技术学院的崔永广、重庆工程职业技术学院的朱永丽和沈阳特种设备检测研究院的包钢担任主编，由南阳职业学院的贾荣粮、河南科技学院高等职业技术学院的牛毅、南阳职业学院的李爽、漯河食品职业学院的夏浩和贵州装备制造职业学院的王玮担任副主编。本书的相关资料可扫封底微信二维码或登录www.bjzzwh.com下载获得。

　　限于编者经历及水平，书中难免有不妥之处，恳请各位专家及读者提出宝贵意见，以便进一步修订更改。

编　者

目　录

绪　　论

0.1　材料的地位与作用

　　材料是指制造人类社会能接受的、经济的有用物品的物质。材料是人类社会进步的里程碑。纵观人类利用材料的历史，可以清楚地看到，人类利用材料的历史，就是一部人类进化和进步的历史。每一种重要新材料的发现和应用，都把人类支配和改造自然的能力提高到一个新的水平。材料科学技术的每一次重大突破都会引起生产技术的重大变革，甚至引起一次世界性的技术革命，大大地加速社会发展的进程，给社会生产力和人类生活带来巨大变革，推动人类物质文明和精神文明进步。因此历史学家常根据材料的使用，将人类生活的时代划分为石器时代、陶器时代、青铜器时代、铁器时代等。

　　在人类历史的发展过程中，中华民族对材料发展做出了重大贡献。早在新石器时代（公元前 6000 年—公元前 5000 年），中华民族的先人们用黏土（主要成分为 SiO_2、Al_2O_3）烧制成陶器；到东汉时期又出现了瓷器，我国成为最早生产瓷器的国家。中国的瓷器流传到世界的各个角落，瓷器成为中国文化的象征，对世界文明产生了极大的影响。直到今天，中国瓷器仍畅销全球，享誉四海。我国青铜的冶炼在夏朝（公元前 2140 年始）以前就开始了，到殷、西周时期已发展到很高的水平。青铜主要用于制造各种工具、食器、兵器。从河南安阳晚商遗址出土的司母戊鼎重达 8 750 N，外形尺寸为 1.33 m×0.78 m×1.10 m，是迄今世界上最古老的大型青铜器。我国从春秋战国时期（公元前 770 年—公元前 221 年）已开始大量使用铁器。从兴隆战国铁器遗址中发掘出了浇铸农具用的铁模，说明冶铸技术已由泥沙造型水平进入铁模铸造的高级阶段。到了西汉时期，我国炼铁技术又有了很大的提高，采用煤作为炼铁的燃料，这比欧洲早 1 700 多年。历史充分说明，我们勤劳智慧的祖先，在材料的创造和使用上有着辉煌的成就，为人类文明、世界进步做出了巨大贡献。

　　以上事实充分说明了中华民族在材料方面所取得的卓越成就。但是到了 18 世纪以后，长期的封建统治和闭关自守以及资本主义列强的侵略，严重地束缚了我国生产力

和科学技术的发展，使我国的材料技术出现了落后的局面。

中华人民共和国成立后，我国在金属材料、非金属材料及其成型工艺方面有了突飞猛进的发展。原子弹、氢弹、导弹、人造地球卫星、载人宇宙飞船、超导材料、纳米材料等重大项目的研究与实验成功，标志着我国在材料研究和材料成型方面达到了很高的水平。目前，我国已形成规模庞大、品种齐全、性能较高和较完整的材料工业体系，成为世界上的材料生产大国和材料消费大国。

随着人类文明的进步，对材料品种和性能的要求越来越高，科学工作者对新材料的开发研究一刻也没有停止过，材料的品种以每年 5% 的速度递增。面向 21 世纪，新材料有如下发展趋势：继续重视对新型金属材料的研究开发；发展在分子水平设计高分子材料的技术；继续发掘复合材料和半导体硅材料的潜在价值；大力发展纳米材料、信息材料、智能材料、生物材料和高性能陶瓷材料等。

0.2 工程材料的分类及应用

工程材料是指材料领域中与工程有关的材料，主要应用于机械制造、航空航天、化工、建筑与交通等部门。按其应用领域可分为机械工程材料、建筑工程材料、电子工程材料、航空材料等。按其性能特点可分为结构材料和功能材料：结构材料是指承受外加载荷而保持其形状和结构稳定的材料，是以强度、刚度、韧性、硬度、疲劳强度等力学性能为主，兼有一定的物理、化学性能；功能材料是指具有一种或几种特定功能的材料，用于非承载目的的材料，是具有声、光、电、磁、热等物理，化学，生物性能的材料。功能材料是能源、计算机、通信、电子、激光等现代科学的基础，在未来的社会发展中具有重大的战略意义，如储氢材料、梯度功能材料、纳米金属材料、智能金属材料等。结构材料用量极大，是当代社会的主要材料，是本书讨论的重点；功能材料目前用量虽小，但却是高新技术的关键，是知识密集、技术密集、附加值高的新材料。

工程材料一般分为金属材料、高分子材料、陶瓷材料和复合材料四大类，如图 0-1 所示。

金属材料是以金属键结合为主的材料，具有良好的导电性、导热性、延展性和金属光泽，是目前用量最大、应用最广泛的工程材料。金属材料分为黑色金属和有色金属两类。铁及铁合金称为黑色金属，即钢铁材料，其世界年产量已超过 10 亿吨，在机械产品中的用量占整个用材的 60% 以上。黑色金属之外的所有金属及其合金称为有色金属。有色金属的种类很多，根据其特性的不同又可分为轻金属、重金属、贵金属和稀有金属等。

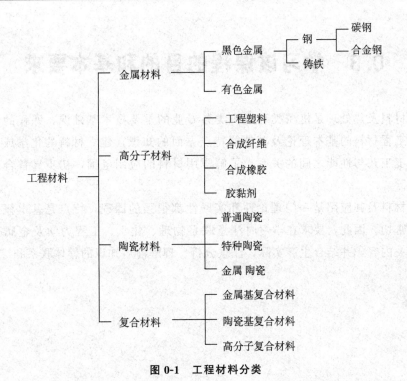

图 0-1　工程材料分类

高分子材料是以分子键和共价键为主的材料。高分子材料作为结构材料具有塑性、耐蚀性、电绝缘性、减震性好和密度小等特点。工程上使用的高分子材料主要包括塑料、橡胶及合成纤维等。在机械、电气、纺织、汽车、飞机、轮船等制造工业和化学、交通运输、航空航天等工业中被广泛应用。

陶瓷材料是以共价键和离子键结合为主的材料，其性能特点是熔点高、硬度高、耐腐蚀、脆性大。陶瓷材料分为传统陶瓷、特种陶瓷和金属陶瓷三类。传统陶瓷又称普通陶瓷，是以天然材料（如黏土、石英、长石等）为原料的陶瓷，主要用作建筑材料。特种陶瓷又称精细陶瓷，是以人工合成材料为原料的陶瓷，常用作工程上的耐热、耐蚀和耐磨零件。金属陶瓷是金属与各种化合物粉末的烧结体，主要用作模具。

复合材料是把两种或两种以上不同性质或不同结构的材料以微观或宏观的形式组合在一起而形成的材料，通过这种组合来达到进一步提高材料性能的目的。复合材料包括金属基复合材料、陶瓷基复合材料和高分子基复合材料。如现代航空发动机燃烧室中耐热最高的材料就是通过粉末冶金法制备的氧化物粒子弥散强化的镍基合金复合材料。很多高级游艇、赛艇及体育器械等是由碳纤维复合材料制成的，它们具有质量轻、弹性好、强度高等优点。

0.3　学习该课程的目的和基本要求

　　工程材料及热处理是机械类和近机类各专业的重要技术基础课，课程的目的是使学生获得工程材料的基本理论及其性能特点方面的知识，建立材料的化学成分、组织结构、加工工艺与性能之间的关系，了解常用材料的应用范围，初步具备合理选用材料的能力。

　　工程材料及其应用是一门理论性和实践性都很强的课程，特点是基本概念多，与实际联系密切。因此，要求在学习时注意联系物理、化学、工程力学及金属工艺学等课程的相关内容，并结合生产实际，注重分析、理解前后知识的整体联系和综合应用。

第1章
工程材料的性能

本章导读

在机械设计时，满足使用性能是选材的首要依据。例如，汽车半轴在工作时主要承受扭转力矩和反复弯曲以及一定的冲击载荷。因此，要求半轴材料具有高的抗弯强度、疲劳强度和较好的韧性；起重机钢丝绳及吊钩承受拉伸应力，选材时应考虑拉伸强度；齿轮心部及齿根部承受剪切应力，而齿轮表面承受磨损，这就要求齿轮内韧外硬等。所有这些选材时考虑的因素都涉及材料的使用性能。如果选材时满足了使用性能，那么还要考虑材料是否容易加工。如果制造困难或制造成本太高，那么这种选材方案未必可行。因此，选材时还应考虑材料的工艺性能。

本章主要介绍材料的力学性能，对材料的物理和化学性能及工艺性能做简单介绍。

本章目标

- 了解各性能指标的基本原理、测定方法以及在机械零件设计制造过程中的重要意义与作用。
- 熟悉塑性、韧性、疲劳强度等性能指标，正确区分其应用场合。
- 能使用强度指标检测材料质量，能根据强度数值正确选择使用材料。
- 会正确选择硬度测定方法，并正确标注硬度数值。
- 能熟练使用布氏、洛氏以及里氏等硬度计进行硬度的正确测量和数据分析。

1.1　材料的力学性能

金属材料的力学性能是指金属材料抵抗外力作用的能力，是金属材料最主要的使用性能，包括强度、风度、弹性、塑性、硬度、韧性和疲劳强度等。合理的力学性能指标为零件的正确设计、合理应用、工艺路线制定提供了主要依据。根据载荷作用性质不同，可将载荷分为静载荷、冲击载荷和交变（循环）载荷等。

（1）静载荷：对工件或试样缓慢加载，不随时间变化而变化的量。

（2）冲击载荷：短时间快速增加的载荷。

（3）交变载荷：大小、方向或大小和方向随时间发生周期性变化或非周期性变化的载荷。

1.1.1　强度、刚度、弹性和塑形

金属的强度、刚度、弹性和塑性一般可以通过室温拉伸试验来测定。把一定尺寸和形状的金属试件（图 1-1）装夹在试验机上，然后对试样逐渐施加拉伸力，直至试样拉断为止。根据试样在拉伸过程中承受的载荷和产生的变形量大小，可以测定金属的拉伸曲线，并由此测定金属的强度、刚度、弹性和塑性。

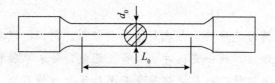

图 1-1　圆形标准拉伸试样

1. 拉伸图与应力——应变曲线

（1）拉伸图。拉力试样进行拉伸试验时，随着载荷的逐渐增加，试样的伸长量也逐渐增加，通过自动记录仪随时记录载荷（P）与伸长量（ΔL）的数值，直至试样被拉断为止，然后将记录的数值绘在载荷为纵坐标、伸长量为横坐标的图上。连接各点所得的曲线即为拉神曲线，该图称为拉伸图。

图 1-2 为低碳钢的拉伸图。由图 1-2 可见，低碳钢试样在拉伸过程中，其载荷与变形关系有以下几个阶段。

①当载荷不超过 P_p 时，拉伸曲线 Oa 为一条直线，即试样的伸长量与载荷成正比地增加，如果卸除载荷，试样立即恢复到原来的尺寸，试样属于弹性变形阶段，完全符合胡克定律。P_p 是能符合胡克定律的最大载荷。

②当载荷超过 P_p 后，拉伸曲线开始偏离直线，即试样的伸长量与载荷已不再成正比关系；但若卸除载荷，试样仍能恢复到原来的尺寸，则仍属于弹性变形阶段。P_e 是试样发生完全弹性变形的最大载荷。

③当载荷超过 P_e 后，试样将进一步伸长，但此时若卸除载荷，弹性变形消失，而另一部分变形被保留，即试样不能恢复到原来的尺寸，这种不能恢复的变形称为塑性变形或永久变形。

由图 1-2 可见，当载荷达到 P_s 时，拉伸曲线出现了水平的或锯齿形的线段，这表明在载荷基本不变的情况下，试样却继续变形，这种现象称为"屈服"。引起试样屈服的载荷称为屈服载荷。

④当载荷超过 P_s 后，试样的伸长量与载荷又将呈曲线关系上升，但曲线的斜率比 Oa 段的斜率小，即载荷的增加量不大，而试样的伸长量却很大。这表明在载荷超过

P_s 后，试样已开始产生大量的塑性变形。当载荷继续增加到某一最大值 P_b 时，试样的局部截面积缩小，产生所谓"颈缩"现象。由于试样局部截面的逐渐减小，承载能力也逐渐降低，当达到拉伸曲线上 K 点时，试样断裂。P_k 为试样断裂时的载荷。

　　工业上使用的许多材料在进行静拉伸试验时，其承受的载荷与变形量之间的关系，并非都与上述低碳钢相同。某些脆性金属（如铸铁等）在尚未产生明显塑性变形时已经断裂，故不仅没有屈服现象，也不产生颈缩现象。

　　（2）应力-应变曲线。由于拉伸图上的载荷 P 与伸长量 ΔL 不仅与试验的材料性能有关，还与试样的尺寸有关。为了消除试样尺寸因素的影响，将载荷 P 除以试样的原始截面积 A_0，即得到试样所受的拉应力 σ，其单位为 MPa；将试样的伸长量 ΔL 除以试样的原始标距长度 L_0，得到试样的相对伸长，即应变 ε。以 σ 为纵坐标，ε 为横坐标，则绘出 σ-ε 关系曲线，如图 1-3 所示。

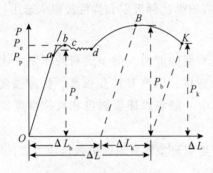

图 1-2　低碳钢的拉伸图

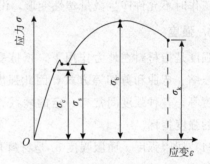

图 1-3　低碳钢的应力-应变曲线

2. 刚度和弹性

　　由图 1-3 所示的 σ-ε 曲线中的弹性变形阶段可以测出材料的弹性模量和弹性极限。

　　（1）弹性模量。弹性模量 E 是指材料在弹性状态下的应力与应变的比值，即

$$E = \frac{\sigma}{\varepsilon} \tag{1-1}$$

　　在应力-应变曲线上，弹性模量就是试样在弹性变形阶段线段的斜率，即引起单位弹性变形时所需的应力。因此，它表示材料抵抗弹性变形的能力。弹性模量 E 值越大，则材料的刚度越大，材料抵抗弹性变形的能力就越强。

　　绝大多数的机械零件都是在弹性状态下进行工作的，在工作过程中一般不允许有过多的弹性变形，更不允许有明显的塑性变形。因此，对其刚度都有一定的要求。提高零件刚度的办法，除了增加零件横截面或改变横截面形状外，从材料性能上来考虑，就必须增加其弹性模量 E。弹性模量 E 值主要取决于各种材料本身的性质，热处理、微合金化及塑性变形等对它的影响很小。一般钢在室温下的 E 值在 190~220 GPa，而铸铁的 E 值较小，一般为 75~145 GPa。

　　（2）比例极限与弹性极限。比例极限 σ_p 是应力与应变之间能保持正比例关系的最大应力值，即

$$\sigma_p = \frac{P_p}{A_0} \tag{1-2}$$

式中 P_p ——载荷与变形能保持正比例关系的最大载荷；

A_0 ——试样的原始横截面积。

弹性极限 σ_e 是材料产生完全弹性变形时所能承受的最大应力值，即

$$\sigma_e = \frac{P_e}{A_0} \tag{1-3}$$

式中 P_e ——试样发生完全弹性变形的最大载荷；

A_0 ——试样的原始横截面积。

由于弹性极限与比例极限在数值上非常接近，故一般不必严格区分。它们表示材料在不产生塑性变形时所能承受的最大应力值。有些零件如枪管、炮筒及精密弹性件等在工作时不允许产生微量塑性变形，设计时应根据比例极限和弹性极限来选用材料。

3. 强度

强度是指材料在外力作用下，抵抗变形或断裂的能力。由于载荷的作用方式有拉伸、压缩、弯曲和剪切等方式，因此强度也分为抗拉强度和抗压强度、抗弯强度、抗剪强度等，各种强度间常有一定的联系。使用中一般多以屈服强度和抗拉强度作为最基本的强度指标。

(1) 屈服强度。屈服强度 σ_s 是材料开始产生明显塑性变形时的最低应力值，即

$$\sigma_s = \frac{P_s}{A_0} \tag{1-4}$$

式中 P_s ——试样发生屈服时的载荷，即屈服载荷；

A_0 ——试样的原始横截面积。

工业上使用的某些材料（如高碳钢和某些经热处理后的钢等）在拉伸试验中没有明显的屈服现象发生，故无法确定屈服强度 σ_s。国家标准规定，可用试样在拉伸过程中标距部分产生 0.2% 塑性变形量的应力值来表征材料对微量塑性变形的抗力，称为屈服强度，即所谓的"条件屈服强度"，记为 $\sigma_{0.2}$。

$$\sigma_{0.2} = \frac{P_{0.2}}{A_0} \tag{1-5}$$

式中 $P_{0.2}$ ——试样标距部分产生 0.2% 塑性变形量时的载荷；

A_0 ——试样的原始横截面积。

一般机械零件在发生少量塑性变形后，零件精度降低或与其他零件的相对配合受到影响而失效，所以屈服强度就成为零件设计时的主要依据，同时也是评定材料强度的重要力学性能指标之一。

(2) 抗拉强度。抗拉强度 σ_b 是材料在破断前所能承受的最大应力值，即

$$\sigma_b = \frac{P_b}{A_0} \tag{1-6}$$

式中　P_b——试样在破断前所能承受的最大载荷；

A_0——试样的原始横截面积。

抗拉强度是表示材料抵抗大量均匀塑性变形的能力。脆性材料在拉伸过程中一般不产生颈缩现象，因此抗拉强度 σ_b 就是材料的断裂强度，它表示材料抵抗断裂的能力。抗拉强度是零件设计时的重要依据，同时也是评定材料强度的重要力学性能指标之一。

4. 塑性

塑性是指材料在载荷作用下，产生永久变形而不破坏的能力。延伸率 σ 和断面收缩率 ψ 是表示材料塑性好坏的指标。

（1）延伸率。延伸率是指试样拉断后标距增长量与原始标距长度之比，即

$$\sigma = \frac{L_k - L_0}{L_0} \times 100\% \tag{1-7}$$

式中　L_k——试样断裂后的标距长度；

L_0——试样原始的标距长度。

（2）断面收缩率。断面收缩率是指试样拉断处横截面积的缩减量与原始横截面积之比，即

$$\psi = \frac{A_k - A_0}{A_0} \times 100\% \tag{1-8}$$

式中　A_k——试样拉断处的最小横截面积；

A_0——试样的原始横截面积。

材料的塑性对要求进行冷塑性变形加工的工件有着重要的作用。此外，在工件使用中偶然过载时，工件会发生一定的塑性变形而不至于突然破坏。同时，在工件的应力集中处，塑性能起到削减应力峰（即局部的最大应力）的作用，从而保证工件不至于突然断裂，这就是大多数工件除要求高强度外，还要求具有一定塑性的原因。

1.1.2　硬度

硬度是指材料抵抗变形，特别是压痕或划痕形成的永久变形能力，是一个综合反映材料弹性、强度、塑性和韧性的力学性能指标。

硬度试验设备简单，操作方便，不用特制试样，可直接在原材料、半成品或成品上进行测定。对于脆性较大的材料，如淬硬的钢材、硬质合金等，只能通过硬度测量来对其性能进行评价，而其他如拉伸、弯曲试验方法则不适用。对于塑性材料，可以通过简便的硬度测量，对其他强度性能指标做出大致定量的估计，故硬度测量应用极为广泛，常把硬度标注于图纸上，作为零件检验、验收的主要依据。这里介绍几种常用的硬度测量方法。

1. 布氏硬度

布氏硬度试验法是用一直径为 D 的淬火钢球（或硬质合金球），在规定载荷 P 的作用下压入被测试材料的表面（图 1-4），停留一定时间后卸除载荷，测量钢球（或硬

质合金球）在被测试材料表面上所形成的压痕直径 d，由此计算出压痕面积，进而得到所承受的平均应力值。以此作为被测试材料的硬度，称为布氏硬度值，记为 HBW。

$$HBW = \frac{P}{A} = \frac{2P}{\pi D(D - \sqrt{D^2 - \sigma^2})}$$ (1-9)

图 1-4 为布氏硬度试验原理示意图。在布氏硬度试验中载荷 P 的单位为千克力（kgf）（1 kgf＝9.8 N），压头直径 D 与压痕直径 d 的单位为毫米（mm），所以布氏硬度的单位为 kgf/mm²，但习惯上只写明硬度的数值而不标出单位。

图 1-4　布氏硬度试验原理示意图

在进行布氏硬度试验时，应根据材料的软硬和工件厚度的不同，正确选择载荷 P 和压头直径 D。为使同一材料在不同 P、D 下测得相同的布氏硬度值，应使 P/D^2 为常数。与此同时，压痕直径 d 应控制在 $(0.25 \sim 0.6)D$，以保证得到有效的硬度值。根据压头材料不同，布氏硬度用不同符号表示，以示区别。当压头为淬火钢球时用 HBS 表示，适用于布氏硬度低于 450 的材料，如 270 HBS；当压头为硬质合金球时用 HBW 表示，适用于布氏硬度大于 450 且小于 650 的材料，如 500 HBW。

布氏硬度试验法的优点是因压痕面积较大，能反映出较大范围内被测试材料的平均硬度，故试验结果较精确，特别适用于测定灰铸铁、轴承合金等具有粗大晶粒或组成相的金属材料的硬度；试验数据稳定，重复性强。其缺点是对不同材料需要换不同直径的压头和改变试验力，压痕直径的测量也较麻烦；因压痕大，不宜测试成品和薄片金属的硬度。

2. 洛氏硬度

洛氏硬度试验是目前工厂中广泛应用的试验方法。它是用一个顶角为 120° 的金刚石圆锥体或一定直径的淬火钢球为压头，在规定载荷作用下压入被测试材料表面，通过测定压头压入的深度来确定其硬度值。

图 1-5 为金刚石圆锥压头的洛氏硬度试验原理示意图。图 1-5 中，0—0 为圆锥体压头的初始位置；1—1 为初载荷作用下压头压入深度为 h_1 时的位置；2—2 为总载荷（初载荷＋主载荷）作用下压头压入深度为 h_2 时的位置；h_3 为卸除主载荷后，由于弹性变形恢复，压头提高时的位置。这时，压头实际压入试样的深度为 h_3。故由于主载荷所引起的塑性变形而使压头压入深度为 $h = h_3 - h_1$，并以此来衡量被测试材料的硬度。若直接以深度 h 作为硬度值，则出现硬的材料 h 值小，软的材料 h 值反而大的现

象。为了适应人们习惯上数值越大硬度越大的概念，人为规定用一常数 k 减去 h 来表示硬度大小，并规定每 0.002 mm 的压痕深度为一个硬度单位，由此获得的硬度值称为洛氏硬度值，用符号 HR 来表示。

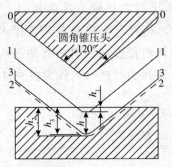

图1-5 金刚石圆锥压头的洛氏硬度试验原理示意图

$$HR = \frac{k-h}{0.002} \tag{1-10}$$

式中 k——常数。

用金刚石圆锥体作压头时 $k=0.2$ mm，用淬火钢球作压头时 $k=0.26$ mm。为了能在同一台硬度计上测定不同软、硬或厚、薄试样的硬度，可采用不同的压头和试验力组合成几种不同的洛氏硬度标尺（如 HRA、HRB、HRC、RH、HRK）。其中 HRA、HRB 和 HRC 为常用的三种标尺，其试验规范及应用见表1-1。

表1-1 常用的三种洛氏硬度试验规范及应用

符号	压头	总载荷/kgf	硬度值有效范围	应用举例
HRA	120°金刚石圆锥	60	>70（相当于 350 HBS 以上）	硬质合金、表面淬火锅
HRB	φ1.588 淬火钢球	100	25~100（相当于 60~230 HBS）	软钢、退火钢、铜合金
HRC	120°金刚石圆锥	150	20~67（相当于 225 HBS 以上）	淬火钢件

洛氏硬度试验法的优点是操作迅速、简便，硬度值可直接读出；压痕较小，可在工件上进行试验；采用不同标尺可测各种软硬不同的金属和厚薄不一的试样的硬度，因而广泛用于热处理质量检验。其缺点是因压痕较小，对组织比较粗大且不均匀的材料，测得的结果不够准确；此外，用不同标尺测得的硬度值彼此没有联系，不能直接进行比较。

3. 维氏硬度和显微硬度

（1）维氏硬度。洛氏硬度试验虽可采用不同标尺来测定各种软硬不同的金属和厚薄不一的试样的硬度，但不同标尺的硬度值间没有简单的换算关系，使用上很不方便。为了能在同一硬度标尺上测定软硬不同的金属和厚薄不一的试样的硬度值，特制定了维氏硬度试验法。

维氏硬度的试验原理基本上与布氏硬度试验相同。它是用一个相对面间夹角为136°的金刚石正四棱锥体压头，在规定载荷 P 作用下压入被测试材料表面，保持一定时间后卸除载荷。然后再测量压痕投影的两对角线的平均长度 d，进而计算出压痕的表面积 A，以压痕表面积上平均压力（P/A）作为被测材料的硬度值，称为维氏硬度，记为 HV。

$$HV = \frac{P}{A} = \frac{2P\sin\frac{136°}{2}}{d^2} = 1.854\ 4\ \frac{P}{d^2} \tag{1-11}$$

维氏硬度常用的试验力范围为 5～100 kgf，使用时应视零件厚度及材料的预期硬度，尽可能选取较大的试验力，以减小压痕尺寸的测量误差。与布氏硬度值一样，维氏硬度习惯上也只写出其硬度数值而不标注单位。在硬度符号 HV 之前的数值为硬度值，HV 后面的数值依次表示试验力和试验力保持时间（保持时间为 10～15 s 时不标注）。例如，640 HV30/20，表示在试验力为 30 kgf 下保持 20 s 测定的维氏硬度值为 640。

维氏硬度试验法的优点是不存在布氏硬度试验时要求试验力与压头直径之间满足所规定条件的约束，也不存在洛氏硬度试验时不同标尺的硬度值无法统一的弊端；维氏硬度试验时不仅试验力可以任意选取，而且压痕测量的精度较高，硬度值较为精确。其唯一的缺点是硬度值需要通过测量压痕对角线长度后才能进行计算或查表，因此工作效率比洛氏硬度低得多。

（2）显微硬度。显微硬度试验实质上就是小载荷的维氏硬度试验，其原理与维氏硬度一样，所不同的是载荷以克计量，压痕对角线以微米计量。其主要用来测定组成相的硬度和表面硬化层的硬度分布，显微硬度值用 HM 表示。

1.1.3 韧性

强度、塑性、硬度都是在静载荷（静载荷是指材料所受作用力从零逐渐增大到最大值）作用下测量的力学性能指标。但实际生产中不少零件经常是在复杂变化的动载荷作用下产生断裂而破坏的。因此，还必须考虑材料在断裂前吸收变形能量的能力，即韧性。材料的韧性通常随加载速度提高、温度降低、应力集中程度加剧而减小，常用的韧性判据有冲击吸收能量和断裂韧度。

1. 冲击吸收能量

在冲击力作用下的零件，如火车挂钩、锻锤锤杆、冲床连杆、曲轴等，由于冲击所引起的变形和应力比静载荷时大得多，如果继续沿用静载荷作用下测定的强度指标来设计计算，就不能保证零件工作时的安全性，必须测定其抵抗冲击力作用的能力，即冲击吸收能量。冲击吸收能量是通过冲击试验进行测定的。

(1) 大能量一次冲击试验。大能量一次冲击试验（图1-6），是将规定几何形状的缺口试样（V形和U形）置于试验机两支座之间，缺口背向打击面放置，用摆锤一次打击试样，测定试样的吸收能量，用K表示，单位为J。其中 KV_2 和 KV_8 表示V形缺口试样在2 mm和8 mm摆锤刀刃下的冲击吸收能量；KU_2 和 KU_8 表示U形缺口试样在2 mm和8 mm摆锤刀刃下的冲击吸收能量。显然，冲击吸收能量表示材料抵抗冲击力而不破坏的能力，是评定材料韧性好坏的重要指标之一。

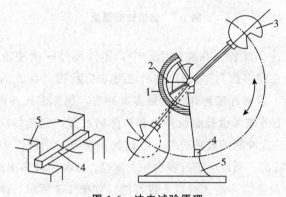

图1-6　冲击试验原理

1—表盘；2—指针；3—摆锤；4—试样；5—支座

由于影响冲击吸收能量的因素（如试样的形状、表面粗糙度、内部组织状态等）很多，测定数据的重复性差，冲击吸收能量尚不能直接用于强度计算，只作为设计时的参考指标。不过冲击吸收能量对组织非常敏感，可灵敏地反映材料质量、宏观缺口和显微组织的差异，能有效地检验材料在冶炼、加工、热处理工艺等方面的质量。此外，冲击吸收能量对温度非常敏感，通过一系列温度下的冲击试验可测出材料的脆化趋势和韧脆转变温度。

(2) 冲击吸收能量——温度关系曲线。冲击吸收能量与冲击试验温度有关。有些材料在室温时并不显示脆性，而在较低温度下则可能发生脆断。进行一系列不同温度的冲击试验，测得的冲击吸收能量（a_K）-温度曲线如图1-7所示。

由图1-7可见，冲击吸收能量总的变化趋势是随温度降低而降低。当温度降至某一数值时，冲击吸收能量急剧下降，材料由韧性断裂变为脆性断裂，这种现象称为冷脆转变。材料由韧性状态向脆性状态转变的温度称为韧脆转变温度。韧脆转变温度是衡量材料冷脆倾向的指标。材料的韧脆转变温度越低，说明材料的低温抗冲击性能越好。非合金（碳素）结构钢的韧脆转变温度为 $-20\ ℃$，在较寒冷地区使用的非合金（碳素）结构钢构件（如车辆、桥梁、输油管道等），在冬天易发生脆断现象，所以选择材料时，应考虑其工作的最低温度必须高于材料的韧脆转变温度。

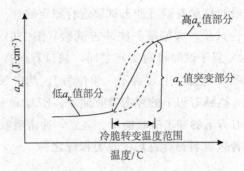

图 1-7　韧脆转变温度

（3）小能量多次冲击试验。在实际生产中，零件经过一次冲击即发生断裂的情况极少。许多零件总是在很多次（＞10^3）冲击之后才会断裂，且所承受的冲击能量也远小于一次冲断的能量。这种冲击称作小能量多次冲击，简称多次冲击。

材料在多次冲击下的破坏也是裂纹产生和扩张的过程，它是每次冲击损伤积累发展的结果，完全不同于一次冲断的破坏过程。在这种情况下，用冲击吸收能量来衡量材料的抗冲击能力是不合适的。所以应进行多次冲击试验，以测定其多次抗冲击的能力。

多次冲击试验是在连续冲击试验机上进行的，如图 1-8 所示。试验时将多次冲击缺口试样放在试验机支座上，使之受到试验机锤头的小能量多次冲击。测定材料在一定冲击能量下，开始出现裂纹和最后破断的冲击次数，作为多次冲击抗力指标，用 F_N 表示，称作多冲抗力。

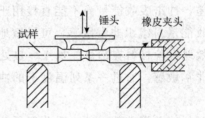

图 1-8　多次冲击试验示意图

研究表明，材料的冲击抗力取决于材料强度和塑性的综合性能指标。随着条件的不同，强度和塑性的作用是不同的。大能量一次冲击时，其冲击抗力主要取决于塑性；而小能量多次冲击时，其多冲抗力则主要取决于强度，但需具有一定的塑性。随着冲击能量的提高，塑性也需相应提高。

2. 断裂韧度

断裂韧度是指带微裂纹的材料或零件阻止裂纹扩展的能力，用符号 K_{IC} 表示。金属材料从冶炼到各种加工过程，都有可能在材料内部产生微裂纹，这种裂纹的存在降低了材料的工作应力，但不是存在微裂纹的零件一概不能使用。当零件承受载荷而在其内部产生应力集中时，裂纹尖端处呈现应力集中，形成一个裂纹尖端的应力场，其

大小用应力强度因子 K_I 表示

$$K_I = Y\sigma\sqrt{\alpha} \qquad (1\text{-}12)$$

式中 Y——形状因子,在特定状态下是一个常量(一般 $Y=1\sim2$);

σ——承受载荷时的应力,MPa;

α——裂纹长度的一半,mm。

断裂韧度可为零件的安全设计提供重要的力学性能指标。当 $K_I < K_{IC}$ 时,零件可安全工作;当 $K_I \geqslant K_{IC}$ 时,则可能由于裂纹扩展而断裂。各种材料的 K_{IC} 值可在有关手册中查得,当已知 K_{IC} 和 Y 值后,可根据存在的裂纹长度确定许可的应力,也可根据应力的大小确定许可的裂纹长度。

断裂韧度是材料固有的力学性能指标,是强度和韧性的综合体现。它与裂纹的大小、形状、外加应力等无关,主要取决于材料的成分、内部组织和结构。

1.1.4 疲劳强度

1. 疲劳的基本概念

轴、齿轮、轴承、叶片、弹簧等零件,在工作过程中各点的应力随时间做周期性的变化,这种随时间做周期性变化的应力称为交变应力(也称循环应力)。在交变应力作用下,虽然零件所承受的应力低于材料的屈服强度,但经过较长时间的工作而产生裂纹或突然发生完全断裂的过程称为金属的疲劳。疲劳断裂与静载荷作用下的断裂不同,无论是脆性材料还是塑性材料,疲劳断裂都是突然发生的脆性断裂,而且往往工作应力低于其屈服强度,因此具有很大的危险性。

产生疲劳断裂的原因一般认为是在零件应力集中的部位或材料本身强度较低的部位,如原有裂纹、软点、脱碳、夹杂、刀痕等缺陷,在交变应力的作用下产生了疲劳裂纹。随着应力循环周次的增加,疲劳裂纹不断扩展,使零件承受载荷的有效面积不断减小,当减小到不能承受外加载荷的作用时,零件即发生突然断裂。因此,零件的疲劳失效过程可分为疲劳裂纹产生、疲劳裂纹扩展和瞬时断裂三个阶段。疲劳宏观断口一般也具有三个区域,即以疲劳裂纹策源地(疲劳源)为中心逐渐向内扩展呈海滩状条纹(贝纹线)的裂纹扩展区(光亮区)和呈纤维状(韧性材料)或结晶状(脆性材料)的瞬时断裂区(粗糙区),如图 1-9 所示。

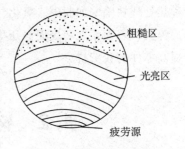

图 1-9 疲劳断口示意图

2. 疲劳抗力指标

大量试验证明,材料所受的交变或重复应力与断裂前循环周次 N 之间有如图 1-10 所示的曲线关系,该曲线称为 $\sigma\text{-}N$ 曲线。由 $\sigma\text{-}N$ 曲线可以测定材料的疲劳抗力指标。

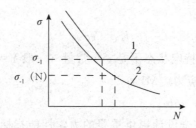

图 1-10　疲劳曲线示意图

（1）疲劳极限。一般钢铁材料的 σ - N 曲线属于图 1-10 中曲线 1 的形式，其特征是当循环应力小于某一数值时，循环周次可以达到很大甚至无限大而试样仍不发生疲劳断裂。我们把材料经无数次应力循环后仍不发生断裂的最大应力称为疲劳极限，记为 σ_r（$r = \dfrac{\sigma_{\min}}{\sigma_{\max}}$ 称为应力比），用 σ_{-1} 表示光滑试样的对称弯曲疲劳极限。试验中，一般规定经 10^7 循环周次而不断裂的最大应力为疲劳极限，故可以用 $N = 10^7$ 为基数来确定一般钢铁材料的疲劳极限。

（2）条件疲劳强度。一般有色金属、高强度钢及腐蚀介质作用下的钢铁材料的 σ - N 曲线属于图 1-10 中曲线 2 的形式，其特征是所受应力 σ 随着循环周次 N 的增加而不断降低，不存在曲线 1 所示的水平线段。这类材料只能以断裂前所规定的循环周次为 N 时所能承受的最大应力值为疲劳极限，称为"条件疲劳强度"，用 σ_N 表示。一般规定，有色金属的 $N = 10^6$，腐蚀介质作用下钢铁材料的 $N = 10^8$。

3. 提高疲劳抗力的途径

零件的疲劳抗力除与所选材料的本性有关外，还可以通过以下途径来提高其疲劳抗力：改善零件的结构形状以避免应力集中；降低零件表面的粗糙度；尽可能减少各种热处理缺陷（如脱碳、氧化、淬火裂纹等）；采用表面强化处理，如化学热处理、表面淬火、表面喷丸和表面滚压等强化处理，使零件表面产生残余压应力，从而能显著提高零件的疲劳抗力。

1.2　材料的物理和化学性能

1.2.1　材料的物理性能

固体材料中，由原子、离子、电子及它们之间的相互作用所反映出的物理性能，不仅对工程材料的选用有着重要的意义，而且也会对材料的加工工艺产生一定的影响。这里简单介绍常用物理性能的一般概念。

1. 密度

单位体积的物质质量称为密度（单位 g/m^3 或 t/m^3）。一般而言，金属材料具有较高的密度（如钢铁密度 $7.8\ t/m^3$），陶瓷材料次之，高分子材料最低。金属材料中，密度在 $4.5\ t/m^3$ 之下的称为轻金属，其中铝（$2.7\ t/m^3$）为典型代表。低密度材料对轻量化零件（如航天航空、运输机械等）有重要应用意义。以铝及其合金为例，其比刚度、比强度高，故广泛用于飞机结构件。高分子材料的密度虽小，但比刚度、比强度却最低，故其应用受到限制。复合材料因其可能达到的比刚度、比强度最高，故是一种最有前途的新型结构材料。

2. 熔点

金属从固态向液态转变时的温度称为熔点。纯金属都有固定的熔点，大多数合金则是在一个温度范围内完成熔化过程。同样元素组成的合金由于成分不同，其熔点也不相同。例如，钢和生铁虽然都是由铁和碳元素组成的合金，由于它们各自的碳质量分数（含碳量）不同，生铁的熔点就比钢低。根据金属熔点的不同，把熔点高的金属称为难熔金属，如钨、钼、钒等；把熔点低的金属称为易熔金属，如锡、铅等。

熔点对冶炼、铸造、焊接和设计制造等都很重要。例如，两种熔点相差很大的金属很难用电焊方法焊接。高熔点的难熔金属多用来制造耐高温零件，如在火箭、导弹、燃气轮机和喷气飞机等方面得到广泛应用。低熔点的易熔金属常用于制造熔丝和防火安全阀零件等。

3. 热膨胀性

因温度的升降而引起材料体积膨胀或收缩的现象称为热胀冷缩，绝大多数固体材料都有此特性。表征材料热膨胀性的指标主要有线胀系数 α_l 和体胀系数 α_v，对各向同性材料有 $\alpha_v = 3\alpha_l$。原子间结合力越大，则材料膨胀系数就越小，工程上陶瓷材料、金属材料和高分子材料典型线胀系数 α_l 范围分别为 $(0.5 \sim 15) \times 10^{-6}\ K^{-1}$、$(5 \sim 25) \times 10^{-6}\ K^{-1}$ 和 $(50 \sim 300) \times 10^{-6}\ K^{-1}$。

热膨胀性在工程设计、选材和加工等方面的应用很广。精密仪器及形状尺寸精度要求较高的其他零件应选用膨胀系数小的材料制造。材料在使用或加工过程中因温度变化所产生的不均匀热胀冷缩，将造成很大内应力（热应力），可能导致零件发生变形或开裂，这对导热不良的材料更为如此。不同材料的零件配合在一起时也应注意其膨胀系数的差异。

4. 导热性

材料传导热量的能力称为导热性。通常用热导率来衡量，热导率的符号是 λ，单位是 $W/(m \cdot K)$。热导率越大，导热性越好。大多数金属材料都具有良好的导热性，其中银、铜、铝的导热性最好。纯金属的导热性比合金要好，而且金属越纯，导热性越好。非合金钢（碳钢）的导热性比合金钢好。

导热性能具有重要的工程意义：从设计与选材的角度看，某些结构要求良好的导热性，此时应采用金属材料；某些结构要求保温或隔热功能，此时则应选用陶瓷材料或高分子材料（如房屋建筑、冰箱、冰库等）。材料内的孔隙对其降低导热性能的影响很大，这便是多孔陶瓷或泡沫塑料被广泛用于绝热材料的原因。此外，材料的导热性对其冷、热加工性能也有不可忽视的影响，如材料在铸造、热锻、焊接、热处理等的加热和冷却过程中会因导热性不良而引起变形或开裂现象，这对热膨胀系数大的材料更为严重。

5. 导电性

材料传导电流的能力称为导电性。常用其电导率表示，但用其倒数（电阻率）更方便。

通常金属的电阻率随温度的升高而增加。相反，非金属材料的电阻率随温度升高而降低。金属及其合金具有良好的导电性，银的导电性最好，铜、铝次之，故常用作导电材料。但电阻率大的金属可制造电热元件。

高分子材料都是绝缘体，但有的高分子复合材料也有良好的导电性。陶瓷材料虽是良好的绝缘体，但某些成分的陶瓷却是半导体。

6. 磁性

通常把材料能导磁的性能叫作磁性。磁性材料分软磁材料和永磁材料。软磁材料易磁化、导磁性良好，外磁场去除后，磁性基本消失，如电工纯铁、硅钢片等。永磁材料是经磁化后，保持磁场，磁性不易消失，如铝镍钴系和稀土钴等。许多金属，如铁、镍、钴等有较高的磁性，但也有许多金属是无磁性的，如铝、铜、铅、不锈钢等。非金属材料一般无磁性，但最近也出现了磁性陶（铁氧体）等材料。

磁性材料当温度升高到一定值时，磁性消失，这个温度称为居里点，如铁的居里点为 770 ℃。

1.2.2 材料的化学性能

材料在生产、加工和使用时，均会与环境介质（如大气、海水、各种酸、碱、盐溶液、高温等）发生复杂的化学变化，从而使其性能恶化或功能丧失，其中腐蚀问题最为普遍、重要。据统计，在发达国家因腐蚀而造成的直接与间接经济损失可达国民收入的 5% 以上。腐蚀是指材料表面与周围介质发生化学反应、电化学反应或物理溶解而引起的表面损伤现象，并分别称为化学腐蚀、电化学腐蚀和物理腐蚀三大类。其中物理腐蚀（如钢铁在液态锌中的溶解）因在工程上较少见，不是很重要，故这里主要介绍化学腐蚀和电化学腐蚀的概念与防腐措施。

1. 化学腐蚀

化学腐蚀是指材料与周围介质直接发生化学反应，但反应过程中不产生电流的腐蚀过程，如金属材料在干燥气体中和非电解质溶液中的腐蚀、陶瓷材料在某些介质中的腐蚀等。

除少数贵金属（如金、铂等）外，绝大多数金属在空气（尤其在高温气体）中都会发生氧化，其中钢铁材料的氧化最典型、最重要。由于氧化膜一般较脆，其力学性能明显低于基体金属，且氧化又导致了零件的有效承载面积下降，氧化首先影响了零件的承载能力等使用性能，其次热加工过程中的氧化还造成了材料的损耗。

实践表明，若氧化形成的氧化膜越致密，化学稳定性越高，与基体间结合越牢固，则该氧化膜就具有防止基体继续氧化的作用，如 Al_2O_3、Cr_2O_3、SiO_2 等；反之，FeO、Fe_2O_3、Cu_2O 则不具备此特性。故在钢中加 Cr、Si、Al 等元素，因这些元素与氧的亲合力较 Fe 大，优先在钢表面生成稳定致密的 Cr_2O_3、SiO_2、Al_2O_3 等氧化膜，则可提高钢的抗氧化能力。铝及其合金的表面化学氧化和阳极氧化处理也是在其表面生成氧化膜，从而使其耐蚀性提高。

2. 电化学腐蚀

电化学腐蚀是指材料与电解质发生电化学反应，并伴有电流产生的腐蚀过程。陶瓷材料和高分子材料一般是绝缘体，因此通常不发生电化学腐蚀，金属材料的电化学腐蚀则极其普遍，是腐蚀研究的主要对象。

电化学腐蚀的条件是不同金属零件间或同一金属零件的内部各个区域间存在着电极电位差，且它们之间是相互接触并处于相互连通的电解质中构成所谓的腐蚀电池（又称原电池、微电池）。其中电极电位较低的部分为阳极，它易于失去电子变为金属离子溶入电解质中而受到腐蚀；电极电位较高的部分为阴极，它仅发生析氢过程或电解质中的金属离子在此吸收电子而发生金属沉积过程。据此可知，原电池反应也是电解工艺和电镀工艺的理论基础。

不同的金属因电极电位差异，其电化学腐蚀的倾向是不同的。金属的电极电位越高，越不易发生电化学腐蚀。若将其中任意两金属接触在一起并置于电解质中，则两者电极电位差越大，其电化学腐蚀速度就越快，电极电位低的金属将被腐蚀。

3. 提高零件耐蚀性的主要措施

提高耐化学腐蚀性（主要指抗氧化性）的措施有：①选择抗氧化材料，如耐热钢、耐热铸铁、耐热合金、陶瓷材料等；②进行表面处理，如表面镀层、表面涂层（热喷涂铝、陶瓷等）。

提高耐电化学腐蚀的措施有：①选择耐蚀材料，如不锈钢、铜合金、陶瓷材料、高分子材料等；②进行表面处理，如镀层（Ni、Cr）、热喷涂陶瓷、喷涂塑料与涂料等；③采取电化学保护，如牺牲阳极保护法；④加缓蚀剂以降低电解质的电解能力，如在含氧水中加入少量重铬酸钾等。

1.3 材料的工艺性能

用工程材料制造各种零件和构件时，需要对其进行各种加工。因此，在了解工程材料力学性能的同时，还必须进一步了解其各种加工工艺性能，以达到提高产品质量的目的。所谓工艺性能是指工程材料是否易于加工成形的性能。根据不同的工艺方法，工艺性能一般包括铸造性能、焊接性能、锻造性能、可加工性能和热处理工艺性能等。在设计和制造零件时都必须考虑材料的工艺性能，因为它直接影响加工难易、生产效率及成本等。

1.3.1 铸造性能

铸造性能是指液态材料能否易于铸成优质铸件的性能。铸造性能好坏主要取决于该材料的流动性、收缩性及成分偏析等。

1. 流动性

流动性是指熔融材料的流动能力。流动性好的材料容易充满铸型型腔，从而获得外形完整、尺寸精确、轮廓清晰的铸件。流动性的好坏主要与材料的化学成分、浇注温度和熔点高低有关。例如，铸铁的流动性比钢好，易于铸造出形状复杂的铸件。同一种材料，浇注温度越高，其流动性就越好。

2. 收缩性

铸件在凝固和冷却过程中，其体积和尺寸减少的现象称为收缩性。收缩性比较大的材料，在铸件比较厚的地方容易形成缩孔、疏松、内应力等缺陷，在冷却过程中容易产生变形，甚至开裂。因此，用于铸造的材料，应尽量选择收缩性小的。收缩性的大小主要取决于材料的种类和成分。例如，铸钢的收缩率约是铸铁的两倍。另外，收缩性的好坏对焊接质量也有影响，收缩性小的材料焊接性好。

3. 成分偏析

铸造时，要获得化学成分非常均匀的铸件是十分困难的。铸件（特别是厚壁铸件）凝固后，截面上的不同部位及晶粒内部不同区域会存在化学成分不均匀的现象，称为成分偏析。这种现象会使铸件各部分的组织和性能不一致，引起强度、塑性和抗蚀性等下降，从而降低铸件质量。产生这种现象的原因，主要是由于合金凝固温度范围大、浇注温度高、浇注速度及冷却速度快。一般来说，铸铁比钢的铸造性能好。

1.3.2 焊接性能

材料能焊接成具有一定使用性能的焊接接头的特性称为焊接性。通常把材料在焊接时形成裂缝的倾向及焊接接头处性能变坏的倾向作为评价材料焊接性能的主要指标。焊接性能的好坏与材料的化学成分及采用的工艺有关。在焊接常用的钢材中，对焊接性影响最大的是碳，因此常把钢中碳质量分数的多少作为判别钢材焊接性的主要标志，碳质量分数越高，其焊接性能越差。一般来说，低碳非合金钢（碳钢）的焊接性能优良，高碳非合金钢的焊接性能较差，铸铁的焊接性能更差。合金元素对焊接性能也将产生一定的影响，所以合金钢的焊接性能比非合金钢差。收缩率小的材料焊接性能比较好。焊接性能好的材料，焊接接头不易产生裂纹、气孔和夹渣缺陷，而且有较高的力学性能。

1.3.3　锻造性能

材料锻造成形的能力为锻造性能。它主要取决于材料的塑性和强度。塑性越好、强度越低，变形抗力越小，材料锻造性能越好。

材料的化学成分与加工条件对锻造性能影响很大。例如，纯铜在室温下就具有良好的锻造性能；钢在加热状态下锻造性能较好，而铸铁则不能锻造；低碳非合金钢（碳钢）的锻造性能比高碳非合金钢（碳钢）好；含硫、磷量较高的钢锻造性能差；加热温度越高，加工变形抗力越小，锻造性能越好。

1.3.4　可加工性能

材料进行各种切削加工（如车、铣、刨、钻、镗等）时的难易程度称为可加工性。切削是一种复杂的表面层现象，牵涉摩擦及高速弹性变形、塑性变形和断裂等过程，故切削的难易程度与许多因素有关。评定材料的可加工性是比较复杂的，一般用材料被切削的难易程度、切削后表面粗糙度和刀具寿命等几方面来衡量。

材料的可加工性不仅取决于材料的化学成分，而且还受内部组织结构的影响。故在材料化学成分确定时，通过热处理来改变材料显微组织和力学性能是改善材料可加工性的主要途径。生产中一般是以硬度作为评定材料可加工性的主要控制参数，实践证明，当材料的硬度为 180～230 HBW 时，可加工性良好。

1.3.5　热处理工艺性能

所谓热处理就是通过加热、保温、冷却的方法使材料在固态下的组织结构发生改变，从而获得所要求的性能的一种加工工艺。在生产上，热处理既可用于提高材料的力学性能及某些特殊性能以进一步充分发挥材料的潜力，亦可用于改善材料的加工工艺性能，如改善切削加工、拉拔挤压加工和焊接性能等。常用的热处理方法有退火、正火、淬火、回火及表面热处理（表面淬火及化学热处理）等。

本 章 小 结

工程材料是指各个工程领域（包括机械工程）比较广泛使用的材料，工程材料的性能是影响产品或设备使用的重要因素。本章从机械工程对材料性能的要求出发，紧紧围绕材料性能及其应用，而应用又对所需的材料性能提出一定的要求，首先分析了零构件在工作条件下所受到的各种负荷及其作用；然后从工程设计、加工制造与应用的角度来介绍工程材料的性能，即材料的主要力学性能、理化性能以及加工工艺性能。工程材料的分类方法有很多种，按材料的使用性能，可分为结构材料和功能材料；按化学成分和基本性质，可分为金属材料、高分子材料、陶瓷材料和复合材料。目前，在工程领域应用最广的仍然是金属材料，特别是钢铁材料，而其他类型材料随着科学技术的进步也在逐步开辟更为广阔的发展和应用前景。

思考与练习

1. 什么是金属材料的力学性能？金属材料的力学性能包含哪些方面？

2. 什么是强度？在拉伸试验中衡量金属强度的主要指标有哪些？它们在工程应用上有什么意义？

3. 什么是塑性？在拉伸试验中衡量塑性的指标有哪些？

4. 什么是硬度？指出测定金属硬度的常用方法和各自的优缺点。

5. 什么是冲击韧性？a_K 指标有什么实用意义？

6. 为什么疲劳断裂对机械零件有很大的潜在危险？交变应力与重复应力有什么区别？试举出一些零件在工作中分别存在这两种应力的例子。

第 2 章
工程材料的结构

 **本章导读**

在科学技术突飞猛进的今天，材料的重要作用正在日益为人们所认识。在元素周期表的 109 种元素中，金属占 86 种，即金属占绝大部分。任何先进机器、成套设备和机械产品都缺少不了金属，特别是钢铁，当前仍然是机械工业的基本材料。性能优良的材料是整机的重要保证。正确选择材料，并充分发挥材料性能的潜力，是每个工程技术人员的一项重要任务。为此，必须对金属材料的成分、结构、组织和性能之间的关系及其变化规律有深入的了解。

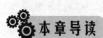 **本章目标**

- 掌握常见金属的晶体结构及实际金属中的晶体缺陷。
- 掌握合金的晶体结构。
- 熟悉陶瓷材料和高分子材料的结构。

2.1 固体材料中质点的结合形式

固体材料按构成其质点（原子、离子、原子团、分子等）的排列是否有序，分为晶体材料和非晶体材料。质点按一定规律排列在一起所构成的固体材料称为晶体，大多数固体材料属于晶体材料。质点呈无规则地堆积在一起所构成的固体材料称为非晶体；大多数陶瓷材料、高分子材料中存在质点呈无规则地堆积的非晶体。按质点间作用方式（即结合键类型）的不同，晶体又分为金属晶体、离子晶体、共价晶体和分子晶体。材料中质点的结合类型、排列方式对其许多性能有直接影响。

2.1.1 金属晶体中质点间的结合

构成金属晶体的基本质点是金属原子。由于原子间的相互作用，金属原子相互接近时外层电子便从各自原子中脱离出来，为整块金属晶体中的原子共用，形成"电子云"。金属正离子与自由电子间的静电作用，使金属原子相互结合，这种结合方式称为金属键，其特征在于无明显的方向性和饱和性。金属原子间依靠金属键结合形成金属晶体。除铋、涕、锗等金属为非金属键结合外，绝大多数金属都是金属晶体。图 2-1 （a）为金属晶体结构示意图。

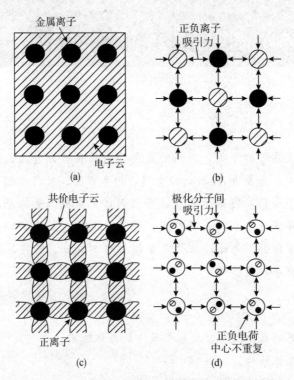

图 2-1　固体材料中质点间的作用方式
（a）金属键；（b）离子键；（c）共价键；（d）分子键

2.1.2　离子晶体中质点间的结合

构成离子晶体材料的基本质点是离子。当正、负离子形成化合物时，通过外层电子的重新分布和正、负离子间的静电作用而相互结合，从而形成离子晶体，这种结合键称为离子键。大部分盐类、碱类和金属氧化物都属于离子晶体，部分陶瓷材料（如 MgO、Al_2O_3、ZrO_2 等）及钢中的一些非金属夹杂物均以这种键合形式结合成晶体。图 2-1 （b）为离子晶体结构示意图。

2.1.3　共价晶体中质点间的结合

共价晶体中的基本质点是原子。当两个相同的原子或性质相差不大的原子相互接近时，它们之间不会有电子转移。此时原子间借共用电子对所产生的力而结合，形成共价晶体，这种结合方式称为共价键。锡、绪、铅等金属及金刚石、SiC、SiO_2、BN 等非金属材料都是共价晶体。图 2-1 （c）为共价晶体结构示意图。

2.1.4　分子晶体中质点间的结合

分子晶体中的基本质点是惰性原子或分子。自由原子状态的惰性气体 He、Ne、Ar 等和分子状态的 H_2、N_2、O_2 等在低温时都能结合成液态和固态，结合过程中，并没有电子转移或共用。这种在中性原子或分子之间所存在的结合力称为分子键，也称范德华（Vander Wals）力。由分子键结合形成的晶体称为分子晶体。图 2-1（d）为分子晶体结构示意图。

实际晶体材料大多靠几种键结合，以其中一种结合键为主。表 2-1 是四大类工程材料的质点间结合键构成及其性能特点。

表 2-1　四大类工程材料的质点间结合键构成及其性能特点

种类	结合键	熔点	弹性模量	强度模量	塑性韧性	导电性导热性	耐热性	耐蚀性	其他性能
金属材料	金属键为主	较高	较高	较高	良好（铸铁等材料除外）	良好	较高	一般	密度大，不透明，有金属光泽
有机合成高分子材料	分子内共价键，分子间分子键	较低	低	较低	变化大	绝缘、导热差	较低	高	密度小，热膨胀系数大，抗蠕变性能低，易老化，减摩性好
陶瓷材料	离子键或共价键为主	高	高	抗压强度与硬度高，抗拉强度低	差	绝缘、导热差	高	高	耐磨性好，热硬性高，抗热振性差
复合材料	取决于组成物的结合键	将单一材料的某些优点结合在一起，充分发挥材料的综合性能							

2.2　纯金属的晶体结构

2.2.1　晶体结构的基本概念

1. 晶体与非晶体

固态物质可分为晶体与非晶体两大类。原子或分子在空间呈长短有序、周期性规则排列的物质称为晶体，如金刚石、石墨和一切固态金属及其合金等。晶体一般具有规则的外形，有固定的熔点，且具有各向异性。原子或分子呈无规则排列或长短有序排列的物质称为非晶体，如塑料、玻璃、沥青等。非晶体没有固定的熔点，热导率和热膨胀性均较小，组成的变化范围大，在各个方向上原子的聚集密度大致相同，具有各向同性。

2. 晶格和晶胞

为了便于研究晶体中原子的排列情况，把组成晶体的原子（离子、分子或原子团）抽象成质点，这些质点在三维空间内呈有规则的、重复排列的阵式就形成了空间点阵。用一些假想的空间直线将这些质点连起来所构成的空间格架，称为晶格。从晶格中取出一个反映点阵几何特征的最小的空间几何单元，称为晶胞。简单的立方晶格与晶胞示意图如图 2-2 所示。

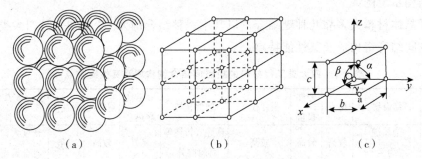

(a) (b) (c)

图 2-2 简单的立方晶格与晶胞示意图

(a) 模型；(b) 晶格；(c) 晶胞

表征晶胞特征的参数有六个：棱边长度 a、b、c，棱边夹角 d、β、γ。通常又把晶格棱边长度 a、b、c 称为晶格常数。当晶格常数 $a=b=c$，棱边夹角 $d=\beta=\gamma=90°$ 时，这种晶胞称为简单立方晶胞。

根据晶胞六个参数的不同，晶体分属不同的空间点阵和晶系。

3. 晶面与晶向

在晶格中由一系列原子组成的平面称为晶面，它由一行行的原子列组成。晶格中各原子列的位向称为晶向。为了便于对各种晶面和晶向进行研究，了解其在形变、相变以及断裂等过程中所起的不同作用，按照一定规则为晶格任意一个晶面或晶向确定出特定的表征符号，表示出它们的方位或方向，这就是晶面指数和晶向指数。

图 2-3 所示的晶面（010）、晶面（110）、晶面（111）是立方晶格中具有重要意义的三种晶面。图 2-4 所示的晶向 [100]、晶向 [110]、晶向 [111] 是立方晶格中具有重要意义的三种晶向。

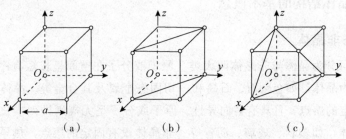

(a) (b) (c)

图 2-3 立方晶格中的三种重要晶面图

(a)（010）面；(b)（110）面；(c)（111）面

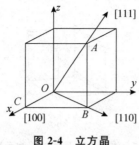

图 2-4 立方晶

各种晶体由于其晶格类型和晶格常数的不同,则呈现出不同的物理、化学及力学性能。

4. 配位数和致密度

晶胞中所包含的原子总体积与晶胞体积（V）的比值,称为晶体致密度。若晶胞中原子数为 n、原子半径为 r,则晶体致密度

$$K = n \cdot 4\pi r^3 / 3(V) \tag{2-1}$$

晶格中与任一原子处于相等距离并相距最近的原子数目,称为晶体的配位数。例如,体心立方结构晶体的配位数为 8;面心立方结构晶体和密排六方结构晶体的配位数均为 12;离子晶体 NaCl 中,Na^+ 和 Cl^- 的配位数各为 6。

配位数和致密度表征了晶体中原子或离子在空间堆垛的紧密程度,它们的数值越大,表示晶体中原子排列越紧密。

2.2.2 常见金属的晶格类型

自然界中的晶体有成千上万种,它们的晶体结构各不相同,但若根据晶胞的三个晶格常数和三个轴间夹角的相互关系对所有的晶体进行分析,则发现可把它们的空间点阵分为 14 种类型。若进一步根据空间点阵的基本特点进行归纳整理,又可将 14 种空间点阵归属于 7 个晶系。

由于金属原子趋向于紧密排列,所以在工业上使用的金属元素中,除了少数具有复杂的晶体结构外,绝大多数都具有比较简单的晶体结构。其中最典型、最常见的金属晶体结构有 3 种类型,即体心立方晶格、面心立方晶格和密排六方晶格。前两者属于立方晶系,后者属于六方晶系。

1. 体心立方晶格

体心立方晶格的晶胞是一个立方体,如图 2-5 所示。在立方体的八个角上各有一个与相邻晶胞共有的原子,且在立方体中心有一个原子。

属于体心立方晶格的金属有 α-Fe（912 ℃ 以下的纯铁）、Cr、Mo、W、V、Nb、β-Ti、Na、K 等。

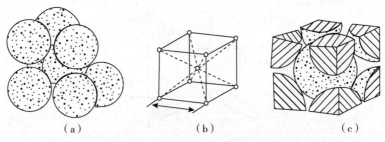

图 2-5　体心立方晶格的晶胞示意图

（a）模型；（b）晶胞；（c）晶胞原子数

（1）原子半径。晶胞中原子密度最大方向上相邻原子间距的一半尺寸称为原子半径。在体心立方晶格中，原子半径为体对角线（原子排列最密的方向）上原子间距的一半，即为 $r=\dfrac{\sqrt{3}}{4}a$。

（2）原子数。一个晶胞内所包含的原子数目称为晶胞原子数。体心立方晶格中，由于立方体顶角上的原子为八个晶胞所共有，而立方体中心的原子为该晶胞所独有，因而晶胞原子数为 $8\times\dfrac{1}{8}+1=2$。

（3）配位数。所谓配位数是指晶体结构中与任一个原子最近邻且等距离的原子数目。显然，配位数越大，晶体中的原子排列便越紧密。体心立方晶胞中的任一原子（以立方体中心的原子为例）与八个原子接触且距离相等，因而体心立方晶格的配位数为 8。

（4）致密度。若把原子看成刚性圆球，那么原子之间必然有间隙存在，原子排列的紧密程度可用原子所占体积与晶胞体积之比表示，称为致密度或密集系数，可用下式表示

$$K=\frac{nV_1}{V} \tag{2-2}$$

式中　　K——晶体的致密度；

　　　　n——一个晶胞实际包含的原子数；

　　　　V_1——一个原子的体积；

　　　　V——晶胞的体积。

体心立方晶格的晶胞中含有两个原子，晶胞的棱边长度为 a，原子半径为 $r=\dfrac{\sqrt{3}}{4}a$，其致密度为

$$K=\frac{nV_1}{V}=\frac{n\,\dfrac{4}{3}\pi r^3}{a^3}\approx 0.68 \tag{2-3}$$

2. 面心立方晶格

面心立方晶格的晶胞如图 2-6 所示，在立方体的八个角的顶点和六个面的中心各有一个与相邻晶胞共有的原子。

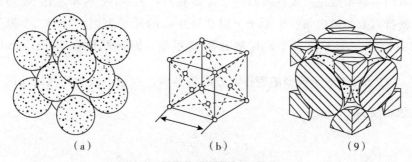

图 2-6　面心立方晶格的晶胞示意图

（a）模型；（b）晶胞；（c）晶胞原子数

属于面心立方晶格的金属有 γ - Fe（912～1 394 ℃的纯铁）、Cu、Al、Ni、Au、Ag、Pt、β - Co 等。

与体心立方晶格一样，面心立方晶格常数也是只用一个参数 a 表示。原子半径为面的对角线（原子排列最密的方向）上原子间距的一半，即 $r=\sqrt{2}a/4$。由于立方体顶角上的原子为八个晶胞所共有，面上的原子为两个晶胞所共有，因而晶胞原子数为 $8\times\dfrac{1}{8}+\dfrac{1}{2}\times6=4$。面心立方晶格中每一个原子（以面的中心原子为例）在三维方向上各与四个原子接触且距离相等，因而配位数为 12。其致密度为

$$K = \frac{nV_1}{V} = \frac{4\times\frac{4}{3}\pi r^3}{a^3} \approx 0.74 \tag{2-4}$$

3. 密排六方晶格

密排六方晶格的晶胞是一个正六面柱体，如图 2-7 所示。在上、下两个面的角点和中心上，各有一个与相邻晶胞共有的原子，并在上、下两个面的中间有三个原子。

属于密排六方晶格的金属有 Be、Mg、Zn、Cd、α - Co、α - Ti 等。

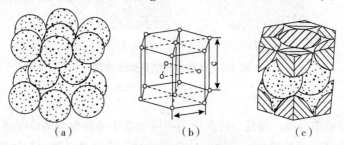

图 2-7　密排六方晶格的晶胞示意图

（a）模型；（b）晶胞；（c）晶胞原子数

由图 2-7 可以看出，六棱柱顶角原子为六个晶胞共有，底面中心的原子为两个晶胞共有，两底面之间的三个原子为晶胞所独有，因而晶胞原子数为 $\dfrac{1}{6} \times 12 + \dfrac{1}{2} \times 2 + 3 = 6$。密排六方晶格的晶格常数用六棱柱底面的边长 a 和高 c 表示，c 与 a 之比（c/a）称为轴比。由于密排六方晶格中每一个原子（以底面中心的原子为例）与十二个原子（同底面上周围有六个，上下各三个）接触且距离相等，因而配位数为 12，此时的轴比 $c/a = \sqrt{\dfrac{8}{3}} \approx 1.633$。对于典型的密排六方晶格金属，原子半径为底面边长的一半，即 $r = a/2$，致密度为

$$K = \frac{nV_1}{V} = \frac{6 \times \dfrac{4}{3}\pi r^3}{\dfrac{3\sqrt{3}}{2}a^3 \sqrt{\dfrac{8}{3}}a} \approx 0.74 \tag{2-5}$$

2.2.3 单晶体的各向异性与多晶体的各向同性

由于晶体中不同晶向上的原子排列紧密程度及不同晶面的面间距是不相同的，所以不同方向上原子结合力也不同，从而导致晶体在不同方向上的物理、化学、力学性能出现一定的差异，此特性称为晶体的各向异性。

一块晶体内部的晶格位向完全一致的晶体称为单晶体，如图 2-8（a）所示。单晶体具有各向异性。例如，α-Fe 单晶体的弹性模量 E 在体对角线方向（[111] 方向）为 290 000 MPa，而在边长方向（[100] 方向）为 135 000 MPa，两者相差一倍多。单晶体可采取特殊的方法制取。单晶体除具有各向异性以外，还具有较高的强度、耐蚀性、导电性和其他特性，因此日益受到人们的重视。目前在半导体元件、磁性材料、高温合金材料等方面，单晶体材料已得到开发和应用。单晶体金属材料是今后金属材料的发展方向之一。

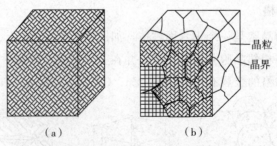

（a）　　　　　　　　　（b）

图 2-8　单晶体和多晶体示意图

（a）单晶体；（b）多晶体

实际金属并非单晶体，而是由许多位向不同的微小晶体组成的多晶体，如图 2-8（b）所示。这些呈多面体颗粒状的小晶体颗粒称为晶粒，晶粒与晶粒间的边界称为晶界。晶粒的大小与金属的制造及处理方法有关，其直径一般为 0.001～1 mm。

测定实际金属的性能时，在各个方向上的数值却基本一致，即具有各向同性。这是因为构成实际金属的众多各向异性的晶粒由于各自随机取向的不同而在晶粒之间互相抵消和补充，从而在宏观上表现出各向同性。例如，工业纯铁（α-Fe）的弹性模量 E 在任何方向上测定大致都为 250 000 MPa。

2.2.4　实际金属的结构

实际金属不但由多晶体组成，而且对于每个晶粒也并非是理想结构。应用电子显微镜等现代的检测仪器发现，在金属晶体的内部存在多种缺陷。按照几何特征，晶体缺陷主要可分为点缺陷、线缺陷和面缺陷。这些缺陷对金属的物理、化学和力学性能有显著的影响。

1. 点缺陷

点缺陷是指在三维尺度上都很小的，不超过几个原子直径的缺陷。点缺陷主要有空位和间隙原子两种，如图 2-9 所示。

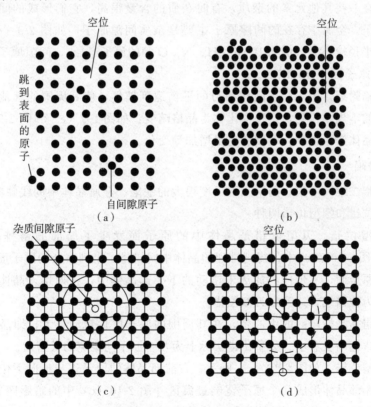

图 2-9　晶体中的点缺陷

(a) 空位和自间隙原子；(b) 热空位；(c) 杂质间隙原子和晶格畸变；(d) 空位和晶格畸变

(1) 空位。晶格中某个原子脱离了平衡位置形成的空结点称为空位，如图 2-9 (a) 和图 2-9 (b) 所示。空位是一种热平衡缺陷。温度升高，则原子的振动能量升高，振幅增大。当某些原子振动的能量高到足以克服周围原子的束缚时，它们便有可能脱离原来的平衡位置，跳到晶体的表面（包括晶界面、孔洞、裂纹等内表面），甚至从金属表面蒸发，使其原来的位置或其所经历的路径的某个结点空着，于是在晶体内部形成了空位。也有少量空位是结点原子进入晶格间隙后形成的，但这种形成方式要求能量高，形成空位比较困难。随着温度的升高，原子的动能增大，空位的数量也增大。在接近于熔点时，空位的数量可达到整个晶体原子数的1‰的数量级。通过快速冷却可以将空位保留到室温。在纯金属中，空位是其主要的点缺陷。例如，铜在1 000 ℃时，空位数量约为间隙原子数量的10^{35}倍。

在晶体中不仅可产生单空位，还可以产生双空位、三空位和多空位，如图2-9（b）所示。空位的存在为金属中进行与原子迁移有关的过程创造了方便的条件。

（2）间隙原子。间隙原子就是位于晶格间隙之中的原子，有自间隙原子和杂质间隙原子两种。自间隙原子是从晶格结点转移到晶格间隙中的原子，如图2-9（a）所示，与此同时产生一个空位。在多数金属的密排晶格中，形成自间隙原子是非常困难的。材料中总存在一些其他元素的杂质，有时杂质的含量很高，它们形成的间隙原子称为杂质间隙原子。金属中存在的间隙原子主要是杂质间隙原子，如图2-9（c）所示。当杂质的原子半径较小时（例如B、C、H、N、O等的原子半径），间隙原子的浓度甚至可达10％（原子百分数）以上。

在点缺陷附近，由于原子间作用力的平衡遭到破坏，使其周围的其他原子出现靠拢或者撑开的不规则排列，这种变化称为晶格畸变，如图2-9（c）和图2-9（d）所示。晶格畸变使晶体产生强度、硬度和电阻增加等变化。

2. 线缺陷

线缺陷指二维尺度很小而第三维尺度很大的缺陷。金属晶体中的线缺陷就是位错，主要分刃型位错和螺型位错两种。

（1）刃型位错。刃型位错是晶体中的原子面发生了局部的错排，例如在图2-10（a）和图2-10（b）中，规则排列的晶体中间错排了半列多余的原子面，它像是一个加塞的半原子面，不延伸到原子未错动的下半部晶体中，犹如切入晶体的刀片，刀片的刃口线为位错线，这就是刃型位错。

刃型位错是晶格畸变的中心带，在其周围的原子位置错动很大，即晶格的畸变很大，且距它愈远畸变愈小。刃型位错实际上为几个原子间距宽的长管道。

（2）螺型位错。如图2-10（c）所示，右前部晶体的原子逐步地向下位移一个原子间距，并与左部晶体形成几个原子宽的过渡区［图2-10（c）中的暗影区］，使它们的正常位置发生错动，具有螺旋形特征，故称为螺型位错。

过渡区顶端在晶体中的连线为位错线。但原子错动最大或晶格畸变最大的地方是过渡区螺旋面的中心线，这才是真正的螺型位错线。所以螺型位错实际上是一个螺旋状的晶格畸变管道，如图2-10（d）所示，宽仅为几个原子大小，长则可穿透晶体。

晶体中位错线周围造成的晶格畸变随离位错线距离的增大而逐渐减小，直到为零。

严重晶格畸变的范围实际约为几个原子间距。

金属中的位错线数量很多，呈空间曲线分布，有时会连接成网，甚至缠结成团。位错可在金属凝固时形成，更容易在塑性变形中产生。它在温度和外力作用下还能够不断地运动，数量随外界作用发生变化。

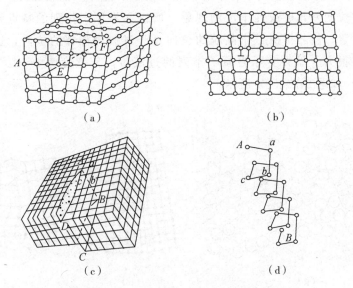

图 2-10　刃型位错和螺型位错示意图

(a)、(b) 刃型位错；(c)、(d) 螺型位错

评定金属位错数量的多少常用位错密度 ρ（单位为 cm/cm^3）表示。金属中位错密度一般为 $10^4 \sim 10^{12}\ cm/cm^3$，在退火时为 $10^6\ cm/cm^3$，在冷变形金属中可达 $10^{12}\ cm/cm^3$。

位错引起的晶格畸变对金属性能的影响很大。图 2-11 表示位错密度与屈服强度的关系。没有缺陷的晶体屈服强度很高，但这样理想的晶体很难得到，工业上生产的金属晶须只是理想晶体的近似。位错的存在会使晶体强度降低，但位错大量产生后，晶体强度反而提高，生产中可通过增加位错来对金属进行强化，但增加位错后金属塑性有所降低。后面章节介绍的冷变形强化、马氏体相变强化机制，都与位错密度的增加有关。

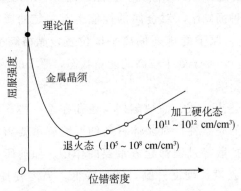

图 2-11　金属位错密度与屈服强度的关系

3. 面缺陷

面缺陷是指二维尺度很大而第三维尺度很小的缺陷。金属晶体的面缺陷主要有晶界和亚晶界两种。

（1）晶界。晶界就是金属中各个晶粒相互接触的边界。各晶粒的位向不同，因为相邻晶粒存在位向差几度或几十度的现象，所以晶界原子排列的特点是采取相邻两晶粒的折中位置，使晶格由一个晶粒的位向逐步过渡为相邻的位向，这里规则性较差，晶格畸变很大。晶界实际为原子排列的过渡带，其宽度为 5～10 个原子间距，如图 2-12（a）和图 2-12（b）所示。

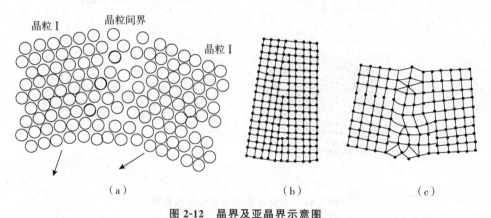

图 2-12 晶界及亚晶界示意图

（a）晶界原子排列；（b）晶界晶格；（c）亚晶界晶格

晶界上一般积累有较多的位错，位错的分布有时候是规则的。晶界也是杂质原子聚集的地方。杂质原子的存在加剧了晶界结构的不规则性，并使结构复杂化。

（2）亚晶界。在多晶体的实际金属中，单个晶粒也不是完全理想的晶体，而是由许多位向差很小的所谓亚晶粒组成的，如图 2-12（c）所示。晶粒内的亚晶粒又称晶块（或嵌镶块），其尺寸比晶粒小 2～3 个数量级，通常为 10^{-6}～10^{-4} cm。亚晶粒的结构如果不考虑点缺陷，可以认为是理想的。亚晶粒之间的位向差只有几秒、几分，最多为 1°～2°。亚晶粒之间的边界称为亚晶界。亚晶界是由一系列刃型位错规则排列形成的结构。它是晶粒内的一种面缺陷，对金属的性能也有一定的影响。在晶界、亚晶界或金属内部的其他界面上，原子的排列偏离平衡位置，晶格畸变较大，位错密度较高（可达 10^{12} cm/cm³ 以上），原子处于较高的能量状态，原子的活性较大，对金属中许多过程的进行有着重要的影响。

实际金属中除了上述点、线、面缺陷外，还存在着一些其他的晶体缺陷。这些缺陷的存在，影响了晶体的完整性，对晶体材料的性能有重要影响，特别是对金属的塑性变形、固态相变以及扩散等过程都起着重要的作用。如前所述，缺陷的形成将导致晶格畸变，使晶体材料强度、硬度升高，塑性降低。当需要提升材料强度和硬度时，缺陷是有益的，人们往往人为制造出一些晶格缺陷，这也是强化材料的主要途径之一。

可见，缺陷并非一定是没有用的缺点。但是必须指出，晶粒中原子排列出现的缺陷的绝对数目很巨大，但与规则排列的原子数目相比又是很小的，缺陷的存在并不会改变金属原子规则排列的主流状况，也不会改变金属晶体的性质。

在实际晶体结构中，上述晶体缺陷并不是静止不变的，而是将随着一定的温度和加工过程等各种条件的改变而不断变化。它们可以产生、发展、运动和交互作用，而且能合并和消失。

2.3 合金的晶体结构

2.3.1 合金概述

纯金属因强度很低而很少得到使用，工程中使用的金属材料主要是合金。合金是由两种或两种以上的金属元素，或金属与非金属元素组成的具有金属特性的物质。例如，钢和铁是主要由 Fe 和 C 组成的合金，黄铜是主要由 Cu 和 Zn 组成的合金等。

下面就有关合金的几个概念术语做一说明。

（1）组元。组成合金最简单、最基本的独立物质称为组元。在合金中组元一般都是元素，如铁碳合金中的 Fe 和 C。但在一定条件下较稳定的化合物也可以作为组元看待，如铁碳合金中的 Fe_3C 等。合金中有几种组元就称为几元合金，例如碳素钢是二元合金，铅黄铜是三元合金。

（2）合金系。由两个或两个以上组元按不同比例配制而成的一系列不同成分的合金称为合金系，简称系，如 Pb-Sn 系、Fe-C-Si 系等。

（3）相。相是指在合金中具有相同的物理和化学性能并与该系统的其余部分以界面分开的物质部分，例如液固共存系统中的液相和固相。可以把"相"释义为"物质形态"。合金的一个相中可以有多个晶粒，但一个晶粒只能是一个相。

（4）显微组织。显微组织是指在金相显微镜下所观察到的金属及合金内部之相和晶粒的形态、大小、分布状况等组成的微观构造。

在合金的显微组织中，最小组成单元是相。从本质上来说，合金的显微组织是由各个相所组成的，这些相就是组成合金的相组成物。有些合金的显微组织中存在由两个或两个以上的相按一定的比例组成的固定"小团体"，称为机械混合物，例如共析体、共晶体等。如把这些机械混合物看作合金显微组织的组成单元，那么这些机械混合物和其余单独存在的相称为组成合金的组织组成物。

一种合金的力学性能取决于它的化学成分，更取决于它的显微组织。通过对金属的热处理可以在不改变其化学成分的前提下而改变其显微组织，从而达到调整金属材料力学性能的目的。

由于合金各组元之间的相互作用不同，固态合金可形成两种基本相结构：固溶体相结构和金属间化合物相结构。

2.3.2 固溶体

合金组元通过相互溶解形成一种成分和性能均匀且结构与组元之一相同的固相称为固溶体。与固溶体晶格相同的组元为溶剂，一般在合金中含量较多；其他组元为溶质，含量较少。可见固溶体可理解为是一种"固态液体"，其溶解度称为固溶度。

1. 固溶体的分类

根据溶质原子在溶剂晶格中所占据的位置，可将固溶体区分为置换固溶体和间隙固溶体两种。

（1）置换固溶体。若溶质原子代替一部分溶剂原子而占据溶剂晶格中的某些结点位置，称为置换固溶体，如图 2-13 所示。一般来说，当溶剂和溶质的原子半径比较接近时容易形成置换固溶体。在合金中，如 Mn、Cr、Si、Ni、Mo 等元素都能与 Fe 元素形成置换固溶体。

（2）间隙固溶体。溶质原子在溶剂晶格中并不占据晶格结点的位置，而是嵌入各结点间的空隙中，此时形成的固溶体称为间隙固溶体，如图 2-14 所示。实验证明，当溶质元素与溶剂元素的原子半径的比值 $R_溶/R_剂 < 0.59$ 时才可能形成间隙固溶体。一般过渡族元素（溶剂），与尺寸较小的 C、N、H、B、O 等元素易于形成间隙固溶体。凡是间隙固溶体必然是有限固溶体，这是因为溶剂晶格中的间隙总是有一定限度的。

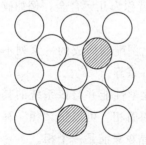
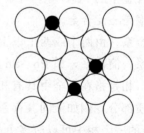

图 2-13　置换固溶体中的原子　　　图 2-14　间隙固溶体中的原子

2. 固溶体中的晶格畸变

固溶体的溶剂组元中，溶质原子的介入局部地破坏了原子排列的规律性，使晶格发生一些扭曲变形，即导致晶格畸变。如图 2-15（a）所示，间隙固溶体中，溶质原子溶入溶剂晶格的空隙后，将使溶剂晶格常数增大而发生晶格畸变。固溶度越高，晶格畸变越严重。置换固溶体虽然保持了溶剂的晶体结构，但由于各组元间的原子半径不可能完全相同，从而也形成晶格畸变，如图 2-15（b）和图 2-15（c）所示。组元间原子半径差别越大，晶格畸变的程度就越大。

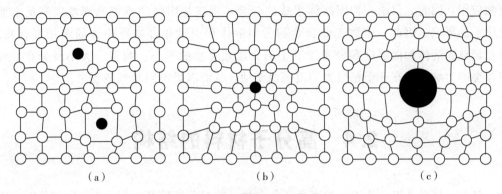

图 2-15　固溶体中的晶格畸变

（a）间隙固溶体；（b）置换固溶体（溶质原子小于溶剂原子）；

（c）置换固溶体（溶质原子大于溶剂原子）

○—溶剂原子；●—溶质原子

3. 固溶体的性能

　　溶质原子的溶入使固溶体的晶格发生畸变，变形抗力增大，结果使金属的强度、硬度升高，这种现象称为固溶强化。它是强化金属材料的重要途径之一。实践表明，固溶体的强度和塑性、韧度之间有较好的配合，适当控制固溶体中的溶质含量，可以在显著提高金属材料的强度、硬度的同时，使其保持较好的塑性和韧度。例如，在低合金钢中可利用 Mn、Si 等元素来强化铁素体，同时能使低合金钢保持很好的塑性和韧度。实际使用的金属材料，大多数是单相固溶体合金或以固溶体为基体的多相合金。

2.3.3　金属间化合物

　　合金中溶质含量超过溶剂的溶解度后，将出现新相。这个新相可能是另一种固溶体，也可能是一种晶格类型和性能完全不同于任一合金组元的化合物。这种化合物可以用分子式表示，它除离子键和共价键外，金属键也在不同程度上参与作用，使这种化合物具有一定程度的金属性质（例如导电性），据此而把这种化合物称为金属间化合物，或称中间相。例如，碳素钢中的 Fe_3C（渗碳体）、黄铜中的 CuZn、铜铝合金中的 $CuAl_2$ 等。

　　金属间化合物一般熔点较高，硬度高，脆性大。合金中含有金属化合物时，强度、硬度和耐磨性提高，而塑性和韧度降低。金属间化合物是各类合金钢、硬质合金及许多非铁金属的重要组成相。例如，铁碳合金中的 Fe_3C 就是钢铁材料的重要强化相，它具有复杂的斜方晶格，其中铁原子可以部分地被 Mn、Cr、Mo、W 等金属原子所置换，形成以金属化合物为基的一种固溶体，如（Fe、Mn）$_3$C、（Fe、Cr）$_3$C 等，在钢中也起到强化的作用。

　　在工程材料的应用中，虽然金属间化合物具有很高的硬度，但其脆性太大，无法

单独应用。同时，仅由一种固溶体组成的合金，则往往因强度不够高而难以满足工业应用上的要求。因此，多数工业合金均为固溶体和少量化合物所构成的多相混合物。通过调整固溶体的固溶度和分布于其中的金属化合物的形态、数量、大小及分布，可使合金的力学性能在一个相当大的范围内变动，从而满足不同的性能要求。

2.4　高分子材料的结构

高分子材料是以分子很大的高分子化合物（相对分子质量大于 10^4）为主要组分的材料。而高分子化合物是由一种或多种低分子化合物通过聚合反应连接而成的链状或网状分子，所以高分子又称为大分子，高分子化合物又称为聚合物或高聚物。

高分子的结构包括高分子的链结构和聚集态结构两个方面（图 2-16）。链结构是指单个分子的结构和形态，可分为近程结构和远程结构。近程结构包括构造、构型和序列结构，属于化学结构，又称为一级结构。远程结构包括分子的形态和大小、链的柔顺性及分子在各种环境中所采取的构象，又称为二级结构。聚集态结构是指高分子材料整体的内部结构，包括晶态结构、非晶态结构、取向态结构、液晶态结构和更高级的结构（如织态结构和高分子在生物体中的结构），又称三级结构。图 2-17 为高分子的二级和三级结构示意图。

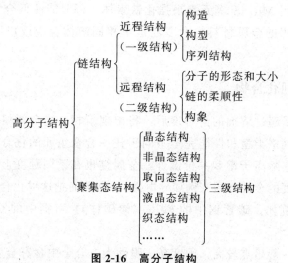

图 2-16　高分子结构

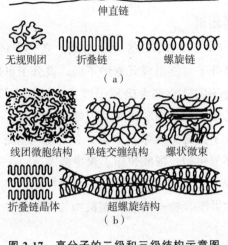

伸直链

无规则团　　折叠链　　　螺旋链

（a）

线团微胞结构　单链交缠结构　螺状微束

折叠链晶体　　　超螺旋结构

（b）

图 2-17　高分子的二级和三级结构示意图

（a）二级结构；（b）三级结构

2.4.1　高分子结构的特点

高分子的结构复杂，与低分子物质相比有如下几个特点。

（1）高分子链由很大数目（$10^3 \sim 10^5$ 数量级）的结构单元组成。每一个结构单元相当于一个小分子，这些结构单元可以是一种，也可以是几种，它们以共价键相连接，形成线型分子、支化分子和网状分子等。这些结构单元间的相互作用对其聚集态结构和物理性能有着十分重要的影响。

（2）一般高分子的主链都有一定的内旋转自由度，可以使主链弯曲而具有柔顺性，并由于分子的热运动，柔顺性链的形状可以不断改变，从而可以产生许多构象；如果化学键不能做内旋转，或结构单元有强烈的相互作用，那么形成刚性链就具有一定的形状。

（3）高分子是由许多高分子链组成的，高分子链间以范德瓦尔斯力、氢键或化学键等结合在一起，使高分子形成一定的聚集态结构。

（4）高分子的结构具有不均一性。即使是相同条件下的反应产物，各个分子的相对分子质量、单体单元的键合顺序、空间构型的规整性、支化度、交联度、共聚物的组成及序列结构等都存在着或多或少的差异。

（5）高分子的聚集态结构具有多样性，有晶态结构、非晶态结构、取向态结构、液晶态结构、织态结构等。

（6）高分子的晶态比小分子晶态的有序程度差很多，存在很多缺陷；而高分子的非晶态结构却比小分子晶态的有序程度高。

2.4.2　高分子的链结构

高分子的链结构是决定高分子基本性质的主要因素，链结构间接地影响高分子材

料的性质。

1. 高分子链的化学组成

高分子链主要由 C、O、N、Si、S 等元素组成。高分子链的组成不同，高聚物的性能也就不一样。根据高分子主链组成元素的不同，高分子可以分为以下三类。

（1）碳链高分子：分子主链全部由碳原子以共价键相连接的高分子，如常见的聚乙烯、聚苯乙烯、聚氯乙烯、聚丙烯和聚甲基丙烯酸甲酯等。

（2）杂链高分子：分子主链由碳原子和氧、氮、硫等原子以共价键相连接的高分子，如聚酯、聚酰胺、环氧树脂、酚醛树脂、聚甲醛等。

（3）元素高分子：分子主链中不含碳原子，而含有硅、磷、锗、铝、钛、砷、铷等元素原子的高分子。这类聚合物一般具有无机物的热稳定性及有机物的弹性和塑性，如有机硅等。

2. 高分子结构单元的连接方式和链的构型

（1）连接方式。高分子的分子链是由重复的结构单元连接而成的，而结构单元的连接方式很多，如头-尾连接、头-头连接、尾-尾连接和无规连接等。

头－尾连接：

$$—CH_2—CH—CH_2—CH—CH_2—CH—CH_2—CH—$$
$$\qquad\ \ \ |\qquad\qquad\ \ |\qquad\qquad\ \ |\qquad\qquad\ \ |$$
$$\qquad\ \ \ R\qquad\qquad\ \ R\qquad\qquad\ \ R\qquad\qquad\ \ R$$

头－头连接（或尾－尾）连接：

$$—CH_2—CH—CH—CH_2—CH_2—CH—CH—CH_2—$$
$$\qquad\ \ \ |\qquad\ |\qquad\qquad\qquad\ \ |\qquad\ |$$
$$\qquad\ \ \ R\qquad R\qquad\qquad\qquad\ \ R\qquad R$$

无规连接：

$$—CH_2—CH—CH_2—CH—CH_2—CH—CH—CH_2—$$
$$\qquad\ \ \ |\qquad\qquad\ \ |\qquad\qquad\ \ |\qquad\ |$$
$$\qquad\ \ \ R\qquad\qquad\ \ R\qquad\qquad\ \ R\qquad R$$

（2）链的构型。高分子有均聚物和共聚物之分，对于共聚物，其大分子链中结构单元的排列方式还包括无规共聚、交替共聚、嵌段共聚和接枝共聚等。

无规共聚物：～～AABABBBAABBABAAAAB～～

交替共聚物：～～ABABABABABABABABAB～～

嵌段共聚物：～～AAAABBBAAAABBBAAAA～～

接枝共聚物：

3. 高分子链的空间构型

高分子的空间构型是指大分子链中原子或原子团在空间的排列形式，主要有全同立构、间同立构和无规立构等。

全同立构：

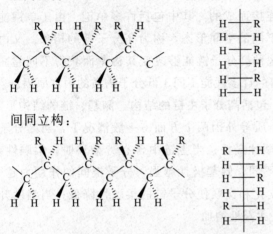

间同立构：

（1）全同立构：在大分子链上，取代基 R 规则地排列于主链平面的同侧。

（2）间同立构：在大分子链上，取代基 R 交替地排列于主链平面的两侧。

（3）无规立构：在大分子链上，取代基 R 无规则地排列于主链平面的两侧。

4. 高分子链的结构形态

高分子链的结构形态（或称为几何形状）有线型、支化型（星型、梳型、无规支化）和体型（梯型、网状或交联型）三种，各个类型还有细微的区分，如图 2-18 所示。

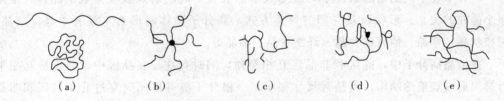

图 2-18　高分子链的结构形态
（a）线型；（b）星型支化；（c）梳型支化；（d）无规支化；（e）交联形态

（1）线型分子链：各链节以共价键连接成线型长链，像一根长线。一般高分子都是线型的，分子链可以蜷曲成团，也可以伸展成直线，这取决于分子本身的柔顺性及外部条件。它在高分子材料中可以伸直链、无规线团、折叠链和螺旋链等形态存在。

（2）支化型分子链：在线型高分子主链的两侧有许多长短不一的小支链的分子称为支化型分子链，有星型、梳型和无规支化之分。

（3）体型分子链：高分子链之间通过支链连接成一个三维空间网状大分子时即成为具有交联结构的体型分子。

具有线型和支化型分子链结构的聚合物称为线型高分子，具有较高的弹性和热塑

性，可以在适当的溶剂中溶解或溶胀，易于加工成形，可反复使用。具有体型分子链结构的聚合物称为体型高分子，具有较好的耐热性、强度，但弹性、塑性低，易老化，属于不溶的热固性高分子材料，不可反复使用。

5. 高分子链的构象和柔顺性

高分子链是由大量原子经共价键连接而成的，其中包括许多单键。由于单键能够进行内旋转，从而使高分子链呈现出不同的空间形态，称为高分子链的构象。又由于热运动，分子的构象在时刻改变着，这种高分子链能够改变其构象而获得不同卷曲程度的特性称为柔顺性。这是高分子材料的许多性能不同于低分子物质的根本原因。

影响高分子链柔顺性的因素很多，包括高分子主链的结构、侧基、链的结构形态、分子间作用力等内因和温度、外力、介质等外因两个方面。一般情况下，当高分子链主链全部由单键组成时，分子链的柔顺性最好；当主链中含有芳杂环时，柔顺性差；主链所带侧基的极性不同，柔顺性也不同，侧基极性越强，分子链间的作用力越大，单键内旋转越困难，柔顺性越差；而支化和交联使分子链的柔顺性降低；当温度升高时，分子链热运动加剧，内旋转容易，柔顺性增加。

2.4.3　高分子的聚集态结构

高分子的聚集态结构是指高分子链之间的排列和堆砌结构，也称为超分子结构。高分子的聚集态结构是决定高分子本体性质的主要因素。对于实际应用中的高分子材料或制品，其使用性能直接决定于在加工成形过程中形成的聚集态结构。

1. 高分子的晶态结构

高分子在不同的结晶条件下可以形成形态极为不同的宏观或亚微观的晶体。根据单个晶粒的大小、形状以及它们的聚集方式，高分子晶体的形态主要有单晶、球晶、树枝状晶、孪晶、伸直链片晶、纤维状晶、串晶等。

在结晶高分子中，晶区和非晶区互相穿插，同时存在。在晶区中，分子链互相平行排列形成规整的结构，但晶区尺寸很小，一根分子链可以同时穿过几个晶区和非晶区，晶区在通常情况下是无规取向的。在非晶区中，分子链的堆砌是完全无序的。图2-19为高分子晶态的缨状微束模型示意图。

高分子的结晶能力有大有小，有些高分子容易结晶，有些高分子不容易结晶，还有一些高分子完全没有结晶能力。其结晶能力差别的根本原因在于不同高分子具有不同的结构特征，这些结构特征中能不能和容易不容易规整排列形成高度有序的晶格是关键，其影响因素包括链的对称性、规整性和柔顺性等。一般来说，高分子链的结构对称性越高、规整性和柔顺性越好，分子越容易结晶。结晶对高分子性能有重要的影响，结晶可以提高高分子的耐热性和耐溶剂侵蚀性。对于塑料和纤维，通常希望它们有合适的结晶度；对于橡胶，因为结晶后将硬化而失去弹性，所以不希望它有很好的结晶性。

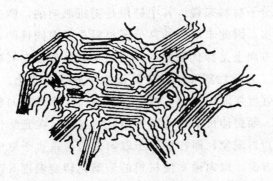

图 2-19　高分子晶态的缨状微束模型示意图

2. 高分子的非晶态结构

在高分子材料中，既有大量的结晶高分子，也有大量完全非晶的高分子。即使在结晶高分子中，也都包含着非晶区。Flory 认为，在非晶态高分子的本体中，分子链的构象与在溶液中一样，呈无规线团状，线团分子之间是无规缠结的，因而非晶态高分子在聚集态结构上是均相的，如图 2-20（a）所示。而 Yeh 认为，非晶态高分子不是完全无序的，而是存在一定程度的局部有序，即包含有序区和无序区两个部分，如图 2-20（b）所示。其中有序区是由大分子链折叠而成的"球粒"或"链结"，其尺寸一般为 1～10 nm。在这种"球粒"中，折叠链的排列比较规整，但比晶态的有序性要小得多；而在"球粒"之间存在着一定的无序区域，其尺寸一般为 1～5 nm。

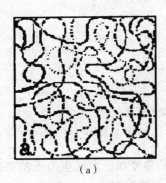 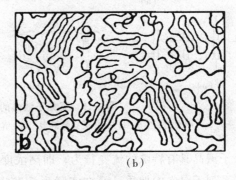

（a）　　　　　　　　　　　（b）

图 2-20　高分子的非晶态结构模型

（a）Flory 无规线团模型；（b）Yeh 两相球粒模型

3. 高分子的取向态结构

高分子是长链结构，当线型高分子充分伸展时，其长度是宽度的几百、几千甚至几万倍。这种结构上悬殊的不对称性，使它们的分子链、链段以及结晶高分子的晶片、晶带等在某些情况下很容易沿某些特定方向做择优排列，这就是取向。根据取向方式的不同，取向的高分子材料可分为单轴取向（如合成纤维的牵伸）和双轴取向（如薄膜的双轴拉伸）两种类型。

对于未取向的高分子材料来说，其中链段是随机取向的，朝一个方向的链段与朝其他任何方向的同样多，因此未取向的高分子材料是各向同性的；而在取向的高分子材料中，链段在某些方向上是择优取向的，因此材料呈现各向异性。取向的结果使高分子材料的力学性能、光学性能和热性能等发生了显著的变化。其中力学性能方面，抗张强度和挠曲疲劳强度在取向方向上显著增加，而与取向方向相垂直的方向上则降低；其他如冲击强度、断裂伸长率等也发生相应的变化。在光学性能方面，取向高分子材料发生了光的双折射现象，即在平行于取向方向与垂直于取向方向上的折射率出现了差别。在热性能方面，取向通常使材料的玻璃化转变温度升高，对结晶高分子来说，其密度和结晶度也会升高，因而提高了高分子材料的使用温度。

4. 高分子的液晶态结构

某些物质的结晶受热熔融或被溶剂溶解之后，失去固态物质的刚性而获得液态物质的流动性，并仍然部分地保存着晶态物质分子的有序排列，从而在物理性质上呈现各向异性，形成一种兼有晶体和液体的部分性质的过渡状态，这种过度状态称为液晶态，处在这种状态下的物质称为液晶。

高分子液晶按其液晶原所处的位置不同，大致可以分为两大类：一类是主链型液晶，其分子主链是由液晶原和柔性的链节相间组成；另一类是侧链型液晶，其主链是柔性的，刚性的液晶原连接在侧链上。高分子液晶的结构如图 2-21 所示。

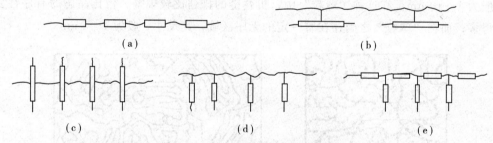

图 2-21　高分子液晶的结构示意图
(a) 刚柔相嵌主链型；(b) 腰接侧链型；(c) 串型；(d) 尾接侧链型；(e) 组合型

高分子液晶具有特殊的流变行为，即高浓度、低黏度和低剪切应力下的高度取向。液晶的一系列不寻常的性质已经在实际生活和生产中得到了广泛的应用，如液晶显示技术、液晶纺丝等。

5. 高分子的织态结构

高分子的织态结构是描述在某种高分子材料中加入增塑剂、填料或其他高分子而得到的高分子混合物的聚集态结构形式。高分子混合物是一种多组分系统，依据混合程度的不同，可分为两个组分能在分子水平上互相混合而形成的均相系统和两个组分不能达到分子水平混合而分别自成一相的非均相系统两种类型。对于均相系统，可以达到分子水平的分散，从而形成了热力学上稳定的均相结构；对于非均相系统，会发生微观相分离，形成两相结构。

在非均相多组分高分子中，一般含量少的组分（图 2-22 中的组分 A）形成分散相，而含量多的组分（图 2-22 中的组分 B）形成连续相；随着分散相含量的逐渐增加，分散相的分散形式从球状逐渐过渡到棒状，到两个组分含量相近时，形成层状结构，这时两个组分在材料中都成为连续相；原来含量较少的组分继续增加时，其继续作为连续相存在而原来含量较多的组分变成了分散相。图 2-22 形象地给出了非均相多组分高分子的织态结构的理想模型。

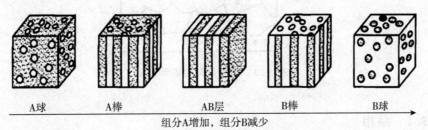

A球　　　A棒　　　AB层　　　B棒　　　B球

组分A增加，组分B减少

图 2-22　非均相多组分高分子的织态结构模型
组分 A：白色；组分 B：灰色

共混高分子的聚集态结构对高分子材料的力学性能、光学性能和热学性能等有显著影响。例如，用聚丁二烯橡胶增韧聚苯乙烯塑料，可制得高抗冲聚苯乙烯，其力学性能最突出的特点是在大幅度提高材料韧性的同时，不至于过多地牺牲材料的模量、抗张强度和耐热性。

2.5　陶瓷材料的结构

陶瓷是各种无机非金属材料的统称。陶瓷在传统上是指以天然硅酸盐为主的天然化合物，近年来出现的新型陶瓷则是人工合成的化合物，如氧化物、氮化物、硅化物、碳化物等，其性能较传统陶瓷有了重大突破。陶瓷生产过程大致为：原料配制→坯料成形→高温烧结→烧结后处理。一般情况下，在烧结过程中陶瓷内部各种物理、化学转变和扩散过程不能充分进行到底，因此陶瓷与金属不同，总是得到非平衡的组织，且组织复杂而不均匀，很难从相图上去分析。从晶体结构上看，陶瓷可以是以离子键为主的离子晶体，也可以是以共价键为主的共价晶体，完全由一种键组成的陶瓷是不多的，大多数是二者的混合。如离子键结合的 MgO，离子键结合比例占 84%，还有 16% 是共价键结合的。而以共价键为主的 SiC，仍有 18% 的离子键结合。键的性质与材料的结构和性能有密切关系，如以离子键为主的陶瓷材料常呈结晶态，而某些以共价键为主的陶瓷材料则易形成非晶态结构。

陶瓷的性能不但与其晶体结构有关，而且与组织的相结构密不可分。尽管陶瓷组织结构非常复杂，但它们都由晶相、玻璃相和气相组成，如图 2-23 所示。各相的组成、数量、形状和分布都会影响陶瓷的性能。

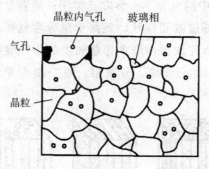

图 2-23　陶瓷显微组织示意图

2.5.1　晶相

晶相是陶瓷的基本组成，一般数量较大，它决定着陶瓷的力学性能、物理性能和化学性能。陶瓷中的晶体相主要有硅酸盐、氧化物和非氧化物。

1. 硅酸盐

硅酸盐是普通陶瓷的主要成分，是陶瓷组织中重要的晶体相，其晶体结构比较复杂。硅酸盐晶体的主体是硅氧四面体（SiO_4），如图 2-24 所示。按照硅氧四面体在结构中的结合排列方式的不同，可构成岛状、组群状、链状、层状和架状等不同形式的硅酸盐晶体结构。硅酸盐的部分晶体结构如图 2-25 所示。

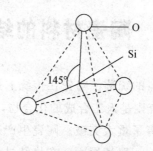

图 2-24　硅氧四面体示意图

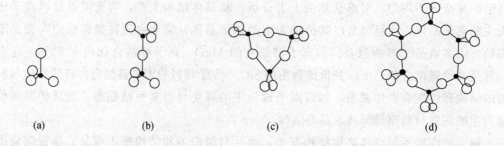

| (a) | (b) | (c) | (d) |

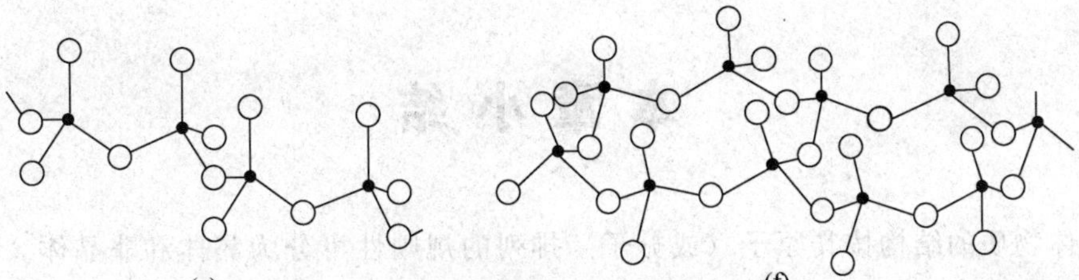

图 2-25 硅酸盐的部分晶体结构示意图

(a) 岛状结构；(b)、(c)、(d) 组群状结构；(e)、(f) 链状结构

2. 氧化物

氧化物是多数陶瓷材料，特别是特种陶瓷的主要组成和晶体相。最重要的氧化物晶体相有 AO、AO_2、A_2O_3、ABO_3 和 AB_2O_4 等（其中 A、B 表示阳离子）。氧化物晶相的结构及特点是氧离子做紧密立方或紧密六方排列，金属离子规则地分布在四面体和八面体的间隙之中。

常见氧化物晶相中的晶粒大小对陶瓷材料的性能影响很大，晶粒越细，晶界总面积越大，裂纹越不容易扩展，材料的强度越高。这一点与金属材料很相似。

3. 非氧化物

非氧化物是指不含氧的碳化物、氮化物、硼化物和硅化物等，是特种陶瓷的主要组成和晶相，主要由共价键结合，也有一部分的金属键和离子键。

2.5.2 玻璃相

玻璃相是陶瓷烧结时，各组成物和杂质因物理化学反应后形成的液相冷却后依然为非晶态结构的部分。其主要作用是将分散的晶体相黏结在一起，降低烧成温度，填充空隙，提高致密度，加快烧结过程，抑制晶体长大等。但是，玻璃相的强度比晶相低，抗热震性差，在较低的温度下即开始蠕变、软化，而且玻璃中的金属离子降低陶瓷的绝缘性能，因此工业陶瓷中玻璃相数量要控制在 20%～40%。

2.5.3 气相

气相是陶瓷材料中的气孔。如果是表面开口的，会使陶瓷质量下降。如果存在于陶瓷内部（闭孔），不易被发现，这常常是产生裂纹的原因，使陶瓷性能大幅下降，如组织致密性下降、应力集中、脆性增加、介电损耗增大等。应尽量降低气孔的大小和数量，使气孔均匀分布。普通陶瓷的气孔率为 5%～10%，特种陶瓷的气孔率在 5% 以下，金属陶瓷的气孔率要求在 0.5% 以下。若要求陶瓷材料密度小，绝热性好时，则希望有一定量气相存在。

本 章 小 结

固体物质的结构按其原子（或分子）排列的规则性可分为晶体和非晶体。固体材料的微观结构是决定其性能的根本性因素。本章重点讨论晶体材料的结构、相图与相变以及材料的组织与性能。本章首先介绍了金属的晶体结构（主要是体心立方晶格、面心立方晶格及密排六方晶格）类型及特点。在此基础上讨论了实际金属中存在着的晶体缺陷类型、基本形式及对材料性能的影响。必须注意，晶体缺陷只代表对于理想原子排列的局部偏离，并不意味着材料本身是有缺陷的。工程上实际应用的金属材料多为合金，掌握组元、相、组织、合金、相图等几个基本概念是非常必要的。合金相结构的基本类型（固溶体、化合物）、分类、性能特点以及在合金中的地位与作用也是学习的重点。

思 考 与 练 习

1. 名词解释：晶体、晶格、晶胞、致密度、晶格畸变、相组成物、组织组成物、固溶体、金属间化合物。

2. 什么是合金？固态合金的组元可能有哪些基本物质形态？

3. 单晶体与多晶体有何差别？为什么单晶体具有各向异性，而多晶体则无各向异性？

4. 什么是刃型位错？说明位错密度对材料力学性能的影响。

5. 什么是晶界？说明晶粒大小对材料强度的影响。

第3章
金属材料的结晶

本章导读

　　不同的材料具有不同的性能（如铜、铝、钛以及室温下的纯铁 α-Fe 等均具有不同性能），甚至相同的材料也会出现不同性能的情况（如室温下的 α-Fe 和在 912～1 394 ℃时 γ-Fe 就具有不同的性能）。究其原因，都是因为金属从液态到固态时的结晶规律不同，特别是结晶后的晶体结构和组织结构不同所造成的。本项目通过对纯金属的结晶规律、晶体结构和铁碳合金的相结构、相图等的介绍，为学习工程材料及热处理奠定基础。

本章目标

　●　了解纯金属的结晶规律，熟悉细化晶粒的常用方法。
　●　熟悉常见金属的晶体结构，能通过不同材料的晶体结构初步判断其性能特征。
　●　了解实际金属的晶体缺陷，熟悉各类缺陷对金属力学性能的影响。
　●　熟悉、理解并能够完整地画出简化的 Fe-Fe$_3$C 相图。
　●　会运用相图分析钢的结晶过程。

3.1　纯金属的结晶

　　金属或合金自液态冷却转变为固态（晶体）的过程称为金属或合金的结晶。除了粉末冶金材料外，所有金属材料都需要经过熔炼和浇注的过程，其中浇注过程就是金属或合金的结晶过程。研究金属或合金的结晶过程及其共同遵循的基本规律，对改善金属材料的组织和性能具有重要的意义。

3.1.1　冷却曲线和过冷现象

　　每种纯金属都有一个固定的结晶温度，即熔点。因此，纯金属的结晶过程总是在自身的结晶温度下恒温进行的。金属的结晶温度可以用热分析法来测定。

　　图 3-1 是热分析装置示意图。将纯金属加热到熔点以上某一温度，熔化成液体，然

后让液态金属以缓慢冷却速度冷却。在冷却过程中每隔一段时间测量一次温度，并用测得的数据在温度-时间坐标系中绘制出如图 3-2 所示的纯金属冷却曲线。

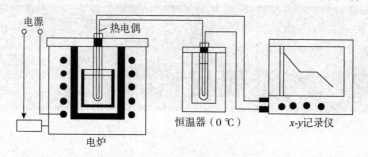

图 3-1　热分析装置示意图

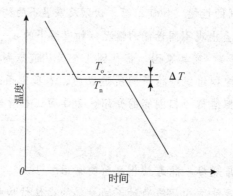

图 3-2　纯金属结晶时的冷却曲线

由图 3-2 可见，液态金属从高温开始冷却时，由于向周围环境散出热量，故随着冷却时间的延长，温度不断下降，状态保持不变。当温度下降到某一温度（用 T_n 表示）时，金属结晶过程开始，并放出结晶潜热。因为放出的结晶潜热恰好补偿了金属向周围环境散出的热量，因而冷却曲线上出现了"平台"，直到液态金属全部结晶成固态，结晶过程结束。这时，由于没有结晶潜热放出，固态金属的温度又重新开始下降，直至冷却到室温。曲线上平台所对应的温度 T_n 为实际结晶温度。

如果将纯金属液体在无限缓慢的冷却条件（即平衡冷却条件）下的结晶温度称为理论结晶温度（用 T_o 表示），那么由于实际生产中金属结晶过程的冷却速度都较快，所以液态金属的实际结晶温度 T_n 一定低于理论结晶温度 T_o。

金属的实际结晶温度 T_n 低于理论结晶温度 T_o 的现象称为过冷。理论结晶温度与实际结晶温度的差 ΔT 称为过冷度，过冷度 $\Delta T = T_o - T_n$。

理论和实践都证明，过冷是液态金属结晶的必要条件。同一种金属结晶时的冷却速度越大，过冷度越大，金属的实际结晶温度也越低。

3.1.2　结晶过程及其基本规律

由图 3-2 知，纯金属的结晶过程（温度和时间）是在冷却曲线平台上左端开始、右端结束的。整个结晶过程是晶核不断形成和不断长大的过程，直至液体全部结晶成固态为止。

1. 晶核的形成

晶核的形成有两种方式，即自发成核和非自发成核。晶核的形成是在一个微小体积中原子由不规则排列转变为规则排列并稳定下来的过程。

（1）自发成核（均质成核）。液态金属的原子基本上也是围绕平衡位置振动，只是在液态金属中原子热运动很激烈，原子频繁地从一个平衡位置转移到另一个平衡位置。因此，液态金属中原子的规则排列只限于许多微小的体积内，即存在许多大小不等、呈规则排列的原子小集团，称"近程有序"结构。在理论结晶温度以上，原子小集团极不稳定，不能成为结晶核心。而在过冷条件下，某些大于一定尺寸的原子小集团，可以稳定下来成为结晶的核心，称为自发成核，也称均质成核。

（2）非自发成核（非均质成核）。研究表明，在金属液体中不可避免地会含有一些难熔杂质的细小质点，液态金属结晶时，晶核往往优先依附于这些杂质的表面而形成，这种形核方式即为非自发成核，也称非均质成核。

实际生产中，常在液态金属中有意地加入一些能够促进非均质成核的固态物质，使晶核数目增多，得到细晶粒组织，从而提高金属材料的力学性能。这种人为地利用非自发成核细化晶粒的方法称为变质处理或孕育处理，所加入的物质称为变质剂或孕育剂。

2. 晶核的长大

晶核形成后即开始长大。晶核长大实质上是液体中的金属原子向晶核表面迁移的过程。晶体的长大主要决定于过冷度。当冷却速度很小时，则过冷度也很小，此时晶粒在长大过程中保持规则外形。当晶粒长大到相互接触时，规则的外形才破坏。当冷却速度大时，则过冷度也大，晶体就可能呈树枝状长大。因为当过冷度较大时，晶体的长大主要受结晶前沿液态金属的热分布条件所控制。

晶核在长大初期虽然可以有规则外形，但在此规则外形的棱角处具有最好的散热条件，使结晶潜热能迅速逸去；同时由于棱角处缺陷多，杂质少，杂质的阻碍作用小，所以得到了最有利的生长条件而优先长大，形成伸向液体中的结晶轴，即形成好像树枝的树干。接着在树干晶轴的棱角处，再生出并长大成新的树枝状结晶，也就是二次晶轴形成，依次在二次晶轴上生出三次晶轴，在三次晶轴上生出四次晶轴等。这样连续不断地成长，便形成了一个树枝状晶体骨架，简称枝晶，如图 3-3 所示。另外，每个枝晶都在不断长大变粗并长出新的枝晶，以充满各枝晶之间的体积，直到把树枝状骨架变成一个完整的无空隙的晶粒。

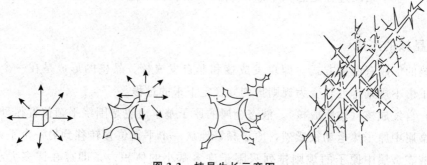

图 3-3　枝晶生长示意图

在工业生产中，金属的结晶大都是以树枝状方式长大，在铸锭和厚大铸件的缩孔中经常可以看见未完全填满的树枝状晶，这是由于结晶时液态金属体积收缩后没有足够的液体金属来补充，使树枝状晶之间的体积不能被晶体所填满而留下了空隙，从而保留了树枝状晶的形态。

3.1.3　影响金属结晶后晶粒大小的因素与控制措施

金属液体结晶成固体后，就成为由许多晶粒组成的多晶体。

实践表明，晶粒的大小对金属的力学性能、物理性能和化学性能都有很大影响。如常温下，晶粒越细，金属的强度、塑性和韧性就越好。

影响金属结晶后晶粒大小的主要因素是形核率 N 和晶核长大速率 G。形核率 N 是指金属液体在单位时间内、在单位体积中形成的晶核数（个/（s·mm^3））。晶核长大速率 G 是指在单位时间内晶核向周围长大的平均线速度（mm/s）。理论上形核率 N 越大，晶核长大速率 G 越小，金属结晶后的晶粒越细小。反之，晶粒越大。

工业生产中，细化铸件晶粒常用的控制措施是增加过冷度、变质处理和振动。

1. 增加过冷度

过冷度 ΔT 对金属结晶的形核率 N 和晶核长大速率 G 的影响如图 3-4 所示。由图 3-4 可见，在目前生产中能达到的过冷范围内（图 3-4 中实线部分），随着 ΔT 的增大，N 和 G 的值都增大，但 N 的增大快于 G 的增大（即 N 和 G 的比值越大）。因此，随着 ΔT 的增大，金属结晶后的晶粒越细小。在铸造生产中，有时用导热系数大的金属铸型代替砂型，就是为了提高铸件结晶过程的冷却速度，从而细化铸件的晶粒。

2. 变质处理

对于大型金属铸件和形状复杂的铸件，前者很难获得大的过冷度，后者过冷度太大容易导致变形或开裂，所以一般不能采用增加过冷度的办法细化晶粒，而是采取在液体金属结晶前，向其中加入能形成大量异质晶核（增大形核率 N）或者阻碍晶核长大（减小长大速率 G）的物质（称为变质剂），从而使铸件晶粒得到细化，这种细化晶粒的方法称为变质处理。如向铸铁溶液中加入硅铁、硅钙合金，向铸造铝硅合金溶液

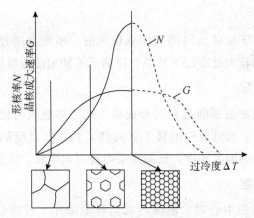

图 3-4　形核率 N 和晶核长大速率 G 与过冷度 ΔT 的关系

中加入钠盐等，都是生产中变质处理的例子。

3. 振动搅拌

在金属结晶过程中，对液态金属进行机械振动、超声波振动、电磁振动或机械搅拌等措施，使枝晶破碎而细化晶粒，枝晶破碎还相当于增大了形核率 N，使晶粒得到细化。如在钢的连铸过程中进行电磁搅拌，目的之一就是细化晶粒。

3.1.4　铸锭组织

金属在铸造状态下的组织直接影响到铸件的使用性能。对于铸锭来说，铸态组织将影响到随后的压力加工性能，也影响到经过压力加工后的成品组织和性能。

如果将一个金属铸锭沿纵向及横向剖开并加以浸蚀后，可观察到如图 3-5 所示的形貌。在铸锭剖面上存在着具有不同特征的三层。

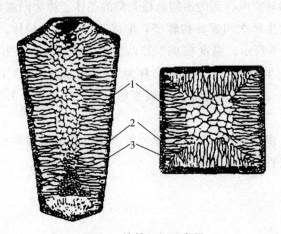

图 3-5　铸锭组织示意图

1—表面细晶粒层；2—中间柱状晶粒层；3—中心等轴晶粒层

1. 表面细晶粒层

表面细晶粒层是由于液体金属刚刚注入锭模时，模壁温度较低，表面层的金属液体遭到了剧烈冷却，在较大过冷度下结晶，得到了等轴细晶粒组织。

2. 中间柱状晶粒层

中间柱状晶粒层是在表面细晶粒层形成后，把液体金属与锭模分开，这时键模温度已经升高，散热减慢，而且散热出现了方向性，在垂直模壁的方向散热最快，并且此方向上存在内高外低的温度梯度，已凝固层沿此方向生长，形成了柱状晶粒层。

3. 中心等轴晶粒层

结晶进行到接近铸锭中心时，液体内部内外温差小，键模已成为一个高温外壳；加之结晶潜热放出而使液体散热减慢，内部温度趋于均匀，同时进入过冷状态，使铸锭中心部分形成了等轴的粗晶粒层。

表面细晶粒层比较致密，力学性能好，但这一层往往很薄，只对某些薄壁铸件的性能起一定作用。柱状晶粒区，在两排相对生长的柱状晶粒相遇的结合面上存在着脆弱区。此区常有低熔点杂质和非金属夹杂物聚集，锻压轧制时容易沿结合面裂开。

3.2　金属的同素异构转变

固态下的某些金属，如铁（Fe）、钴（Co）、钛（Ti）、锰（Mn）、锡（Sn）等在不同温度（或压力）时，具有不同的晶体结构。金属的这种性质，称为同素异构现象。当外界条件变化时，金属从一种晶体结构转变为另一种晶体结构的过程，称为同素异构转变。由同素异构转变所得到的不同晶格类型的晶体，称为同素异构体。

纯铁在固态下发生两次同素异构转变，形成三种同素异构体。纯铁的冷却曲线和晶体结构变化如图 3-6 所示。温度在 912 ℃以下时，具有体心立方晶格，称为 α-Fe；在 912～1 394 ℃时，具有面心立方晶格，称为 γ-Fe；在 1 394 ℃以上时，又转变为体心立方晶格，称为 δ-Fe。发生同素异构转变的温度（铁为 912 ℃、1 394 ℃）称为临界点。

钢的成分中绝大多数是铁，含碳很少，所以钢也存在同素异构转变，这种转变极为重要，它是钢能进行热处理的基础。

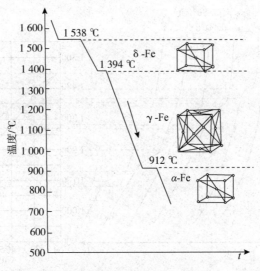

图 3-6　纯铁的冷却曲线和晶体结构

3.3　二元合金的结晶

合金的结晶过程较为复杂，要用相图来分析合金的结晶过程。相图是表达温度、成分和相之间平衡关系的图形，所以又将相图称为平衡相图。

通过实验建立合金相图，也有用计算机模拟建立合金相图的，但仍要由实验加以验证；建立合金相图最常用的方法是热分析法。现以 Cu－Ni 合金为例说明用热分析法建立相图的过程。

（1）配制合金：按表 3-1 分别配制不同成分的 Cu－Ni 合金。

表 3－1　Cu－Ni 二元合金的质量百分数（％）

Cu	100	80	60	40	20	0
Ni	0	20	40	60	80	100

（2）将表 3-1 中合金分别加热熔化，缓慢冷却，测出各合金的冷却曲线，如图 3-7（a）所示。

（3）确定各冷却曲线上的结晶开始温度和结晶终了温度。

（4）在温度-成分坐标系，将各冷却曲线投影到相应成分垂线，如图 3-7（b）所示。

（5）分别将所有结晶开始温度点连成曲线、结晶终了温度点连成曲线，即得 Cu－Ni 合金相图，如图 3-7（b）所示。

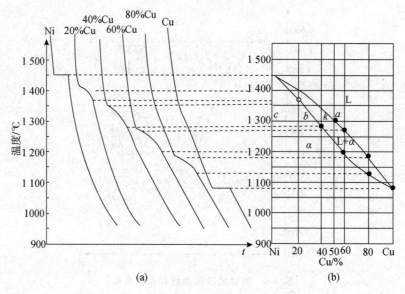

图 3-7　建立 Cu－Ni 相图过程的示意图

Cu－Ni 合金相图是一种最简单的基本相图，图中每一点表示一定成分的合金在一定温度时的稳定相状态。实际上的二元相图虽然复杂，但任何复杂的相图都可以看成一些简单的基本图像组合而成。

根据结晶过程中出现的不同类型的结晶反应，可以把二元合金的结晶相图分为下列几种基本类型。

3.3.1　匀晶相图

两组元在液态和固态均能无限互溶时所构成的相图称为匀晶相图。具有这类相图的合金系有 Cu－Au、Au－Ag、Fe－Cr、Fe－Ni、Cu－Ni、W－Co 等。

以 Cu－Ni 合金相图为例，下面说明发生匀晶反应的结晶过程：如图 3-8（a）所示，aa_2a_1c 线为液相线，该线以上合金处于液相；ac_2c_1c 为固相线，该线以下合金处于固相。L 为液相，是 Cu 和 Ni 形成的熔体；α 为固相，是 Cu 和 Ni 组成的无限固溶体。图 3-8（a）中有两个单相区：液相线以上的 L 相区和固相线以下的 α 相区，还有一个双相区：液相线和固相线之间的 L＋α 相区。

这里以到 b 点成分的 Cu－Ni 合金（Ni 质量分数为 b%）为例分析结晶过程，该合金的冷却曲线和结晶过程如图 3-8（b）所示。在 1 点温度以上，合金为液相 L。缓慢冷却至 1～2 点温度时，合金发生匀晶反应：L→α，从液相中逐渐结晶出 α 固溶体，随着温度的下降，液相成分沿液相线变化，固相成分沿固相线变化。2 点温度以下，合金全部结晶为 α 固溶体。

当在 T_1 温度时，两相的质量比可用式 3-1 表示

$$\frac{Q_L}{Q_\alpha}=\frac{b_1c_1}{a_1b_1}$$

$$(3-1)$$

式中 Q_L——L 相的质量；

Q_α——α 相的质量；

b_1c_1、a_1b_1——成分坐标上的线段长度。

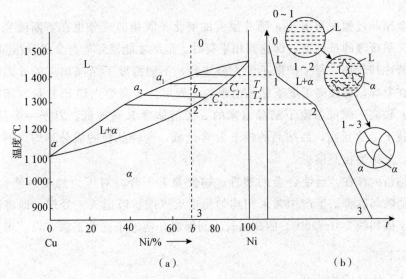

图 3-8 匀晶合金的结晶过程

式（3-1）与力学中的杠杆原理十分类似，被称为杠杆定律，如图 3-9 所示。

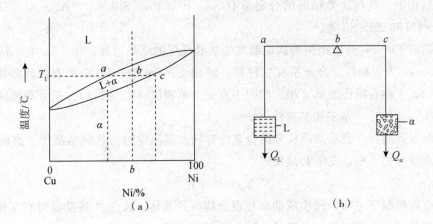

图 3-9 杠杆定律及其力学比喻

由杠杆定律不难得出

$$\frac{Q_L}{Q_\alpha}=\frac{bc}{ab} \tag{3-2}$$

或

$$Q_L \cdot ab = Q_\alpha \cdot bc \tag{3-3}$$

而且可以得到液相和固相在合金中所占的相对质量分数分别为

$$\overline{\omega}(L) = \frac{bc}{ac} \text{ 和 } \overline{\omega}(\alpha) = \frac{ab}{ac} \qquad\qquad (3-4)$$

这里值得注意的是，杠杆定律只适用于相图中的两相区，并且只能在平衡状态下使用。

从合金结晶过程中可看出，随着温度的变化，固相的成分也在不断改变。只有在冷却速度无限缓慢的条件下，即达到相平衡时，最终才能得到与合金成分相同的均匀 α 固溶体；若冷却较快，原子扩散不能充分进行，不同温度下结晶出来的 α 固溶体的成分就会存在差异，即较高温度下结晶出来的 α 固溶体含高熔点组元 B 量（相对于低熔点组元 A）较高，较低温度下结晶出来的 α 固溶体含 B 量较低。对于一个晶粒来说，先结晶的枝干 B 含量高，后结晶的枝干 B 含量低，这种晶粒的成分不均匀的现象称为晶内偏析，又称为枝晶偏析。

枝晶偏析的存在，会使合金的塑性、韧性显著下降，对压力加工性能也有损害，故应设法消除与改善。生产中常采用均匀化退火（或扩散退火）处理，即将铸态合金加热到低于固相线 100～200 ℃的高温长时间保温，使原子充分扩散，以获得成分均匀的固溶体。

3.3.2 共晶反应

两组元在液态无限互溶，在固态有限溶解，并发生共晶反应时所构成的相图称为二元共晶相图。具有这类相图的合金系有 Sn - Pb、Pb - Sb、Cu - Ag、Al - Si、Pb - Bi、Sn - Cd 和 Zn - Sn 等。

这里以 Pb - Sn 合金相图为例说明发生共晶反应的结晶过程：图 3-10 中，adb 为液相线，$acdeb$ 为固相线。合金系有三种相：液相 L、Sn 溶于 Pb 中的有限固溶体 α 相、Pb 溶于 Sn 中的有限固溶体 β 相。相图中有三个单相区（L、α、β）；三个双相区（L+α、L+β、α+β）；一条三相共存线（L+α+β）。

d 点为共晶点，表示共晶成分的合金冷却到共晶温度时，共同结晶出 c 点成分的 α 相和 e 点成分的 β 相，发生共晶反应：

$$L_d \Leftrightarrow \alpha_c + \beta_e$$

反应在恒温下进行，所生成的两相混合物叫共晶体。发生共晶反应时有三相共存，它们各自的成分是确定的。水平线 cde 为共晶反应线，成分在 ce 之间的合金平衡结晶时都会发生共晶反应。

cf 线为 Sn 在 Pb 中的溶解度线，也称为 α 相的固溶线。随温度升高，固溶体的溶解度增大。Sn 含量大于 f 点的合金从高温冷却到室温时，从 α 相中析出 β 相以降低 α 相中 Sn 的质量分数：α→β。从固态 α 相中析出的 β 相称为二次 β 相，常写作 β。eg 线为 Pb 在 Sn 中的溶解度线，也称为 β 相的固溶线，冷却过程中同样发生二次结晶，析出二次 α 相（α）：β→α。

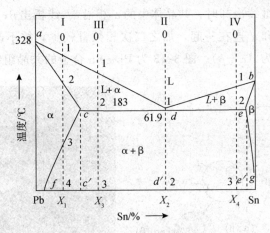

图 3-10　Pb－Sn 合金相图

下面选取图 3-10 中有代表性的三种合金成分Ⅰ、Ⅱ、Ⅲ说明其结晶过程。

合金Ⅰ：合金Ⅰ的结晶过程如图 3-11 所示。该合金在点 1～2 属匀晶结晶过程，结晶终了为均一的 α 固溶体，继续冷却时，在点 2～3 温度范围内 α 相不发生变化。但冷却至点 3 以下时，α 相对 β 溶解度减小，过剩的 Sn 组元以 β 固溶体的形式从 α 相中析出。此时，α 相的成分将随温度的降低沿 cf 线变化。室温下其显微组织由 α＋β 组成，它们的相对量可由杠杆定律给出

$$\overline{\omega}(\alpha) = \frac{X_1 g}{fg} \quad \text{和} \quad \overline{\omega}(\beta) = \frac{fX_1}{fg} \tag{3-5}$$

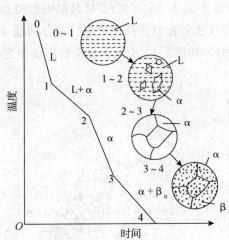

图 3-11　合金 I 的结晶过程

通过计算可知，二次相的量很少，但对合金的性能有时却起到一定的强化效果。

合金Ⅱ：其结晶过程示意图如图 3-12 所示。合金在共晶温度以上为液态，冷至共晶温度时，发生共晶反应。共晶组织中 α_e 和 β_e 的相对质量之比为 de/cd，所以共晶组

织的成分是一定的。继续冷却时，共晶体中的 α 相沿 *cf* 线析出 β，β 相沿 *eg* 线析出 α。α 和 β 都相应地同 β 和 α 连在一起，加之二次相数量较少，故不改变共晶体的基本形貌，室温组织仍可视为（α＋β）。图 3-13 为 Pb‐Sn 合金的共晶组织。

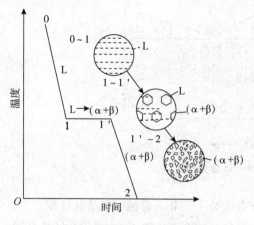

图 3-12　合金 Ⅱ 的结晶过程　　　　　图 3-13　Pb‐Sn 合金共晶组织

合金 Ⅲ：其结晶过程示意图如图 3-14 所示。合金 Ⅲ 是亚共晶合金，合金冷却到 1 点温度后，由匀晶反应生成 α 固溶体，叫初生 α 固溶体。从 1 点到 2 点温度的冷却过程中，按照杠杆定律，初生 α 的成分沿图 3-10 中 ac 线变化，液相成分沿 ad 线变化；初生 α 逐渐增多，液相逐渐减少。当刚冷却到 2 点温度时，合金由 c 点成分的初生 α 相和 d 点成分的液相组成。然后液相进行共晶反应，但初生 α 相不变化。经一定时间到 2 点共晶反应结束时，合金转变为 α_c＋（α_c＋β_e）。从共晶温度继续往下冷却，初生 α 中不断析出 β，成分由 c 点降至 f 点；此时共晶体形态、成分和总量保持不变。合金的室温组织为初生 α＋β＋（α＋β），如图 3-15 所示。合金的组成相为 α 和 β，它们的相对质量分别为

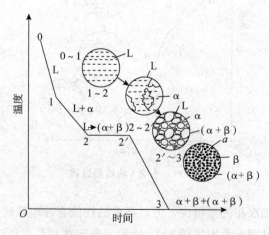

图 3-14　亚共晶合金的结晶过程

$$\overline{\omega}(\alpha) = \frac{X_3 g}{fg} \text{ 和 } \overline{\omega}(\beta) = \frac{fX_3}{fg} \qquad (3\text{-}6)$$

图 3-15　亚共晶合金组织

同样的方法，初生 α、β 和共晶体 $\alpha+\beta$ 的相对质量可两次应用杠杆定律求得：

$$\overline{\omega}(\alpha) = \frac{c'g}{fg} \cdot \frac{X_3 X_2}{cd}、\quad \overline{\omega}(\beta) = \frac{fc'}{fg} \cdot \frac{X_3 X_2}{cd} \text{ 和 } \overline{\omega}(\alpha+\beta) = \frac{cX_3}{cd} \qquad (3\text{-}8)$$

合金Ⅳ为成分处于 de 之间的过共晶合金，其初生相为 β 固溶体，其他分析与亚共晶类似，可参照合金Ⅲ进行分析其结晶过程。

3.3.3　包晶反应

两组元在液态下无限互溶，在固态有限溶解，并发生包晶反应时的相图，称为包晶相图。包晶相图也是二元合金相图的一种基本类型，但工业上应用较少。具有这类相图的合金系有 Pt‑Ag、Ag‑Sn、Sn‑Sb 等。

这里以 Pt‑Ag 合金相图为例说明发生共晶反应的结晶过程：图 3-16 中存在三种相，即液相 L；Ag 溶于 Pt 中的有限固溶体 α 相；Pt 溶于 Ag 中的有限固溶体 β 相。e 点为包晶点，e 点成分的合金冷却到包晶温度时发生 $\alpha_c + L_d \Leftrightarrow \beta_e$ 包晶反应。

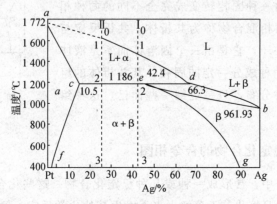

图 3-16　Pt－Ag 合金相图

发生包晶反应时三相共存，反应在恒温下进行。成分为 I 的合金结晶过程如图 3-17 所示。

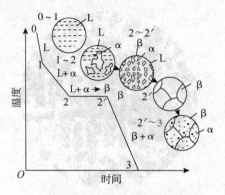

图 3-17　合金 I 的结晶过程

合金冷却到 1 点温度以下时结晶出 α 固溶体，L 相成分沿 ad 线变化，α 相成分沿 ac 线变化。合金刚冷到 2 点温度而尚未发生包晶反应前，由 d 点成分的 L 相与 c 点成分的 α 相组成。此两相在 e 点温度时发生包晶反应，β 相包围 α 相而形成。反应结束后，L 相与 α 相全部耗尽，形成 e 点成分的 β 固溶体。温度继续下降，从 β 中析出 α。最后室温组织为 $\beta+\alpha$。同样地，其组成相和组织组成物的成分与相对质量可根据杠杆定律来计算。

3.3.4　共析反应

图 3-18 的下半部所示为共析反应，这种相图可以看成一双层相图，上层为一匀晶相图，下层类似共晶相图，称共析相图。d 点共析成分的合金从液相经过匀晶反应生成 γ 相后，继续冷却到 d 点共析温度时，在此恒温下发生 $\gamma_d \Leftrightarrow \alpha_c + \beta_e$ 共析反应，同时析出 c 点成分的 α 相和 e 点成分的 β 相。即由一种固相转变成完全不同的两种相互关联的固相，此两相混合物称为共析体。共析反应与共晶反应不同之处在于，它是由一个固溶体而不是液体在恒温下同时析出两种成分一定的固相，其共析体的组织形态也是两相交替分布，只是更细一些而已，这种组织在钢中普遍存在。

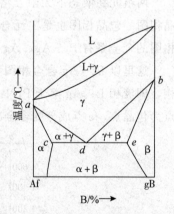

图 3-18　共析相图

3.3.5　具有稳定化合物的合金相图

在某些二元合金中，常形成一种或几种稳定化合物。这些化合物具有一定的化学成分、固定的熔点，且熔化前不分解，也不发生其他化学反应。例如，Mg-Si 合金就

能形成稳定化合物 Mg_2Si。其相图如图 3-19 所示，显然由于稳定化合物 Mg_2Si 的存在，可把相图分解为 Mg - Mg_2Si 及 Mg_2Si - Si 两个二元相图去分析。

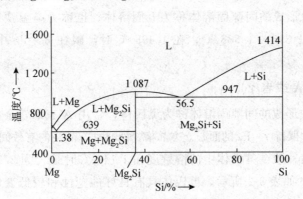

图 3-19　Mg－Si 合金相图

3.4　铁碳合金的结晶

现代工业中使用最广泛的钢铁材料都属铁碳合金。合金钢和合金铸铁实际是加入合金元素的铁碳合金。钢铁的成分不同，则组织和性能不同，因而它们在实际工程上的应用也不同。为了认识铁碳合金的本质以及铁碳合金的成分、组织和性能之间的关系，必须首先了解铁碳合金相图。

3.4.1　铁碳合金中的基本相

铁和碳发生相互作用，形成固溶体和金属间化合物。属于固溶体的相有铁素体、奥氏体；属于化合物的相有渗碳体。它们的力学性能见表 3-2。

表 3-2　奥氏体、铁素体、渗碳体的力学性能

本组织	R_m/MPa	HB	A/%	a_k/ (J·cm^2)
奥氏体 A	392	160～200	40～50	—
铁素体 F	245	80	50	294
渗碳体 Fe_3C	30	800	约 0	约 0

1. 铁素体（F 或者 α）

碳在 α-Fe 中形成的间隙固溶体称为铁素体，金相显微镜下为多边形晶粒，常用 F 表示。它仍保持 α-Fe 的体心立方晶格，体心立方晶格的间隙很小，因而溶碳能力较差。PQ 线为碳在铁素体中的溶解度曲线，在 727 ℃时最大溶碳量为 0.021 8%；在室

温时溶碳量约为 0.000 8%。铁素体的力学性能与纯铁几乎相同，强度、硬度不高，但具有良好的塑性和韧性。

碳在 δ-Fe 中形成的间隙固溶体称为 δ 固溶体，也称为高温铁素体，一般以 δ 表示。它只存在于 1 395～1 538 ℃，在 1 495 ℃时，碳在 δ-Fe 中的最大溶解度达到 0.09%。

2. 奥氏体（A 或者 γ）

碳在 γ-Fe 中形成的间隙固溶体称为奥氏体，常用 A 表示，金相显微镜下呈规则的多边形晶粒。它保持 γ-Fe 的面心立方晶格，面心立方晶格的有效间隙较大，因而奥氏体的溶碳能力较强。碳在奥氏体中的溶解度在 1 148 ℃时最大为 2.11%，在 727 ℃时溶解度为 0.77%。如表 3-2 所示，奥氏体具有良好的塑性和较低变形抗力，适合压力加工。

3. 渗碳体

碳浓度超过固溶体溶解度后，多余的碳便会与铁形成金属间化合物 Fe_3C，其含碳量为 6.69%。它具有不同于铁和碳的复杂晶格结构。如表 3-2 所示，渗碳体硬度非常高，脆性很大，它只能作为强化相存在，它的形状、大小、数量及分布对钢性能的影响非常大。渗碳体为亚稳定相，在一定条件下会发生分解，形成石墨，即 $Fe_3C \rightarrow 3Fe+C$（石墨）。

3.4.2 铁碳相图

在铁碳合金中，铁和碳可以形成 Fe_3C、Fe_2C、FeC 等一系列化合物，由于钢和铸铁中的含碳量一般不超过 5%，是在 $Fe-Fe_3C$（6.69%C）的成分范围内，因此在研究铁碳合金时，只需考虑 $Fe-Fe_3C$ 部分。通常所讲的铁碳合金相图就是指的 $Fe-Fe_3C$ 相图，如图 3-20 所示。

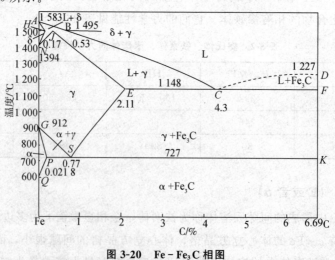

图 3-20 $Fe-Fe_3C$ 相图

图 3-20 中的各特征点的英文符号、温度、含碳量及其含义见表 3-3。

表 3-3　Fe－Fe₃C 相图中的特性点

符号	温度/℃	含碳量/%	说明
A	1 538	0	纯铁的熔点
B	1 495	0.53	包晶转变时液态合金的成分
C	1 148	4.30	共晶点
D	1 227	6.69	渗碳体的熔点
E	1 148	2.11	碳在 γ-Fe 中的最大溶解度
F	1 148	6.69	渗碳体的成分
G	912	0	α-Fe、γ-Fe 同素异构转变点（A_3 的线）
H	1 495	0.09	碳在 δ-Fe 中的最大溶解度
J	1 495	0.17	包晶点
K	727	6.69	渗碳体的成分
N	1 394	0	γ-Fe、δ-Fe 同素异构转变点（A_4 线）
P	727	0.021 8	碳在 α-Fe 中的最大溶解度
S	727	0.77	共析点（A_1 线）
Q	室温	0.000 8	600 ℃时碳在 α-Fe 中的溶解度

相图中的 ABCD 线为液相线，AHJECF 线为固相线。相图中有五个基本相，相应有五个单相区，它们是：

ABCD 以上——液相区（L）。

AHNA——δ 固溶体区（δ）。

NJESGN——奥氏体区（A）。

GPQG——铁素体区（F）。

DK 线——渗碳体区（Fe₃C）。

相图中还有两相区，它们分别位于两相邻单相区之间。这些两相区是 L＋δ、L＋A、L＋Fe₃C；δ＋A、F＋A、A＋Fe₃C、F＋Fe₃C。铁碳合金相图看上去比较复杂，但实际上是由包晶、共晶、共析三个基本相图所组成，现分别说明如下。

包晶反应：HJB 线为包晶线，当含碳量在 0.09%～0.53% 的铁碳合金冷却到此线时，在 1 495 ℃恒温下发生包晶反应，其反应式为

$$L_{0.53\%} + \delta_{0.09\%} \xleftrightarrow{1\ 495\ ℃} A_{0.17\%}$$

反应产物为奥氏体。

共晶反应：ECF 线为共晶线，当含碳量在 2.11%～6.69% 的铁碳合金冷却到此线时，在 1 148 ℃恒温下发生共晶反应，其反应式为

$$1\ 148\ ^{\circ}\!C$$
$$L_{0.43\%} \longleftrightarrow A_{2.11\%} + Fe_3C$$

反应产物是奥氏体和渗碳体所组成的共晶混合物，称为莱氏体，惯用符号 L_d 表示。莱氏体冷至共析温度以下，将转变为珠光体与渗碳体的混合物，称为低温莱氏体，记为 L'_d。

共析反应：PSK 线为共析线。当含碳量在 $0.77\%\sim6.69\%$ 的铁碳合金冷却到此线时，在 $727\ ^{\circ}\!C$ 恒温下发生共析反应，其反应式为

$$727\ ^{\circ}\!C$$
$$A_{0.77\%} \longleftrightarrow F_{0.021\,8\%} + Fe_3C$$

反应产物是铁素体和渗碳体所组成的共析混合物，称为珠光体，一般用字母 P 表示。

此外，在铁碳合金相图中还有三条重要的特性线，它们是 ES 线、PQ 线、GS 线。

ES 线也称为 A_{cm} 线，是碳在奥氏体中的固溶线。从 $1\ 148\ ^{\circ}\!C$ 冷至 $727\ ^{\circ}\!C$ 的过程中，将从奥氏体中析出渗碳体，通常把从奥氏体中析出的渗碳体称为二次渗碳体（Fe_3C）。

PQ 线是碳在铁素体中的固溶线，铁碳合金由 $727\ ^{\circ}\!C$ 冷却至室温时，将从铁素体中析出渗碳体，这种渗碳体称为三次渗碳体（Fe_3C）。对于工业纯铁及低碳钢，由于三次渗碳体沿晶界析出，使其塑性、韧性下降，因而必须重视三次渗碳体的存在与分布。在含碳量较高的铁碳合金中，三次渗碳体可忽略不计。

GS 线是冷却过程中，由奥氏体 A 中开始析出铁素体 F 的临界温度线，或者说是在加热时，铁素体完全溶入奥氏体的终了线，通常也称为 A_3 线。

3.4.3　铁碳合金的平衡结晶过程

1. 铁碳合金的种类

根据相图，各种铁碳合金按其含碳量及组织不同，分为以下三类。

（1）工业纯铁：$C\leqslant0.021\,8\%$，其显微组织为铁素体。

（2）钢：$0.021\,8\%<C\leqslant2.11\%$，其特点是高温固态组织为具有良好塑性的奥氏体，宜于锻造。根据室温组织的不同，可分为亚共析钢、共析钢和过共析钢。

①亚共析钢：$0.021\,8\%<C<0.77\%$，其平衡组织为铁素体和珠光体。

②共析钢：$C=0.77\%$，其平衡组织为珠光体。

③过共析钢：$0.77\%<C\leqslant2.11\%$，其平衡组织为珠光体和二次渗碳体。

（3）白口铸铁：$2.11\%<C<6.69\%$，其特点是铁水结晶时发生共晶反应，因而有较好的铸造性能。其断口呈白亮光泽，故称为白口铸铁。根据室温组织的不同，白口铸铁分为亚共晶白口铸铁、共晶白口铸铁和过共晶白口铸铁。

①亚共晶白口铸铁：$2.11\%<C<4.3\%$，其平衡组织为珠光体、二次渗碳体和莱氏体。

②共晶白口铸铁：$C=4.3\%$，平衡组织为莱氏体。

③过共晶白口铸铁：$4.3\% < C < 6.69\%$，平衡组织为莱氏体和渗碳体。

2. 铁碳合金转变方式

下面以钢为例，分析其平衡结晶过程和室温下的组织。

当钢的含碳量在 $0.09\% \sim 0.53\%$ 时，在液态结晶过程中均会出现包晶反应，其结晶过程上节已讲述讨论。其余部分的液态结晶过程相当于匀晶转变。当钢冷至 NJE 线以下时，均转变为单一奥氏体。继续冷却时，在 NJE 线与 GSE 之间，奥氏体组织不发生变化。但冷却至 GSE 线以下时，根据钢的成分不同，有以下三种转变方式。

(1) 共析钢。共析钢的冷却曲线和平衡结晶如图 3-21 所示。合金冷却至点 1 开始从 L 中结晶出奥氏体 A，结晶到点 2 完毕，继续冷却到点 3 时发生共析转变生成珠光体。珠光体中的渗碳体为共析渗碳体。当温度继续下降时，珠光体中 F 的溶解度逐渐减小并沿 PQ 线逐渐析出 Fe_3C，它常与共析渗碳体连在一起，不易分辨，且数量极少，可忽略不计。因此共析钢室温组织为层片状珠光体 P，如图 3-22 所示。

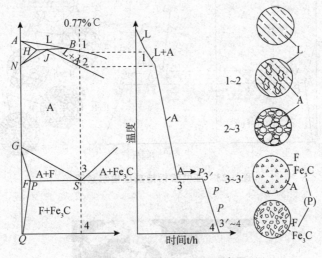

图 3-21 共析钢结晶过程示意图

图 3-22 共析钢的温室组织 P（500×）

（2）亚共析钢。亚共析钢的冷却曲线和平衡结晶如图 3-23 所示。合金冷却至点 1 开始从中结晶出铁素体 δ，结晶到点 2 发生包晶转变生成奥氏体，继续冷却到点 3 时全部转变为奥氏体。3 和 4 之间奥氏体不变化，从 4 开始从奥氏体中析出 F。当继续冷却时，独立存在的 F 和 P 中的 F 的含碳量沿 PQ 线下降，析出 Fe_3C_{II}，Fe_3C_{II} 量极少，一般可忽略不计，因此其室温组织为 F＋P，显微组织如图 3-24 所示。所有亚共析钢的室温组织都是 F＋P，不同点在于随着合金成分的变化，F＋P 的相对量不同，用杠杆定律计算可知，含碳量越高，P 越多，F 越少。

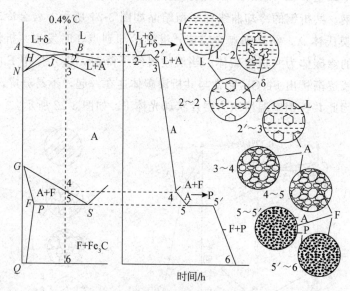

图 3-23 亚共析钢结晶过程示意图

图 3-24 亚共析钢的室温组织（400×）

（3）过共析钢。过共析钢的冷却曲线和平衡结晶如图 3-25 所示。合金冷至 1 点时，L 中结晶出奥氏体，结晶到 2 点完毕。点 2 到点 3 之间奥氏体不变化，点 3 开始沿奥氏体晶界析出 Fe_3C_{II}，当温度逐渐下降时，Fe_3C_{II} 量不断增加，并逐渐呈网状，4 点时，网状较完整；同时随着 Fe_3C_{II} 的不断析出，奥氏体的成分沿 ES 线变化。在 5 点，奥氏体发生共析反应形成 P，直至室温。因此常温下过共析钢的显微组织为 $P+Fe_3C_{II}$，如图 3-26 所示。

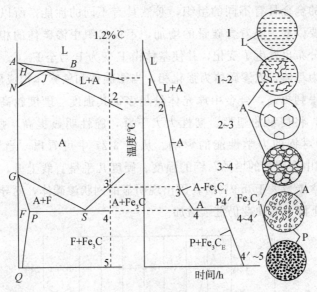

图 3-25　过共析钢结晶过程示意图

图 3-26　过共析钢的室温组织（500×）

所有过共析钢在冷却时的相变过程与室温组织均相似，所不同的是，二次渗碳体的量随着钢中含碳量的增加而增加，当钢中含碳量达到 2.11% 时，Fe_3C_{II} 的量达到最

大值。

对于平衡结晶过程，可用同样的方法分析共晶白口铸铁、亚共晶白口铸铁及过共晶白口铸铁的结晶及组织。它们在常温下的组织分别为低温莱氏体，珠光体、二次渗碳体和低温莱氏体，渗碳体和低温莱氏体。

3.4.4 铁碳合金的性能与成分、组织的关系

不同含碳量的合金具有不同的组织，必然具有不同的性能，所以含碳量是决定碳钢力学性能的主要因素。随着含碳量的增加，不仅组织中渗碳体的相对量增多，而且渗碳体的形态和分布也发生了变化，并使基体由 F 变为 P 乃至 Fe_3C。

钢以铁素体为基体，以渗碳体为强化相，当渗碳体和铁素体构成层片状珠光体时，钢的强度、硬度得到提高，合金中珠光体量越多，其强度、硬度越高。当渗碳体明显地呈网状分布时，将使钢的塑性、韧性大大下降，脆性明显提高，强度也随之降低。图 3-27 为含碳量对钢的力学性能的影响。从图 3-27 中可看出，当钢的含碳量小于 0.9% 时，随着钢中含碳量的增加，钢的强度、硬度几乎呈直线上升，而塑性、韧性不断降低。当钢中含碳量大于 0.9% 时，因出现明显的网状渗碳体，而导致钢的脆性大幅增加，强度开始下降，而硬度仍继续增加。

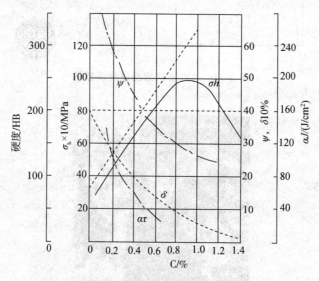

图 3-27 铁碳合金的力学性能与含碳量的关系

应当注意，$Fe-Fe_3C$ 合金相图具有一定的局限性。因为该相图只能反应铁碳二元合金中相的平衡状态，实际工业生产的钢铁材料在铁碳以外还含有或者添加了其他元素，因此相图会发生一些变化；另外相图只是平衡状态的情况，就是在极其缓慢的冷却或者加热过程中才能达到的状态，在实际钢铁生产和热冷加工过程中，温度变化较快，完全用相图来分析会造成偏差。尽管如此，铁碳相图在实际生产中仍有很大的指导意义，它可作为钢铁选材的成分依据、制定钢铁热加工工艺（铸、锻、轧热处理）的依据。

本 章 小 结

材料从液态变为固态的转变过程通常称为凝固。如果凝固后为晶态，即为结晶。过冷度是金属材料结晶的必要条件。晶体的形成包括形成晶核和晶体长大两个过程，金属结晶时一般是非自发形核，晶核呈树枝状长大。通过增大过冷度、加入形核剂和搅拌、振动等机械方法，可以控制形核率和长大速率，控制晶粒的大小，实现细化晶粒的效果。了解结晶的基本规律，对分析诸如铸造和焊接等成形过程中材料的行为与性能变化规律很有意义。例如，分析金属铸锭组织：由外至里由细等轴晶区、柱状晶区和中心等轴晶区共三个晶区组成。

思 考 与 练 习

1. 为什么金属结晶时必须过冷？

2. 为什么金属结晶时常以枝晶方式长大？

3. 常用的管路焊锡为成分 w（Pb）$=50\%$，w（Sn）$=50\%$ 的 Pb–Sn 合金。若该合金以极慢速度冷却至室温，求合金显微组织中相组成物和组织组成物的相对量。

4. 画出 Fe–Fe₃C 相图，标出相区及各主要点的成分和温度，并回答下列问题。

（1）45 钢、60 钢、T12 钢的室温平衡组织分别是什么？它们从高温液态平衡冷却到室温要经过哪些转变？

（2）画出纯铁、45 钢、T12 钢的室温平衡组织，并标注其中的组织。

（3）计算室温下 45 钢、T12 钢的平衡组织中相组成物和组织组成物的相对量。

（4）计算铁碳合金中二次渗碳体和三次渗碳体最大的相对量。

5. 简述晶粒大小对金属力学性能的影响，并列举几种实际生产中细化铸造晶粒的方法。

第4章
钢的热处理

本章导读

在工业生产中，经过冶炼获得的钢材是不能满足实际需要的，凡重要的零件都必须进行适当的热处理使晶粒进一步细化才能满足复杂的工况。本章主要介绍热处理的基本概念；钢在加热和冷却时的组织转变及转变产物的形态和性能特点；钢的退火、正火、淬火和回火；钢的表面淬火和化学热处理等内容。

本章目标

- 了解热处理的定义、分类、原理。
- 了解钢在加热和冷却时的组织转变。
- 掌握正火、退火、淬火和回火等整体热处理方法。
- 掌握表面热处理和化学热处理方法。
- 了解常用的热处理设备及热处理操作方法。
- 了解热处理工艺在零件生产中的应用。

4.1 热处理的基本知识

钢铁材料是工程材料中最重要的材料之一，在机械制造业中的比例达到 90% 左右，在汽车制造业中的比例达到 70%，在其他制造业中也是最重要的材料之一。

在工业生产中，经过冶炼获得的钢材性能满足不了实际需求，凡是重要的零部件必须改善钢铁材料性能，使钢材满足复杂的工况。

改善钢铁材料性能的途径常见的有合金化和热处理两种。其中热处理工艺是提高材料性能的最简单的途径。合金化（Alloying）通过在钢中加入合金元素，调整钢的化学成分，从而获得优良的性能。

热处理（Heat Treatment）是指金属在固态下经加热、保温和冷却，以改变金属的内部组织和结构，从而获得所需性能的一种工艺过程。

通过热处理可以改变钢的内部组织结构，从而改善其工艺性能和使用性能，充分挖掘钢材的潜力，延长零件的使用寿命，提高产品质量，节约材料和能源。消除铸造、锻造、焊接等热加工工艺造成的各种缺陷。

4.1.1　热处理的分类

热处理种类很多，但是根据其目的，按加热、冷却方式及钢的组织、性能不同可以分为普通热处理、表面热处理以及其他热处理方法。普通热处理有退火、正火、淬火、回火，表面热处理有表面淬火（火焰加热、感应加热、激光加热、电接触加热等）和化学热处理（渗碳、渗氮，碳氮共渗等），其他热处理有控制气氛热处理、真空热处理、变形热处理、激光热处理等。

按热处理在工件生产过程中的位置和作用不同分类可以分为预备热处理（为随后的加工或热处理做准备）和最终热处理（赋予工件所需的力学性能）。

4.1.2　热处理的基本要素

热处理方法虽然很多，但是都有加热、保温、冷却三个阶段组成的。因此，要了解热处理工艺的方法，必须先研究加热、保温和冷却过程的材料组织变化规律。热处理主要有以下三大要素。

（1）加热（Heating）。目的是获得均匀细小的奥氏体组织。

（2）保温（Holding）。目的是保证工件烧透，并防止脱碳和氧化等。

（3）冷却（Cooling）。目的是使奥氏体转变为不同的组织。

加热、保温后的奥氏体在随后的冷却过程中，根据冷却速度的不同将转变成不同的组织。不同的组织具有不同的性能。

4.1.3　热处理在机械零件制造工艺中的位置

在机械零件制造工艺中，一般流程是坯料→锻造→热处理Ⅰ→机械粗加工→机械半精加工→热处理Ⅱ→机械精加工→热处理Ⅲ→（抛光）→成品。

热处理Ⅰ：称为改善材料切削加工性能热处理；最佳切削硬度：HB170－230。

低碳钢：含有大量柔软的铁素体；切削加工性能较差，易产生"粘刀"现象，影响加工面的表面质量（粗糙度），刀具寿命也受到影响，故加工前应进行正火热处理，以提高硬度，以改善加工性能。

高碳钢：含有较多的网状渗碳体，难以切削，应退火处理，再加工。

冷加工硬化的坯料，应进行再结晶退火，以降低硬度，改善切削加工性能。

热处理Ⅱ：改善零件机械性能热处理。（正火、淬火＋回火、化学热处理）。

热处理Ⅲ：消除加工残余应力热处理（去应力退火、时效）。

4.1.4　热处理在机械制造业中的应用

金属热处理作为制造业中非常重要的工艺之一，往往是金属加工过程中不可或缺的工艺环节。由于热处理一般不改变工件的形状和整体的化学组成，只是通过改变工件内部的显微组织结构等来改善工件的内在质量，因此它具有其他工艺无法比拟的优势。据不完全统计，在汽车、拖拉机、机床等制造中，需要热处理的金属零件多达70%～80%，而在模具和滚动轴承中，金属热处理基本上达到了100%。因此它越发受人们的关注，在石油化工、航空航天、汽车制造业等发挥着重要的作用。

金属材料作为国家经挤发展和基础建设的重要支柱行业，在机械制造中具有非常重要的作用，因此正确运用热处理，了解其作用和特点是非常重要的。热处理的新工艺会随着社会的不断发展而不断涌现给制备高端、精密仪器带来了希望。

4.2　钢在加热和冷却时的组织转变

大多数热处理工艺（如退火、正火、淬火等）都要将钢加热到临界温度以上，获得全部或部分奥氏体组织，并使其成分均匀化，即进行奥氏体化。加热时形成的奥氏体的质量（成分均匀性及晶粒大小等）对冷却转变过程及组织、性能有极大的影响。因此，了解钢在加热时组织结构的变化规律，合理制定加热规范，是保证热处理工件质量的首要环节。

根据铁碳平衡相图，共析钢加热到超过 A_1 温度时，全部转变为奥氏体；而亚共析钢和过共析钢加热到 A_3 和 A_{cm} 以上获得单相奥氏体。在实际热处理操作中，因实际加热和冷却速度较快而存在过热和过冷的现象，使实际相变温度偏离平衡状态图中的临界温度。加热时相变温度偏向高温，冷却时偏向低温，这种现象称为热滞。加热或冷却速度越快，则热滞现象越严重。

通常把加热时的实际临界温度标以字母"c"，如 Ac、Ac_3、Ac_{cm}；而把冷却时的实际临界温度标以字母"r"，如 Ar_1、Ar_3、Ar_{cm} 等（图 4-1）。其物理意义如下。

Ac_1：加热时珠光体向奥氏体转变的温度。

Ar_1：冷却时奥氏体向珠光体转变的温度。

Ac_3：加热时铁素体全部转变为奥氏体的温度。

Ar_3：冷却时奥氏体向铁素体转变的开始温度。

Ac_{cm}：加热时二次碳体全部溶入奥氏体的温度。

Ar_{cm}：冷却时从奥氏体中开始析出二次渗碳体的温度。

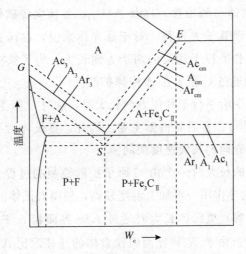

图 4-1　钢在加热和冷却时的临界温度

4.2.1　钢在加热时的组织转变

任何热处理均以加热为其第一步。奥氏体的形成及奥氏体晶粒的大小对随后冷却时奥氏体的转变特点和转变产物的组织与性能都有显著影响。

1. 钢的奥氏体化过程

（1）共析钢加热时奥氏体的形成过程

共析钢（含 C 量 0.77%）加热前为珠光体组织，一般为铁素体与碳体相间排列的层片状组织。当加热到稍高于 Ac_1 的温度时，便会发生珠光体向奥氏体的转变。这一相变规律也是通过形核与晶核长大过程来实现的，可以通过四个阶段来完成（图 4-2）。

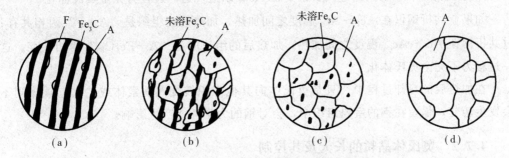

图 4-2　共析钢中奥氏体的形成过程示意图

（a）形核；（b）长大；（c）残余渗碳体的溶解；（d）奥氏体成分均匀化

①奥氏体的形核。优先在铁素体和渗碳体的相界面上形成，此处容易获得奥氏体形核所需要的浓度起伏、结构起伏和能量起伏。珠光体群边界也可以成为奥氏体的形核部位；在快速加热时，由于过热度大，也可以在铁素体亚晶边界上形核。

②奥氏体的长大。奥氏体的长大首先将包围渗碳体，把渗碳体和铁素体隔开；然

后通过 A/F 界面向铁素体一侧推移，以及 A/Fe$_3$C 界面向渗碳体一侧推移，使铁素体和渗碳体逐渐消失来实现其长大过程。对于珠光体来说，在珠光体团交界处形成的核会向基本上垂直于片层和平行于片层的两个方向长大。为了获得使铁素体向奥氏体转变所必需的 C 量，只能通过 C 原子在 A 中体扩散。

当奥氏体在珠光体中沿平行于片层方向长大时，这时 C 原子可以在奥氏体中进行，也可以沿 A/F 相界面进行。且后者占据主要。因此，奥氏体沿平行于片层方向的长大速度要比沿垂直于片层方向的长大速度快的多。

归纳起来，奥氏体的长大时一个由 C 原子扩散控制的过程。多数情况下，C 原子沿 A/F 相界面扩散起主导作用，再加上温度较高，使得奥氏体能够以很高的速度形成。

③残留碳化物的溶解。奥氏体长大时通过 A/F 界面和 A/Fe$_3$C 界面分别向铁素体和渗碳体迁移来实现的。由于 A/F 界面向铁素体的迁移远比 A/Fe$_3$C 向渗碳体的迁移来得快，因此当铁素体已完全转变为 A 后仍然有一部分渗碳体没有溶解，这部分渗碳体称为残留渗碳体。过热度越大，奥氏体刚形成时的平均 C 含量越低，因而残余渗碳体也越多。

④奥氏体成分均匀化。剩余渗碳体全部溶解后，A 中的碳浓度仍是不均匀的。只有继续延长保温时间或升温，通过碳原子的扩散，才能使 A 碳浓度逐渐趋于均匀化，最后得到均匀的单相奥氏体。A 形成过程全部完成。

（2）亚共析钢与过共析钢加热时奥氏体的形成

亚共析钢与过共析钢的室温平衡组织分别为（P＋F）和（P＋Fe3C$_{II}$）。其中，加热时珠光体转变为奥氏体的过程与共析钢的相同。不同的是亚共析钢多了铁素体向奥氏体的转变过程，过共析钢多了二次渗碳体的溶解过程。所以，亚共析钢要得到全部奥氏体需加热到 Ac$_3$ 以上，过共析钢要在 Ac$_{cm}$ 以上。这一过程为完全奥氏体化。

如果亚共析钢仅在 Ac$_1$～Ac$_3$ 温度之间加热，加热后的组织是"A＋F"两相共存；过共析钢在 Ac$_1$～Ac$_{cm}$ 温度之间加热，加热后的组织应为"A＋Fe$_3$C$_{II}$"两相共存。这一过程为不完全奥氏体化

在加热后的冷却过程中，只是奥氏体向其他组织转变，铁素体或二次港碳体则不会发生转变，保留在钢的室温组织中，会对钢的力学性能产生影响。

4.2.2　奥氏体晶粒的长大及其控制

奥氏体形成后，碳化物还没有全部溶解以前，奥氏体的晶粒可能已经长大，而碳化物完全溶解后，随着温度和时间的延长，这种长大现象越来越明显。晶粒长大是一个自发的过程。

高温时奥氏体晶粒越小，室温时的组织也越细小。此外，奥氏体的晶粒大小还会影响钢在冷却时的转变特点。可以说，钢的加热过程中，对其性能影响最大的组织因素就是奥氏体晶粒的大小。

1. 奥氏体晶粒度（表示奥氏体晶粒大小）

一般根据标准晶粒度等级图确定钢的奥氏体晶粒大小，标准晶粒度等级分为 8 级（图 4-3），1～4 级为粗晶粒，5～8 级为细晶粒，8 级以上为超细晶粒。

钢在加热时奥氏体晶粒长大的倾向用本质晶粒度来表示。钢加热到 930 ℃±10 ℃，保温 8 小时，冷却后测得的晶粒度叫本质晶粒度。如果测得的晶粒度细小，则该钢称为本质细晶粒钢；反之称为本质粗晶粒钢。

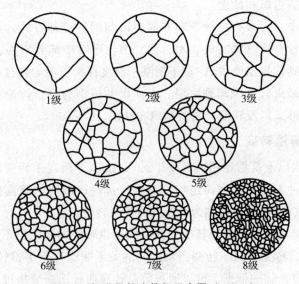

1级　　2级　　3级

4级　　5级

6级　　7级　　8级

图 4-3　标准晶粒度等级示意图（100×）

2. 影响奥氏体晶粒度的因素

（1）加热温度和保温时间。随着加热温度的升高，晶粒将逐渐长大。温度越高，或在一定温度下保温时间越长，奥氏体晶粒越粗大。

（2）钢的化学成分。随着碳含量的增加，奥氏体晶粒长大倾向增加。当有未溶碳化物存在时，可阻得晶粒长大，得到细小的奥氏体晶粒。若在钢中加入适量的合金元素，如 Ti、Zr、V、Al、Nb 等强烈地阻碍 A 晶粒长大；W、Mo、Cr 等一般阻止晶粒长大；Si、Ni、Cu 等不形成化合物，对奥氏体晶粒长大的影响不明显；Mn、P、N、C 等促进晶粒长大。

如加热温度高到使碳化物及其他化合物能溶入到奥氏体中时，阻碍晶粒长大的作用将会消失，晶粒便迅速长大。

（3）加热速度。在实际生产中，常采用快速加热和短时保温的方法来获得细小的晶粒。加热速度越快，过热度越大，奥氏体化温度越高，形核率和长大速率越大，但前者大于后者，可获得细小的奥氏体起始晶粒；温度较高时，界面能高。原子扩散能力增强，细小晶粒反而易于长大，所以保温时间又不能太长。

（4）原始组织。原始珠光体中的 Fe_3C_{II} 有片状和粒状两种形式。原始组织中

Fe₃C_Ⅱ为片状时 A 形成速度快，因为它的相界面较大。Fe₃C_Ⅱ片间距愈小，相界面越大，同时 A 晶粒中 C 浓度梯度也大，所以长大速度更快。

4.2.3 钢存冷却时的组织转变

钢加热奥氏体化后再进行冷却，奥氏体将发生变化。因冷却条件不同，转变产物的组织结构也不同，性能也会有显著的差异。所以冷却过程是热处理的关键工序，决定着钢在热处理后的组织和性能。

在热处理过程中，通常有连续冷却和等温冷却两种冷却方式。连续冷却是指把奥氏体化的钢置于某种介质（如空气、水、油）中，连续冷却到室温。等温冷却是指把奥氏体化的钢冷却到临界温度线 A_1 以下的某一温度保持恒温，使过冷奥氏体发生等温组织转变，待转变结束后再冷却到室温。下面以共析钢为例，讨论过冷奥氏体在不同冷却条件下的转变形式以及转变产物的组织和性能。

1. 奥氏体的等温转变

奥氏体在 A_1 线以上是稳定相，当冷却到 A_1 线以下而尚未转变时的奥氏体称为过冷奥氏体。这是一种不稳定的过冷组织，只要经过一段时间的等温保持，就可以等温转变为稳定的新相。这种转变就称为奥氏体的等温转变。

由于过冷奥氏体的过冷温度和转变时间不同所以转变的组织也不同。表示过冷奥氏体的等温转变温度、转变时间与转变产物之间的关系曲线称为等温转变曲线（图 4-4），它是分析奥氏体转变产物的依据。可以通过等温转变曲线图来分析过冷奥氏体等温转变产物的组织和性能。

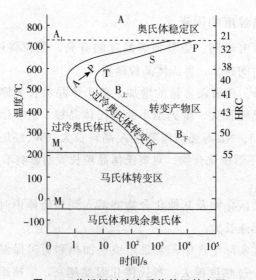

图 4-4 共析钢过冷奥氏体等温转变图

从图 4-4 中可以看出：过冷奥氏体在 A_1 线以下等温转变的温度不同，转变产物也不同；在 M_s 线以上，共析钢可发生珠光体型和贝氏体型两种类型的转变。

当奥氏体以极快的冷却速度不穿越 C 形曲线中的 b 线，而直接过冷到 M 线以下并继续冷却时，过冷奥氏体将发生连续的马氏体型组织转变。

2. 共析钢过冷奥氏体等温转变产物的组织和特征

(1) 珠光体型转变-高温转变（A_1～550 ℃）。过冷奥氏体在 A_1～550 ℃温度范围内，将分解为珠光体类组织。当奥氏体被过冷至 A_1 以下温度时，在奥氏体晶界处（含碳量高）优先产生渗碳体的核心，然后依靠奥氏体不断供应碳原子（随着冷却，奥氏体溶解碳的能力下降，碳从奥氏体内向晶界扩散），渗碳体沿一定方向逐渐长大，而随着渗碳体的长大，又使其周围的奥氏体碳浓度下降，这就促使贫碳的奥氏体局部区域转变成铁素体（即渗碳体两侧出现铁素体晶核），在渗碳体长大的同时，铁素体也不断长大，而随着铁素体的长大，必然将多余的碳排挤出去，这就有利于形成新的渗碳体晶核。最终形成了相互交替的层片状渗碳体和铁素体——珠光体。排列方向相同的铁素体与渗碳体区域，称为珠光体晶粒。珠光体一直长大到与相邻的珠光体互相接触，而奥氏体全部转化为珠光体为止。

转变特点是过冷奥氏体转变为珠光体是扩散型相变。在高温转变区形成的珠光体类组织，虽然都是渗碳体与铁素体的混合物，但由于过冷度大小不同，其片层距差别很大：

A_1～650 ℃：形成的组织层间距较大，在 400～500 倍的金相显微镜下即可分辨，称为珠光体 P。

650 ℃～600 ℃：形成的组织分散度较大，层间距较小，在 800～1 000 倍的金相显微镜下才能分辨，称为索氏体 S。

600 ℃～550 ℃：形成的组织，层间距很小，只有在电子显微镜下放大几千倍才能分辨，称为屈氏体或托氏体。

珠光体、索氏体、屈氏体都是珠光体类组织，本质上没有任何区别，只是渗碳体、铁素体片的厚度不同而已。从珠光体到索氏体、屈氏体，随着层间距的减小，强度和硬度依次升高（图 4-5）。

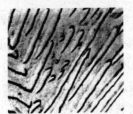
珠光体（3 800×）

索氏体（8 800×）

屈氏体（8 000×）

组织名称	表示符号	形成温度范围/℃	硬度	能分辩片层的放大倍数
珠光体	P	A_1～650	170~200 HBW	500倍金相显微镜
索氏体	S	650~600	25~35 HRC	800～1 000倍金相显微镜
屈氏体	T	600~550	35~40 HRC	高倍电子显微镜

图 4-5　珠光体型转变的组织及性能特点

（2）贝氏体型转变-中温转变（550 ℃～M_s）。过冷奥氏体在 550 ℃～M_s（共析钢的 M_s 约 230 ℃）温度范围内，转变为贝氏体类组织。由于过冷度增大，铁原子的扩散很困难，碳原子的扩散能力也显著减弱，扩散不充分，形成渗碳体所需的时间增长。过冷奥氏体在这一温度范围内的转变产物仍是铁素体和渗碳体的混合物，但它与珠光体有本质的区别：贝氏体转变由于冷却速度快，渗碳体已不能呈片状析出。碳的扩散速度受到很大限制，部分碳来不及析出，固溶在铁素体中形成过饱和的铁素体。因此，贝氏体型转变产物是过饱和的铁素体与渗碳体的混合物。

转变特点是过冷奥氏体向贝氏体转变是一种半扩散型相变。贝氏体组织形态比较复杂，根据其中铁素体与渗碳体的分布形态的不同，分为上贝氏体 $B_上$ 和下贝氏体 $B_下$（图 4-6）。

上贝氏体形态 下贝氏体形态

图 4-6 贝氏体组织形态

上贝氏体 $B_上$：是过冷奥氏体在 550～350 ℃范围内的转变产物，其中过饱和铁素体形成密集而相互平行的羽毛状扁片，一排一排地由晶界伸向晶内，渗碳体呈短杆状断断续续地分布在铁素体扁片之间。（上贝氏体由于转变温度较高，渗碳体长得较大）上贝氏体的组织形态决定了其强度较低，塑性、韧性较差。

下贝氏体 $B_下$：是过冷奥氏体在 350 ℃～M_s 范围内的转变产物。其中过饱和的铁素体呈针片状，比较散乱地成角度分布，而极细小的渗碳体质点呈弥散状分布在过饱和铁素体内。在金相显微镜下下贝氏体呈竹叶状特征。（下贝氏体由于转变温度较低，渗碳体来不及长大，而呈质点状）下贝氏体组织具有较高的强度、硬度，良好的塑性、韧性，即具有良好的综合机械性能。生产上常用等温淬火法来获得下贝氏体组织。

（3）马氏体型转变-低温转变（M_s～M_z）。转变过程是当过冷度很大，奥氏体被快速冷却至 M_s 时，由于碳原子已无法扩散，上述珠光体或贝氏体等扩散型相变已不可能进行，奥氏体只能进行非扩散型的晶格转变。碳原子来不及扩散，被完全固溶于铁素体内，形成过饱和的铁素体，这种过饱和的铁素体就是马氏体 M。所以马氏体的含碳量与相应的奥氏体含碳量相同。室温下铁素体的含碳量仅为 0.000 8%，而马氏体的含碳量与奥氏体相同,故马氏体的过饱和程度很大,此时过饱和的铁素体的某些棱边被撑长,形成了体心正方晶格。由于碳原子过饱和造成的晶格畸变严重,故马氏体具有很高的硬度,而塑性、韧性较低。

马氏体的高硬度决定了它是钢中的重要强化组织,也是淬火钢的基本组织,凡是要求高硬度、高耐磨性的零件,都需要经过淬火获得马氏体组织。

马氏体的硬度主要与含碳量有关,与其他合金元素关系不大。因为合金元素在马氏体晶格中,不是处于间隙位置,而是置换了某些铁原子的位置,它对马氏体晶格歪扭和畸变的作用远不及碳的作用大。

马氏体转变是非扩散型相变。由于过冷度很大,原子来不及扩散。马氏体的晶粒度完全取决于原来奥氏体的晶粒度。马氏体按组织形态分为板条状马氏体和针状马氏体,如图 4-7 所示。

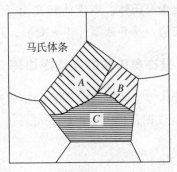

板条状马氏体显微组织（1000×）　　板条状马氏体示意图

(a)

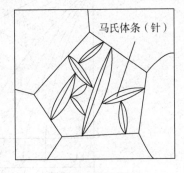

针状马氏体显微组织（1500×）　　针状马氏体示意图

(b)

图 4-7　马氏体的组织形态

（a）板条状马氏体；（b）针状马氏体

①板条状马氏体:每一马氏体的晶体呈细长的薄板条晶片平行成束地分布,在金相显微镜下呈板条状。

②针状马氏体:每一马氏体晶体呈中间厚、两端薄的透镜式晶片,在金相显微镜下呈针片状或竹叶状。板条状马氏体主要存在于低碳钢的淬火组织中——低碳马氏体;

针状马氏体主要存在于高碳钢的淬火组织中——高碳马氏体。

马氏体转变是变温转变。马氏体转变是从转变开始点 M_s 到转变终了点 M_z 的一个温度范围内进行的，在某一温度下只能形成一定数量的马氏体，保温时间的延长并不增加马氏体的数量，要使马氏体的数量增加，只能继续降温。M_s、M_z 于含碳量有关，而与冷却速度无关。

马氏体转变的不完全性。由于马氏体的转变终了温度 M_z 一般在零下几十度，所以室温下进行马氏体转变不可能获得完全的马氏体组织，必有一定量的奥氏体组织没有转变，这部分奥氏体组织称为残余奥氏体 A，即马氏体转变不完全。

残余奥氏体的存在会显著降低零件的强度、硬度以及耐磨性，此外残余奥氏体是一种不稳定组织，会逐渐分解，引起零件尺寸变化，这对精密零件是不允许的。

为了减少残余奥氏体的含量，可将淬火零件继续冷却到零下几十度冷处理，使残余奥氏体转变为马氏体。奥氏体转变为马氏体，体积增大这个特点，使马氏体内部存在较大的内应力，易导致零件淬火变形、开裂。

4.2.4 过冷奥氏体的连续冷却转

过冷奥氏体等温转变曲线图是分析过冷奥氏体的转变温度、转变时间、转变产物之间关系的曲线图，即 TTT（Temperature Time Transformation）图，又称 C 曲线（图 4-8）。

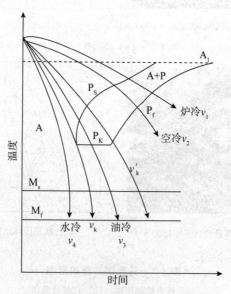

图 4-8 共析钢连续冷却转变曲线图

P_s、P_f 线分别为珠光体转变开始和转变终了线，P_k 线为珠光体转变中止线。当冷却曲线碰到 P_k 线时，过冷奥氏体向珠光体的转变将被中止，残留奥氏体将一直过冷至 M_s 线以下转变为马氏体组织。

以共析钢为例，将连续冷却速度线画在 C 曲线图上，根据与 C 曲线相交的位置，可估计出连续冷却转变产物的性能。

（1） v_1 相当于炉冷，冷却速度约为 10 ℃/min，v_1 与 C 曲线相交于 710～650 ℃，过冷奥氏体转变产物为 100% 珠光体，HRC＝12。

（2） v_2 相当于空冷，冷却速度约为 10 ℃/s，v_2 与 C 曲线相割于 650～600 ℃，过冷奥氏体转变产物为索氏体组织，HRC＝26。

（3） v_3 相当于油冷，冷却速度约为 150 ℃/s，v_3 只与 C 曲线的转变起始线相交，表明一部分过冷奥氏体转变为屈氏体，而剩余部分过冷奥氏体随后冷却到 M_s 一下，转变为马氏体，从而获得屈氏体与马氏体混合组织，其 HRC＝45～55。

（4） v_4 相当于水冷，冷却速度 600 ℃/s，它与 C 曲线不相交，而直接与 M_s 相交，过冷奥氏体转变为马氏体（还有效部分残余奥氏体），HRC＝60～64。

（5） v_k 与 C 曲线相切，称为临界冷却速度，它表示过冷奥氏体不转变为珠光体类产物，而直接转变为马氏体组织的最小冷却速度。v_k 取决于 C 曲线的位置，C 曲线右移，v_k 降低，容易获得马氏体组织，即易淬火。

4.3　钢的退火与正火

退火与正火是应用非常广泛的热处理工艺。在机械零件或工具、量具、模具等工件的制造加工过程中，退火和正火通常作为预先热处理工序，安排在铸造或锻造之后、切削粗加工之前，用以消除前一工序（锻、铸、冷加工等）所造成的某些缺陷，并为随后的工序（热处理、拉拔等）做好准备。一些对性能要求不高的机械零件或工程构件，退火和正火也可作为最终热处理。碳钢的退火、正火加热温度范围如图 4-9 所示。

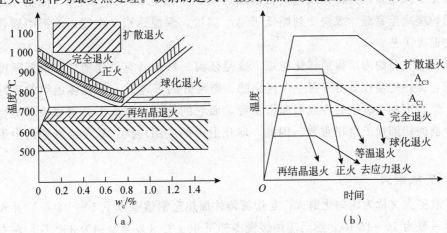

图 4-9　各种退火的加热温度范围和工艺曲线

(a) 加热温度范围；(b) 工艺曲线

4.3.1 退火

退火是将钢加热到适当温度，保温后缓冷，以获得接近于平衡组织的热处理工艺。退火的目的主要是：降低硬度，以利于切削加工；消除残余应力，以防止变形、开裂；细化晶粒、改善组织，以提高力学性能，并为最终热处理做好组织准备。退火的工艺种类很多，常见的有完全退火，等温退火，球化退火，扩散退火，去应力退火、再结晶退火。

1. 完全退火

对亚共析钢，加热温度应高于 Ac_3；对过共析钢则应高于 Ac_{cm}。但是对过共析钢加热慢冷后出现网状渗碳体，所以不采用完全退火。

完全退火的目的为：获得低硬度，改善组织、提高加工性，以消除内应力等。完全退火的两种冷却方式：①随炉冷却，冷速小于 30 ℃/h。②以更低的冷速（10～15 ℃/h）通过 Ar_1 以下一定温度范围，然后出炉空冷。在退火加热温度下保温时间不宜过长，一般以 25 mm 条件厚度保温 1 小时计。完全退火后所得的组织接近平衡态。

2. 等温退火

完全退火所需时间很长，为缩短退火时间，生产中常采用等温退火的方法。等温退火是指将钢件加热到 Ac_3（或 Ac_1）以上 30 ℃～50 ℃，保温适当时间后，以较快速度冷却到珠光体转变温度区间的适当温度，并等温保持，使奥氏体转变为珠光体组织，然后出炉空冷的退火工艺。

等温退火不仅可以有效地缩短退火时间，提高生产率，而且因工件内外在同一温度下发生组织转变，故能获得均匀的组织与性能。

3. 球化退火

球化退火是指将共析钢或过共析钢加热到 Ac_1 以上 20 ℃～30 ℃，保温一定时间后，随炉缓冷至室温，或快冷到略低于 Ar_1 温度，保温后出炉空冷，使钢中碳化物球状化的退火工艺。

球化退火目的为：得到球化组织。这是任何一种钢具有最佳塑性和最低硬度的一种组织，良好的塑性是由于有一个连续的、塑性好的 F 基体。球化体组织的良好的塑性对于低碳钢和中碳钢的冷成形非常重要，而它的低硬度对于工具钢和轴承钢在最终热处理前的切削加工也很重要。因此，球化退火的应用广泛。球化组织是钢中最稳定的组织。

4. 扩散退火

扩散退火又称为均匀化退火，是指将铸件加热至钢熔点以下 100～200 ℃并长时间保持（一般为 10～15 h），然后随炉缓慢冷却至 600 ℃（高合金钢为 350 ℃）左右出炉空冷的退火工艺。

扩散退火目的为：消除钢锭或大型铸件中不可避免的成分偏析，由其是高合金钢中，应用更普遍。但消除不了宏观偏析和夹杂物的分布。有成分偏析的热轧钢，其室温组织中有明显的带状组织（共析 F 和 P 相间排列成行），这种组织热处理后会造成性能不均匀，应采用扩散退火力求避免。

5. 低温退火（去应力退火）

去应力退火是将工件缓慢加热到 500～600 ℃，保温一定时间，然后随炉缓慢冷却至 200 ℃再出炉空冷的退火工艺。由于加热温度低于 A_1，因此去应力退火过程中不发生相变。

去应力火退目的为：消除因冷、热加工后快冷而引起的残余应力，以避免可能产生的变形、开裂或随后处理的困难。小件退火后要炉冷到 500 ℃再空冷，大件时要炉冷至 300 ℃再进行空冷，如果零件经过淬火＋回火后，低温退火应低于原回火温度 20 ℃，某些情况下，去应力退火与保持硬度发生矛盾。

6. 再结晶退火

再结晶退火是指将冷变形后的金属加热到再结晶温度以上，保持适当时间，使形变晶粒重新结晶为均匀的等轴晶粒，以消除形变强化和残余应力的退火工艺。

再结果退火目的为：使冷变形钢通过再结晶而恢复塑性，降低硬度，以利于随后的再形变或获得稳定的组织。常用于冷轧低碳钢板和钢带。退火后的晶粒大小十分重要，其主要取决于形变量。当形变量在临界形变量附近时，退火后会得到特别粗大的晶粒，低碳钢的临界形变量为 6％～15％。

4.3.2　正火

将钢件加热到 A_{c_1}（对于亚共析钢）和 A_{c_3}（对于过共析钢）以上 30～50 ℃，保温适当时间后，在自由流动的空气中均匀冷却，得到珠光体型组织（一般为 S）的热处理称为正火。对于某些合金钢（如 18CMnTi 钢），由于钢中含有碳化物形成元素，为了能较快地溶入奥氏体，故加热到 A_{c_3} 以上 100～150 ℃进行正火，称为高温正火。正火与退火的主要区别是正火的冷却速度稍快，得到的组织较细小（图 4-10），强度和硬度也较高。

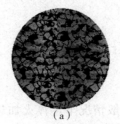 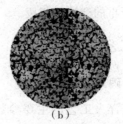

（a）　　　　　　　　　　（b）

图 4-10　钢的退火（左）与正火（右）的组织比较

（a）退火；（b）正火

1. 正火的目的

对于亚共析钢，正火的目的与退火相同，主要是细化晶粒。由于正火冷却速度较快，得到的珠光体组织较细，且与退火相比，铁素体数量较少（冷速快，铁素体析出少），故碳钢正火处理后强度、硬度均高于退火处理。对于过共析钢，正火用于消除网状渗碳体。由于冷速较快，析出的二次渗碳体较小（冷速快，渗碳体来不及长大），且不易形成连续的网络。

2. 正火工艺的主要应用范围

（1）用于普通零件作为最终热处理。

（2）用于中、低碳结构钢，作为预先热处理，便于切削加工。

（3）用于过共析钢，可抑制或消除网状二次渗碳体的形成，以便在进一步的球化退火中获得良好的球化体，为淬火做好组织上的准备。

正火比退火生产周期短，耗能低，操作简便，故一般尽可能用正火代替退火，常用中低碳钢的钢材都以正火状态交货。

4.4 钢的淬火

将钢加热到 Ac_3（亚共析钢）或 Ac_1（过共析钢）以上 30～50 ℃，经保温后，快速冷却获得马氏体的热处理操作称为淬火。

4.4.1 淬火的目的

（1）提高钢的硬度及耐磨性（如工具、轴承等要求高耐磨性的零件）。

（2）获得良好的综合机械性能（中碳钢经淬火＋高温回火可获得强、韧兼备组织；各种弹簧都要求强度高、弹性好，一般用高碳钢制作，经淬火＋中温回火后，弹性大大提高）。

（3）获得特殊物理、化学性能（许多不锈钢、耐热钢零件，淬火后可使耐腐蚀、耐热性能提高）。该工艺的选择对淬火钢的质量影响很大，如果选择不当，容易使淬火钢力学性能不足，严重的会造成报废。

4.4.2 淬火工艺

1. 淬火温度的确定

淬火加热温度是淬火工艺的主要参数。一般情况下，淬火加热温度应限制在临界点以上 30～50 ℃，如图 4-11 所示。

亚共析钢：合适的淬火温度为 Ac_3＋（30～50 ℃），淬火组织为马氏体，温度太低（低于 Ac_3）则淬火后组织中出现铁素体，导致硬度、耐磨性下降；温度太高，则获得粗大的马氏体组织，钢的性能恶化，同时引起钢件严重变形。

过共析钢：合适的淬火温度为 Ac_1＋（30～50 ℃），淬火组织为马氏体＋粒状二次

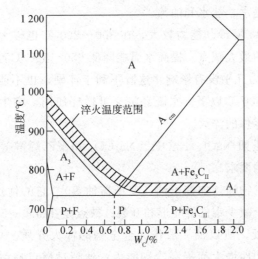

图 4-11　碳钢的淬火加热温度范围

渗碳体；由于渗碳体的硬度高与马氏体，所以当二次渗碳体以粒状弥散分布于马氏体基体之上时，可以提高组织的硬度和耐磨性——弥散强化；淬火加热温度过高，不仅会得到粗大的马氏体组织，还会引起零件严重的变形甚至开裂，而且由于二次渗碳体随着加热温度的升高会大量溶入奥氏体中，使得 M_s、M_f 降低，从而增加了组织中残余奥氏体的含量，影响淬火硬度和耐磨性。淬火温度过低，小于 Ac_1 则得不到马氏体组织。

对于合金钢，由于奥氏体晶粒长大倾向受到合金碳化物等的抑制，故可适当提高淬火温度（$T\uparrow\to C$ 曲线右移）。

2. 加热、保温时间的确定

淬火加热时间是指达到加热温度和获得奥氏体均匀化的时间，包括升温和保温时间。加热时间不能过长，也不能过短，其受工件形状和尺寸、装炉方式、装炉量、加热炉类型、炉温和加热介质等影响。

3. 淬火冷却介质

淬火时，通过快速冷却，使奥氏体转变为马氏体，这一过程体积膨胀，内应力很大，所以要使零件在不淬裂、变形小的前提下淬成马氏体，并不是一件容易的事。根据 C 曲线，淬火时，要求在 $650\sim400\ ℃$ 快速冷却，以避过 C 曲线拐点部位，使奥氏体不发生高温、中温组织转变，而冷却到 $300\ ℃$ 以下，M_s 附近时，则希望冷速慢一些，以免产生太大的内应力导致零件变形、开裂。因此，理想的冷却介质应具有图示的冷却速度。但实际上找不到一种能满足上述要求的冷却介质。理想的冷却速度（图 4-12）。

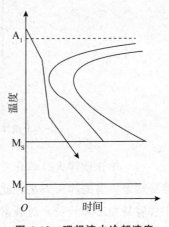

图 4-12　理想淬火冷却速度

常用的冷却介质是水、盐水和油等。

（1）水在 650～530 ℃冷却能力较大，在 300～200 ℃也较大，因此易造成零件的变形和开裂，这是它的最大缺点。提高水温能降低 650～550 ℃范围的冷却能力，但对 300～200 ℃的冷却能力几乎没有影响。这既不利于淬硬，也不能避免变形，所以淬火用水的温度应控制在 300 ℃以下。水既经济又可循环使用，在生产上主要用于形状简单、截面较大的碳钢零件的淬火。

水中加入某些物质如 NaCl、NaOH、Na_2CO_3 和聚乙烯醇等，能改变其冷却能力以适应一定淬火用途的要求。

淬火用油为各种矿物油（如锭子油、变压器油等）。它的优点是在 300～200 ℃范围冷却能力低，有利于减少钢件的变形和开裂；缺点是在 650～550 ℃范围冷却能力也低，不利于钢件的淬硬，所以油一般作为合金钢的淬火介质。另外，油温不能太高，以免其黏度降低、流动性增大而提高冷却能力；油超过燃点易引起着火；油长期使用会老化，应注意维护。目前，一些冷却特性接近理想淬火介质的新型淬火介质，如水玻璃—碱水溶液、过饱和硝盐水溶液、氧化锌—碱水溶液、合成淬火剂等已被广泛使用。

4. 常用淬火方法

由于实际冷却介质不能满足淬火要求，所以必须从淬火方法上加以弥补，常用的淬火方法有单介质淬火、双介质淬火、马氏体分级淬火和贝氏体等温淬火等，如图 4-13 所示。

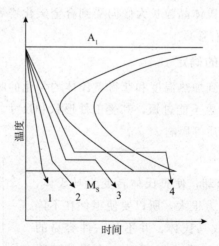

图 4-13　不同淬火方法示意图

1—单介质淬火；2—双介质淬火；3—分级淬火；4—等温淬火

（1）单介质淬火。单介质淬火是指奥氏体化后的工件在一种介质（水或油）中连续冷却至室温的淬火方法。此法操作简单，易于实现机械化和自动化，但淬火应力大，工件容易变形和开裂。对碳素钢而言，单介质淬火只适用于形状较简单的工件。

（2）双介质淬火。双介质淬火是指将工件奥氏体化后，先在冷却能力较强的介质中冷却，在组织即将发生马氏体转变时，立即转入冷却例如先水后空气等。此方法可有效减少工件变形和开裂，但操作不好掌握，主要用于形状复杂的高碳钢件和尺寸较大的合金钢件。

（3）马氏体分级淬。马氏体分级淬火是指将奥氏体化后的工件浸入温度稍高于或稍低于 M_s 点的碱浴或盐浴中保持适当时间，在工件整体达到介质温度后取出空冷，以获得马氏体组织的淬火方法。此方法显著降低了淬火应力，因而能更有效地减小或防止淬火工件的变形和开裂，主要用于尺寸较小的工件。

（4）贝氏体等温淬火。贝氏体等温淬火是指将工件奥氏体化后，随之快冷到贝氏体转变温度区间等温保持，使奥氏体转变为贝氏体的淬火方法。此方法淬火后应力和变形很小，工件强度高、韧性好，多用于形状复杂、尺寸较小的零件。

4.4.3　钢的淬透性

钢在淬火过程中，沿工件截面各处的实际冷却速度是不同的，表层的实际冷却速度总大于内部，而中心部的冷却速度最低。如果表层的冷却速度大于临界冷却速度 V_k，而心部的冷却速度低于临界冷却速度，则表层获得马氏体，表层与心部之间依次为马氏体、屈氏体、索氏体、珠光体，也即钢仅被淬火到一定深度。如果心部的冷却速度也大于临界冷却速度 V_k，则沿工件截面均获得马氏体组织，即钢被淬透。所谓的钢的淬透性是指钢在淬火冷却时，获得淬透层深度的能力（获得马氏体层厚度的能力）。

淬透性深度是从表层马氏体到半马氏体（50％马氏体）处的深度。获得马氏体层的厚度越大，即淬透性深度越大，钢的淬透性越好。钢的淬透性与淬硬性是两个不同的概念。淬硬性是指钢在淬火后所能获得的最大硬度指。它主要取决于含 c.量，含 c 量越高，淬硬性越大，但淬硬性的钢淬透性不一定好，淬透性受很多因素的影响。淬透性的影响因素主要有两个方面。

1. 化学成分的组成

首先从元素来看，提高淬透性的元素有 C、MN、P、SI、NI、CR、MO、B、CU、SN、AS、SB、BE、N；而降低淬透性的元素有 S、V、TI、CO、NB、TA、W、TE、ER、SE；对淬透性影响不大的元素有（AI）。而这其中，以 C 元素影响最大，它有一个临界点，当碳含量大于 1.2％的时候，钢材的冷却速度就升高，C 曲线左移，淬透性也就发生下降。当碳含量小于 1.2％的时候，随着钢中碳浓度的升高，其冷却速度也显著降低，那么 C 曲线也就发生右移，钢的淬透性也就增大了。

2. 热处理过程中冷却介质的冷却特性和冷却速度

在热处理过程中，冷却速度的快与慢大大影响着钢的淬透性能的高低。简单来说，冷却速度快的，淬透性就提高，冷却速度慢的，淬透性就降低。我们常用的 45 钢就是一个很好的例子，在水中冷却时，可淬透 11～20 mm，在油中冷却时，可淬透 3.5～9.5 mm，这其中就是因为介质的不同导致其冷却速度的差异。

3. 零件的加工尺寸大小

钢材产品尺寸的大小也在一定程度上影响着钢的淬透性的高低。

4.5 钢的回火

4.5.1 回火及其目的

钢件淬火后，得到的马氏体性能很脆，并存在很大的内应力，不能满足使用性能的要求，如不及时回火，时间久了钢件就会有开裂的危险。为了消除内应力并获得所要求的组织和性能，将淬火后的钢件重新加热到 Ac_1 以下的某一温度，保温一定时间，然后在空气中自然冷却的操作过程称为回火。

对工件进行热处理的目的主要体现在以下几个方面。

（1）减小和消除淬火时产生的应力和脆性，防止和减小工件变形和开裂。

（2）获得稳定组织，保证工件在使用中形状和尺寸不发生改变。

（3）获得工件所要求的使用性能。

4.5.2 淬火钢回火时组织与性能的变化

淬火钢回火时的组织转变主要发生在加热阶段，随着加热温度升高，淬火钢的组织发生马氏体的分解、残余奥氏体的分解、渗碳体的形成，碳体聚集长大和铁素体多边形四个阶段变化。

1. 马氏体的分解

从室温到 200 ℃左右范围内回火时，马氏体开始分解，碳从过饱和的 α 固溶体中析出形成 ε 碳化物，ε 碳化物不是一个平衡相，而是向 Fe_3C 转变前的一个过渡相。马氏体分解后最终形成"过饱和程度较低的马氏体＋高度弥散的 ε 碳化物"的组织，称为回火马氏体。

2. 残余奥氏体的转变

当温度超过 200 ℃时，马氏体继续分解，同时，残余奥氏体也开始分解，转变为下贝氏体或回火马氏体，到 300 ℃时，残余奥氏体的分解基本结束；随温度的继续升高，下贝氏体将进一步转变为铁素体和渗碳体的二相混合物，即珠光体型产物。

3. 渗碳体形成和铁素体恢复

在 300～400 ℃温度回火时，ε 碳化物将转变为 Fe_3C。400 ℃时，过饱和的碳基本完全析出，钢的内应力基本消除。转变的过程是以 ε 碳化物重新溶入 α 固溶体，而稳定的渗碳体相不断地析出的方式进行的。

4. 渗碳体的聚集长大和铁素体的再结晶

在 400～650 ℃，渗碳体不断聚集长大，内应力与晶格歪扭完全消除，组织是由铁素体和球化的渗碳体所组成的混合物，称为"回火索氏体"。此时碳固溶强化作用消失，强度取决于 Fe_3C 质点的尺寸和弥散度。回火温度越高，渗碳体质点越大，弥散读越低，强度越低。

回火索氏体组织具有良好的综合机械性能，即强、韧兼备。若继续升温到 650 ℃以上，渗碳体继续粗化，组织变为强度更低的球状珠光体组织，综合机械性能下降，一般不用。回火组织较正火组织具有较高的强度、韧性（主要原因是 Fe_3C 形态不同）。

4.5.3　回火的分类与应用

按照回火的温度不同，回火分为以下三种。

1. 低温回火

低温回火的加热温度为 150～250 ℃，所得组织为回火马氏体。其目的是在保持钢淬火后的高硬度（58～64 HRC）和高耐磨性的前提下，降低淬火应力及脆性，主要用于量具、刃具、模具、滚动轴承以及渗碳和表面淬火的零件。

2. 中温回火

中温回火的加热温度为 350～500 ℃，所得组织为回火屈氏体，硬度一般为 35～50HRC。其目的是获得高屈强比、弹性极限和较高的韧性，主要用于各种弹簧和锻模。

3. 高温回火

高温回火的加热温度为 500～650 ℃，所得组织为回火索氏体，硬度一般为 25～35HRC。工件淬火加高温回火的热处理工艺称为调质处理，简称调质。调质后的工件具有强度、硬度、塑性和韧性都较好的综合力学性能，广泛用于汽车、拖拉机、机床等的重要结构零件，如连杆、螺栓、齿轮及轴类等。

4.5.4　钢的回火脆性

淬火钢在某些温度区间回火或从回火温度缓慢冷却通过该温度区间时出现韧性下降的现象称为回火脆性，如图 4-14 所示。

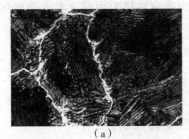

（a）　　　　　　　　　　　　（b）

图 4-14　回火脆性

（a）低温回火脆性左；（b）高温回火脆性右

1. 低温回火脆性（第一类回火脆性）

在 250～400 ℃，也称为第一类回火脆性，又称为不可逆回火脆性。产生的主要原因是：在 250 ℃ 以上国火时，碳化物薄片沿板条 M 的板条边界或针状 M 的孪晶带和晶界析出，破坏了 M 之间的连接，降低了韧性。在这样的温度下残余 A 的分解也增进了脆性，但它不是产生低温回火脆性的主要原因。

为避免这类回火脆性，一般不在该温度区间回火，或使用含 Si 的钢将脆化温度推向高温。

2. 高温回火脆性（第二类回火脆性）

在 450～650 ℃ 间回火时出现的脆性称为高温回火脆性。它与加热、冷却条件有关。加热至 600 ℃ 以上时，慢速冷却通过此温区时出现脆性；快速通过时不出现脆性。在脆化温度长时间保温后，即使快冷也会出现脆性。将已产生脆性的工件重新加热至 600 ℃ 以上快冷时，又可消除脆性。如再次加热至 600 ℃ 以上慢冷，则脆性又再次出现。所以，此脆性称为可逆回火脆性。

生产中可通过回火后快冷或选用含 M。、W 等元素的钢，避免产生这类回火脆性。当出现这类回火脆性时，可将其重新加热至高于脆化温度再次回火，并快冷即可消除。

4.6　钢的表面热处理

在机械设备中，有许多零件是在冲击载荷、扭转载荷及摩擦条件下工作的，它们要求表面具有很高的硬度和耐磨性，而心部要求具有足够的塑性和韧性。为了满足这些要求，实际生产中一般先通过选材和常规热处理来满足心部的力学性能，然后再通过表面热处理或化学热处理的方法强化零件表面的力学性能，以达到零件"外硬内韧"的性能要求。

表面热处理是指为改变工件表面的组织和性能，仅对工件表层进行的热处理工艺。表面淬火是一种常用的表面热处理，是指仅对工件表层进行淬火的工艺。工件经表面淬火后，表层得到马氏体组织，具有高的硬度和耐磨性，而心部仍保留着韧性和塑性较好的原始组织。最常用的表面淬火方法为感应加热表面淬火和火焰加热表面淬火。

4.6.1　表面淬火

1. 感应加热表面淬火

通过使零件表面产生一定频率的感应电流，将零件表面迅速加热到淬火温度，然后迅速喷水冷却的一种表面淬火方法，如图 4-15 所示。

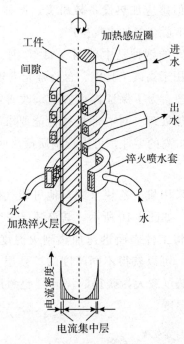

图 4-15　感应加热表面淬火示意图

（1）感应加热的原理。工件放入用空心纯铜管绕成的感应器内，给感应器通入一定频率的交流电，周围便产生同频率的交变磁场，于是在工件内部就产生了同频率的感应电流（涡流）。由于感应电流的集肤效应（电流集中分布在工件表面）和热效应，使工件表层迅速加热到淬火温度，而心部仍处于相变点温度以下，随即快速冷却，从而达到表面淬火的目的。

（2）感应加热频率的选用。感应电流集中层的厚度取决于电流频率频率越高，集中层越薄，即淬透层越薄，因此可通过控制电流频率来控制淬硬层深度，非常方便。根据所用电流的频率不同，感应加热可分为高频感应加热、中频感应加热和工频感应加热，见表 4-1。

表 4-1　加热频率选用特点

分类	频率范围	淬硬层深度/mm	应用范围
高频感应加热	200～300 kHz	0.5～2	要求淬硬层较薄的中、小模数齿轮和中、小尺寸轴类零件
中频感应加热	2 500～8 000 Hz	2～8	大、中模数齿轮和较大直径轴类零件
工频感应加热	50 Hz	10～15	大直径零件，如轧辊、火车轮等

（3）感应加热表面淬火的特点及应用。与普通淬火相比，感应加热表面淬火速度快，加热时间短；淬火质量好，表面硬度高，淬硬层深度易于控制；劳动条件好，生

产率高，适于大批量生产。但感应加热设备较昂贵，调整、维修比较困难，工件形状复杂时感应器制造困难，且不适合单件小批生产。

感应加热表面淬火最适宜的钢种是中碳钢（如 40 钢、45 钢）和中碳合金钢（如 40Cr 钢、40MnB 钢），也可用于高碳工具钢、含合金元素较少的合金工具钢及铸铁等。

（4）表面淬火的预热处理。为了保证淬火质量，改善零件心部机械性能，表面淬火前，可进行正火或调质预热处理。对心部机械性能要求不高的零件，可进行正火预热处理；对心部机械性能要求高的零件，可进行调质预热处理。

2. 火焰加热表面淬火

火焰加热表面淬火是指采用氧－乙炔（或其他可燃气体）火焰，对零件表面进行加热，随之淬火冷却的工艺，如图 4-16 所示。其淬硬层深度一般为 2～6 mm。火焰温度很高（3 000 ℃以上），能将工件表面迅速加热到火温度。然后立即用水喷射冷却。调节烧嘴的位置和移动速度，可以获得不同厚度的淬硬层。显然，烧嘴愈靠近工件表面、移动速度愈慢，表面过热度愈大，获得的淬硬层也愈厚。调节烧嘴和喷水管之间的距离也可以改变淬硬层的厚度。

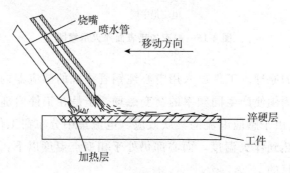

图 4-16　火焰加热表面淬火示意图

火焰加热表面淬火操作简便，设备简单，成本低，灵活性大；但加热温度不易控制，工件表面易过热，淬火质量不稳定，主要用于单件、小批量生产以及大型零件。

4.6.2　化学热处理

前面所讲的热处理工艺（退火、正火、淬火、回火、表面淬火）都是在不改变钢的化学成分的前提下，通过对材料进行加热、冷却来改变材料的组织而获得所需性能的。这些热处理工艺既简单而有效，但有局限性。如：表面淬火，钢材的合适含 C 量为 0.4～0.5％。由于表层性能与心部性能矛盾"外硬内韧"，只能选用中碳钢来制作，虽然既照顾了"外硬"，又兼顾了"内韧"，但"外硬"与"内韧"的水平都不高。要解决这一问题，可以采用化学热处理的方法。化学热处理与物理热处理最大的区别是前者改变了钢的化学成分。

化学热处理是指将金属或合金工件置于一定温度的活性介质中保温，使一种或几种元素渗入它的表层,以改变其化学成分、组织和性能的热处理工艺。化学热处理的方法很多,包括渗碳、渗氮和碳氮共渗等。但无论哪种方法,都是通过以下三个基本过程来完成的。

(1) 分解:化学介质在一定温度下分解,产生能够渗入工件表面的活性原子。

(2) 吸收:活性原子被工件表面吸收,即活性原子溶入铁的晶格形成固溶体,或与钢中某元素形成化合物。

(3) 扩散:被吸收的活性原子由工件表面逐渐向内部扩散,形成一定深度的扩散层。

上述基本过程都与温度有关,温度越高,过程进行得越快,扩散层越厚,但温度过高会引起奥氏体晶粒粗化,使钢变脆。

1. 渗碳

渗碳是指将工件在渗碳介质中加热并保温,使碳原子渗入表层的化学热处理工艺。目的是为了提高钢件表层的含碳量和形成一定的碳浓度梯度,以及经淬火和回火后提高工件表面硬度和耐磨性,并使心部保持良好的韧性。为保证工件渗碳后表层具有高的硬度和耐磨性,而心部具有良好的韧性,渗碳用钢一般为含碳量为 $0.1\% \sim 0.25\%$ 的低碳钢和低碳合金钢。常用的渗碳的方法可分为气体渗碳法、固体渗碳法和真空渗碳法三种。

(1) 气体渗碳法。气体渗碳法是将钢放入密封炉内,在高温渗碳气氛中渗碳的方法,如图 4-17 所示。渗剂为气体(煤气、液化气等)或有机液体(煤油甲醇等)。该方法的优点是质量好、效率高,缺点是渗层成分与深度不易控制。

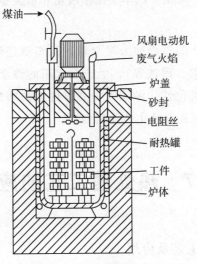

图 4-17 气体渗碳示意图

将装挂好的工件放在密封的渗碳炉中,滴入煤油、丙醇或甲醇等渗碳剂并加热到 $900 \sim 950\ ℃$,渗碳剂在高温下分解,产生的活性碳原子渗入工件表面并向内部扩散形成渗碳层，从而达到渗碳的目的。

（2）固体渗碳法。固体渗碳法是将钢埋入以木炭为主的渗剂中，装箱密封后在高温下加热渗碳的方法。其优点是操作简单，缺点是渗速慢、效率低、劳动条件差。

（3）真空渗碳法。真空渗碳法是将钢放入真空渗碳炉中，抽真空后通入渗碳气体加热渗碳的方法。其优点是表面质量好、渗碳速度快，缺点是成本较高。

2. 渗氮

渗氮也称为氮化，是指在一定温度下（一般在 Ac_1 温度以下）使活性氮原子渗入工件表层的化学热处理工艺。其目的是提高表面硬度、耐磨性、疲劳强度和耐腐蚀性。

与渗碳相比，渗氮后工件无需淬火便具有高的硬度、耐磨性、热硬性、疲劳强度以及良好的耐蚀性，同时渗氮温度低，工件变形小。但渗氮生产周期长，一般要得到 $0.3\sim0.5$ mm 的渗氮层，气体渗氮时间需 $30\sim50$ h，成本较高；渗氮层薄而脆，不能承受冲击。因此，渗氮主要用于要求表面硬度高、耐磨、耐蚀、耐高温的精密零件，如精密机床主轴、丝杠、阀门等。

3. 碳氮共渗

碳氮共渗是指在一定温度下同时将碳、氮渗入工件表层并以渗碳为主的化学热处理工艺。目前常采用气体碳氮共渗。气体碳氮共渗工艺与渗碳基本相似，常用渗剂为煤油和氨气等，加热温度为 $820\sim860$ ℃。碳氮共渗后工件还要进行淬火和低温回火，其表面组织为含氮马氏体。

与渗碳相比，碳氮共渗加热温度低，零件变形小，生产周期短，渗层具有较高的硬度、耐磨性和疲劳强度，常用于汽车变速箱齿轮和轴类零件。

4. 渗金属

钢的表面吸收金属原子的过程称为渗金属，其实质是使钢的表层合金化，从而具有特殊性能（如耐热、耐磨、耐蚀等），生产上常用的渗金属有渗铝、渗硼、渗铬等。渗铝可提高零件的抗高温氧化性，渗硼可提高零件的耐磨性、耐腐蚀性和硬度，渗铬可提高零件的耐腐蚀性、抗高温氧化性及耐磨性。

4.7　热处理工艺的应用

4.7.1　预备热处理工艺及应用

1. 正火

将钢材或钢件加热到临界点（Ac_3 或 Ac_{cm}）以上 $30\sim50$ ℃，保温透烧后在空气中冷却，获得珠光体类型组织结构的热处理工艺。

（1）适用范围：适用于改善亚共析钢的可加工性和消除过共析钢中的网状碳化物，以及改善有效截面尺寸较大工件的淬透深度。

（2）技术要求：晶粒细化，组织结构均匀化；对于半成品，正火后表面脱碳层深度不应超过加工余量的 1/2；降低内应力，并获得一定的硬度。

（3）操作守则如下。

①正火加热过程出严格控制温度和事件外，应尽量减轻钢件的表面氧化脱碳。氧化脱碳层深度不得大于毛坯加工留量的 1/2。

②为挽救某些粗大组织而实施的正火，其加热温度应较普通正火加热温度高 20 ℃～50 ℃。

③对于料堆较大或截面尺寸较大的钢材或毛坯，为了得到均匀化的组织和提高力学性能，加热后准许用吹风或雾冷方式强化冷却速度。

④对于改善不良组织的高温正火，或某些高碳钢正火后一旦硬度偏高，为便于切削加工，可以补充高温回火预以软化。

2. 完全退火

将钢材或零件毛坯加热到临界点（Ac_3 或 Ac_{cm}）以上 30～50 ℃，保温透烧后随炉降温缓慢冷却，获得珠光体和先析出相（铁素体或渗碳体）类型组织结构的热处理工艺。

（1）适用范围：完全退火适用于各种碳素钢和合金钢软化处理。

（2）技术要求如下。

①完全退火后，钢的纤维组织：亚共析钢为片状珠光体＋铁素体；共析钢为单一的片状珠光体；过共析钢为片状珠光体＋渗碳体。

②降低硬度，依钢的碳含量而定。

（3）操作守则如下。

①完全退火加热过程除严格控制温度和时间外，应尽量减轻钢件的表面氧化脱碳。氧化脱碳层深度不得大于毛坯加工留量的 1/2.

②完全退火加热并烧透后，大量装炉情况下，随炉冷却或限制一定的冷却速度及出炉温度；单件或小批量生产时，可加热并烧透后出炉掩埋在白灰或草木灰中缓冷。

3. 球化退火

将钢中的先析出相（铁素体和碳化物）进行球化处理的热处理工艺。加热温度为被处理钢的临界点（Ac_3 或 Ac_{cm}）以上 20～30 ℃。

（1）适用范围：主要适用于改善共析钢和过共析钢的可加工性及淬火工艺性，也额可以改善亚共析钢冷挤压后的力学性能和工艺性。

（2）技术要求：钢中先析出相呈一定尺寸的球化形态；硬度事宜，一般根据不同钢种确定具体硬度。

（3）操作守则如下。

①严格控制加热温度和保持时间。

②严格控制冷却速度，通常采用 20～50 ℃/h 的速度自加热温度降至被处理钢的冷却临界点（Ar_1）一下 10～30 ℃，并在该温度保持较长时间（一般以加热时间和保温时间的 1.5 倍）。

③等温保持后随炉冷却到 450～500 ℃出炉，继续空冷到室温。

④如果所处理钢的组织中，有严重网站或大块状先析出相，需要先实施正火处理预以消除，然后再进行球化退火处理。

4. 再结晶退火

将冷变形加工（冷轧、冷拔等）后的金属材料，加热到稍高于其再结晶温度，保持适当时间使变形的晶粒重新恢复为均匀的等轴晶粒的热处理工艺。具体加热温度一般在 600～700 ℃（即钢的再结晶温度以上 150～200 ℃）范围内。

（1）适用范围：适用于改善冷作加工零件（冷拔钢丝、冷轧钢条、滚制螺栓、薄板拉伸件等）的延展性及应力状态。

（2）技术要求如下。

①被拉长变形的晶粒恢复成等轴晶粒。

②消除冷作硬化现象，即降低硬度，恢复塑性。

③加热过程尽量减轻氧化。轻微氧化可用喷砂或弱酸酸洗清除。

（3）操作守则如下。

①再结晶退火一般采用常温状态下装炉，或在 250 ℃以下入炉开始升温，并确保加热速度在 150～180 ℃/h。

②再结晶退火保温后，工件随炉冷却或者出炉后立即掩埋在白灰或草木灰中自然冷却。有效尺寸在 40 mm 以上的厚度大件也可置于空气中冷却。

③党塑性变形量在 5%～15%时，不宜采用再结晶退火，否则易产生大小不一的晶粒，使力学性能降低。这种情况下可用正火代替再结晶退火。

④对于某些材料或零件，当需要保留一部分因冷作硬化而获得的强度和弹性时，其退火温度应低于再结晶退火温度。

5. 低温退火

对高淬透性钢的铸锭、锻坯等加热到略低于这些钢的各自临界点（Ac_1）温度，保温适当时间透烧后缓慢冷却下来的热处理工艺。具体加热温度一般为 600～800 ℃。

（1）使用范围：适用于消除铸、锻、焊件的残留内应力，并改善某些高合金钢原材料或毛坯的可加工性。

（2）技术要求：降低原材料或毛坯的硬度，以利于切削加工；较彻底地消除被处理件的残留内应力。

（3）操作守则如下。

①工件装炉应在加热炉温度不超过 200～300 ℃状态下进行，并以不大于 150 ℃/h 的速

度升温加热。

②在工件较大或装炉量较多的情况下，炉温升至 450 ℃左右时停留一段时间，待内外温度一致继续加热到所需温度。为了彻底消除内应力，待炉温均匀后开始计算保温时间。

③低温退火冷却速度应严格控制，一般以不大于 50 ℃/h 的速度惊喜冷却

④低温退火，工件出炉温度不得高于 300 ℃。

6. 等温回火

将钢材或锻造毛坯加热到高于其临界点（Ac₃ 或 Ac₁）以上 30～50 ℃的温度，保温适当时间后，以较快速度冷却到临界点（Ar₁）以下发生珠光体类型转变的某一温度，并进行充分保温后缓慢冷却下来的热处理工艺。

（1）适用范围：用于改善重型铸、锻件毛坯的可加工性和各种力学性能，并适用于防止钢中出现白点，以及工具钢和轴承钢的球化处理等。

（2）技术要求：晶粒细化，先析出相组织球化，消除内应力，获得适当硬度。

（3）操作守则如下。

①等温退火加热时，加热速度以 150～180 ℃/h 为宜。对于直径或厚度在 150 mm 以下的毛坯可以提高熬 250～300 ℃。

②钢件毛坯自加热温度冷却熬等温温度，其冷速可以任选，但经验证明一般在 150 ℃/h 左右较好。

③等温退火操作，在同一炉内进行或在两个炉内分别加热和等温均可。

④等温温度，一般在所处理钢的冷却临界点（Ar₁）以下 10～30 ℃为宜。

⑥在等温温度的停留时间，碳素钢以 1～2 h、合金钢以 3～4 h 为宜。

⑥钢件或毛坯等温后，在炉中或空气中冷却均可。

⑦如果所处理的钢件急用，允许冷却到 300～400 ℃后在水中冷却。

7. 均匀化退火

为了改善钢锭或大型铸、锻件化学成分及组织偏析而实施的退火工艺。

（1）适用范围：某些特殊性能钢，如中、高合金钢的大型铸、锻件和钢锭等。

（2）技术要求如下。

①处理后化学成分及组织结构均匀一致。

②均匀化退火过程，不得有严重氧化脱碳、过热、过烧现象。

③获得适宜硬度，便于切削加工。

（3）操作守则如下。

①均匀化退火加热温度，一般推荐在钢的 Ac₃（Ac_cm）以上 150～300 ℃，对于偏析较严重的高合金钢，允许加热到 1 050～1 150 ℃，甚至高至 1 300 ℃。

②为使成分和组织充分均匀化，视工件大小在该温度下应保持 10～20 h。

③为防止高温加热产生氧化脱碳现象，尽量在弱氧化或还原气氛的炉中全退火

处理。

④为消除因高温退火可能产生的粗糙组织结构，需要进行一次正火或完全退火处理。

⑤均匀化退火加热和保温后，应随炉缓慢冷却或分段等温冷却。

8. 预防白点退火

排除大锻件中因氢的存在而形成白点倾向的热处理工艺。

9. 调质处理工艺及应用

调质处理是为使钢件或其半成品获得综合力学性能良好的索氏体组织，而实施的淬火加高温回火的复合热处理工艺。

（1）适用范围如下。

①要求较高综合力学性能的中碳结构钢工件或半成品。

②某些高合金钢的软化。

③改善半成品加工的表面粗糙度及最终淬火的变形倾向。

（2）技术要求如下。

①处理后晶粒细化，组织呈一定弥散度的粒状索氏体状态。

②处理后的硬度推荐为 197～302 HBV，或按图样要求处理。

③半成品调质后的变形度不得超过冷热加工协商的允差。

④淬火加热过程生产的脱碳层深度，不得超过各部位实有的加工余量。

（3）操作守则如下。

①淬火加热和保温应确保原始组织完全奥氏体化。

②淬火冷却速度应确保绝大多数奥氏体转变成马氏体，零件表层铁素体体积分数不得超过 3%～5%。

③淬火后的高温回火温度，依钢种和序间对调制处理的硬度要求以及淬火后硬度决定。

④高温回火的保温时间视装炉量和钢种而定。一般以透烧后保温 30～40 min 为宜。

⑤调质处理的高温回火，对于大部分钢种在空气中冷却即可。但对有第二类回火脆性的钢种，如锰含量较高的锰钢、碳含量较高的铬钢、铬硅钢、铬锰钢、铬锰硅钢、硅锰钢、铬镍钢等在高温回火后须采用油冷或水冷。

⑥对于重要零件，高温回火快冷后应补充一次 180～200 ℃低温回火，以消除因快冷而产生的新内应力。

4.8　金属材料的表面处理技术

4.8.1　金属材料简介

除汞外，在常温下金属材料是具有光泽、延展性、导电、传热等性能的物质均为固体。金属具有较高的强度、硬度及韧性金属材料通常分为两大类：一类主要以铁为主，因其色为黑色，故称黑色金属，这一类的金属也是工业产品中用途和用量最大的一类；另一类为有色金属，即除了铁以外的其他金属，如金、银、铜、锡、镍、铝等，因各具不同色彩，故称有色金属。此外，在有色金属中，金、铂、铱等金属因储量稀少，故称稀有金属。将一种金属与其他元素熔和而成的物质，则称合金。合金的物理性质已经与原来的金属不同，一般合金比纯金属具有更良好的性能。大多数金属都可以通过添加其他金属或非金属元素来改善本身的性能，并研制出新的金属材料。

工业产品生产中用量最大的黑色金属，包括铸铁和钢。铸铁又称生铁，含有磷、硫、硅等杂质。物理性能硬而脆，不易拉伸，价格较低，常用于机械的支架和基础等部件。

有色金属中的铝是现代工业产品中最常用的金属材料之一。纯铝外观呈银白色，质轻，导电及导热性能良好，延展性好，熔点低，便于铸造加工和焊接。铝常和镁、锰、铁、铜、镍等其他金属元素制成合金，可有效地提高强度和硬度。如铝锰合金和铝镁合金等具有耐腐蚀、高强度、焊接和抛光性能优良等特点，铝镁合金还有航空工业的重要材料，飞机制造的主要材料。铝是世纪中应用最广泛的金属材料，从年起的年间，世界铝的产量提高了 5 倍。

铜也是用途最广泛和用量最大的有色金属之一。纯净的铜呈紫色，具有良好的延展性，导电性和导热性，是电气工业的良好材料。铜的合金在工业产品的生产中广泛运用。黄铜是铜与铝的合金，铸造五金和乐器制作的材料。黄铜是金属材料中历史最悠久的材料之一。因其具有铸造性能好的特点而常作为铜像、工艺品和机械部件的用材。白铜是铜与镍的合金，常用于家庭用品、工艺品和货币制造。

4.8.2　处理工艺

由于金属材料良好的材料特性被广泛地运用到我们的日常生活中。金属材料或制品的表面受到大气、水分、日光和其他腐蚀性介质等的侵蚀作用，会引起金属材料或制品失光、变色、粉化或裂开，从而遭到损坏。因此对金属材料的表面处理工艺的了解和掌握显得十分重要。

金属材料表面处理工艺主要包括表面精加工处理、表面层改质处理、表面被覆三种。这三种处理工艺的功效，一方面是保护产品，即保护材质表面所具有的光泽、色彩和机理等而呈现出的外观美，并延长产品的使用寿命，有效地利用材料资源；另一方面起到美化、装饰产品的作用，使产品高雅含蓄，表面有更丰富的色彩、光泽变化，更有节奏感和时代特征，从而有利于提高产品的商品价值和竞争力。

1. 金属材料的表面精加工处理

在对金属材料或制品进行表面处理之前，应有前处理或预处理工序，以使金属材料或制品的表面达到可以进行表面处理的状态。金属制品表面的前处理工艺和方法很多，其中主要包括有金属表面的机械处理、化学处理和电化学处理等。

机械处理是通过切削、研磨、喷砂等加工清理制品表面的锈蚀及氧化皮等。化学处理是将表面加工成平滑或具有凹凸模样化学处理的作用，主要是清理制品表面的油污、锈蚀及氧化皮等。电化学处理则主要用化学除油和侵蚀的过程，有时也可用于弱侵蚀时活化金属制品的表面状态。

（1）切削和研削。切削和研削是利用刀具或砂轮对金属表面进行加工的工艺，可得到高精度的表面效果。

（2）研磨。研磨是可以达到把金属表面加工成平滑面效果的工艺，也可以得到光面、镜面、梨皮面的效果。

（3）表面蚀刻。表面蚀刻是一种使用化学酸进行腐蚀而使得金属表面得到的一种斑驳、沧桑装饰效果的加工工艺。即先用耐药薄膜覆盖整个金属表面，然后用机械或者化学方法除去需要凹下去部分的保护膜，使这部分金属裸露。接着浸入药液中，使裸露的部分溶解而形成凹陷，获得纹样，最后用其他药液去除保护膜。

2. 金属材料的表面层改质处理

金属材料表面装饰技术是保护和美化产品外观的手段，主要分为金属表面着色工艺和金属表面肌理工艺。

（1）金属表面着色工艺。金属表面着色工艺是采用化学着色、电解着色、阳极氧化染色等方法，使金属表面形成各种色泽的膜层、镀层或涂层。

①化学着色：在特定的溶液之中，通过金属表面与溶液发生化学反应，在金属表面生成金属化合物膜层的方法。

②电解着色：在特定的溶液中，通过电解处理方法，使金属表面发生反应而生成带色膜层。

③阳极氧化染色：在特定的溶液中，以化学或电解的方法对金属进行处理，生成能吸附染料的膜层，这染料作用下着色，或使金属与染料微粒共析形成复合带色镀层。染色的特征是使用各种天然或合成染料来着色，金属表面呈现染料的色彩。染色的色彩艳丽，色域宽广，但目前应用范围较窄，只限于铝、锌、镉、镍等几种金属。

（2）金属表面肌理工艺。金属表面肌理工艺是通过锻打、刻划、打磨、腐蚀等工艺在金属表面制作出肌理效果。

①表面锻打：使用不同形状的锤头在金属表面进行锻打，从而形成不同形状的点

状肌理，层层叠叠，十分具有装饰性。

②表面抛光：利用机械或手工以研磨材料将金属表面磨光的方法。表面抛光又有磨光、镜面、丝光、喷砂等效果。根据表面效果的不同，使用的工具和方法也不尽相同。

③表面镶嵌：在金属表面刻画出阴纹，嵌入金银丝或金银片等质地较软的金属材料，然后打磨平整，呈现纤巧华美的装饰效果。

④表面蚀刻：是使用化学酸进行腐蚀而得到的一种斑驳、沧桑的装饰效果，具体方法如下。首先在金属表面涂上一层沥青，接着将设计好的纹饰在沥青的表面刻画，将需腐蚀部分的金属露出。下面就可以进行腐蚀了，腐蚀根据作品的大小选择进入化学酸溶液内腐蚀和喷刷溶液腐蚀。一般来说，小型作品选择浸入式腐蚀。化学酸具有极强的腐蚀性，在进行腐蚀操作时一定要注意安全保护。

3. 表面被覆

（1）镀覆着色：采用电镀、化学镀、真空蒸发沉积度和气相镀等方法，在金属表面沉积金属、金属氧化物或合金等，形成均匀膜层。它是利用各种工艺方法在金属材料的表面覆盖其他金属材料的薄膜，从而提高制品的耐蚀性、耐磨性，并调整产品表面的色泽、光洁度以及肌理特征，以提高制品档次。缺点是镀层色彩单调，对产品大小形状有所限制。

（2）涂覆着色：采用浸涂、刷涂、喷涂等方法，在金属表面涂覆有机涂层。它是在金属材料的表面覆盖以有机物为主体的涂料层的加工工艺，也被称为涂装。目的在于保护作用装饰作用特殊作用—隔热、防辐射、杀菌等。其优点是能赋予产品丰富的色彩和肌理。其缺点是涂层会老化和磨损，容易被划伤导致保护膜破损，使底层金属锈蚀。

（3）珐琅着色（搪瓷和景泰蓝）：在金属表面覆盖玻璃质材料，经高温烧制形成膜层。其原理是用玻璃材质覆盖金属表面，然后在度左右进行烧制而成。其优点是使金属材料表面坚硬，提高制品的耐蚀性、耐磨性。赋予产品表面宝石般的光泽和艳丽的色彩，具有极强的装饰性。其缺点为脆性高，不耐冲击，在急冷急热或变形冲击下，容易脱落。

（4）金银错：又称为错金银，是先秦时代发展起来出来的一种用金银装饰青铜器物表面的工艺。其原理是在青铜器表面铸出或者刻出所需要的图案，铭文的凹槽，然后嵌入金银丝、片，捶打牢固，再用蜡石错磨，使嵌入的金银丝、片表面与青铜器的表面光滑过渡，最后用清水和木炭进一步打磨，使表面光泽更加光艳。其特点是青铜和金银的不同色泽互相映衬，图案、铭文透出华丽和典雅。

（5）热处理着色：利用加热的方法，使金属表面形成带色氧化膜。

（6）传统着色技术：包括做假锈、汞齐镀、热浸镀锡、鎏金以及亮斑等。

本 章 小 结

本章着重讲述了热处理基本原理，即在加热时的组织转变和在冷却时的组织转变；阐述了热处理工艺即退火、正火、淬火、回火及表面热处理方法及其应用；揭示了钢在热处理过程中工艺、组织、性能的变化规律。

思考与练习

1. 钢在热处理时加热的目的是什么？钢在加热时的奥氏体化过程分为哪几步？

2. 以共析钢为例，过冷奥氏体在不同温度等温冷却时，可得到哪些不同产物？其性能如何？

3. 什么是马氏体？它有哪两种类型？它们的性能各有何特点？

4. 什么是临界冷却速度？

5. 共析钢奥氏体化后在空冷、水冷、油冷和炉冷条件下各得到什么组织？

6. 什么是退火？常用的退火分为哪几种？说明各自的应用范围。

7. 什么是正火？说明其主要用途。

8. 什么是淬火？淬火的主要目的是什么？有哪些常用方法？

9. 淬火时的温度应如何选择，为什么？

10. 什么是淬透性？它与淬硬性有何区别？

11. 钢在火时常见的缺陷有哪些，应如何防止？

12. 什么是回火？淬火钢回火的目的是什么？

13. 常用的回火方法有哪几种，各适用于什么场合？

14. 哪些零件需要进行表面热处理？有哪些常用方法？

15. 表面淬火适用于什么钢？

16. 什么是表面化学热处理？它由哪几个过程组成？

17. 渗碳的目的是什么？渗碳适用于什么钢？

18. 什么是渗？它与渗碳有哪些不同？

第 5 章
工业用钢

本章导读

　　钢是指铁矿石经冶炼之后获得的，以铁为主要元素，碳的质量分数 $\omega_c < 2.11\%$ 的，含有少量硅、锰、磷、硫等杂质元素以及合金元素的铁碳合金的总称。钢是目前工业生产中应用最广泛的工程材料。

本章目标

　　● 了解钢的分类方法以及常存杂质和合金元素等对钢的影响。

　　● 熟悉常用非合金钢、低合金钢、合金钢的牌号表示以及成分、热处理、组织、性能及用途。重点掌握牌号、热处理和性能。

　　● 具备根据零件使用要求，正确选择材料及热处理工艺，并合理安排零件加工工艺路线的能力。具备根据材料的性能特点，正确选择毛坯成形和切削加工工艺方法的能力。

5.1　工业用钢分类与牌号

5.1.1　我国现行钢分类与牌号的特点

1. 积极推行国际标准

　　为了提高我国的标准化和国际化水平，我国的金属材料国家标准大多参照和采用国际标准。如钢分类国家标准（GB/T 13304—91）参照了国际标准《钢分类第一部分：钢按化学成分分为非合金钢和合金钢》（ISO 4948/1）和《钢分类第二部分：非合金钢和合金钢按主要质量等级和主要性能或使用特性的分类》（ISO 4948/2）；碳素结构钢国家标准（GB/T 700—2006）参照采用了国际标准《结构钢》（ISO 630）等。本章有关表格中的数据均取自相应的国家标准。

2. 注重实用

　　我国的钢号命名采用化学元素符号、汉语拼音和阿拉伯数字相结合的表示方法，

较为直观实用，只需掌握各类钢的牌号，就可了解钢的类型、化学成分、性能特点和主要用途。对于用户不需进行热处理的钢材，如碳素结构钢、低合金高强度钢、一般工程用铸造碳钢及各类铸铁，其牌号中给出了力学性能指标，对设计、选材提供了极大的便利。

5.1.2　钢的分类

钢的分类方法很多，分类依据有钢的化学成分、主要质量等级、主要性能及用途。目前常用的分类方法还经常以钢的含碳量 ω_c、冶金质量、钢材冶炼时的脱氧方法、钢的热处理特点等作为分类依据。以下简介钢分类的基本方法和目前常用的一些分类方法。

1. 钢分类简介

（1）按化学成分分类。钢按照化学成分可分为非合金钢、低合金钢、合金钢三大类，这三类钢材的化学成分应分别符合国标中合金元素含量的界限值。

（2）按主要质量等级、主要性能及使用特性分类。按照钢的主要质量等级，非合金钢分为普通质量非合金钢、优质非合金钢和特殊质量非合金钢三类；低合金钢可分为普通质量低合金钢、优质低合金钢和特殊质量低合金钢三类；合金钢分为优质合金钢和特殊质量合金钢两类。普通质量钢是指生产过程中不需要特别控制质量要求并满足一些其他条件的钢种（如不规定热处理、硫和磷的质量分数均不大于 0.045％等）；优质钢是指在生产过程中需要特别控制质量的钢种（如控制晶粒度，降低硫、磷的质量分数，使其分别小于 0.04％）；特殊质量钢是指在生产过程中需要严格控制质量和性能的钢种（如硫和磷的质量分数均不大于 0.025％）。

按照主要性能及使用特性，可对非合金钢、低合金钢和合金钢进一步分类。非合金钢可分为以规定最高强度（硬度）或最低强度（硬度）为特性的非合金钢，以规定碳含量为主要特性的非合金钢、非合金工具钢、非合金易切削钢规定磁性能和电性能的非合金钢及其他非合金钢等；低合金钢可分为可焊接的低合金高强度钢、低合金耐候钢、低合金钢筋钢铁道用低合金钢、矿用低合金钢等；合金钢可分为工程结构用合金钢、机械结构用合金钢、不锈钢、耐蚀钢和耐热钢、工具钢、轴承钢等。

2. 目前常用的钢分类方法

目前常用的钢分类方法很多，以下几种分类方法对机械行业较为实用。

（1）按钢的 ω_c 分类。根据钢中 ω_c 的高低可分为：低碳钢，$\omega_c \leqslant 0.25\%$；中碳钢，$\omega_c$ 为 $0.25\% \sim 0.60\%$；高碳钢，$\omega_c \geqslant 0.60\%$。

（2）按冶金特点分类。按钢中有害杂质元素硫、磷含量的高低，结构钢可分为：普通钢、优质钢、高级优质钢（在钢号后加"A"）和特级优质钢；按钢材冶炼时的脱氧程度可分为：沸腾钢、半镇静钢、镇静钢、特殊镇静钢，分别用汉语拼音首字母F、b、Z 和 TZ 表示。沸腾钢脱氧不完全，浇注时钢液在钢锭模内产生沸腾现象（气体逸出），这类钢的生产成本低，含碳、硅量低，延展性、焊接性、冷变形性能好，易于制成板材、线材和型材；但内部杂质较多，成分偏析较大，因而性能不均匀。半镇静钢是脱氧较完全的钢，浇注时沸腾现象较弱，这类钢具有沸腾钢和镇静钢某些优点。镇静钢脱氧完全，浇注时钢液镇静不沸腾，钢的组织致密，偏析小，质量均匀。合金钢一般都是镇静钢。

（3）按钢的用途、成分、性能和热处理特点分类。按用途和性能可分为：结构钢、工具钢、轴承钢、不锈钢、耐蚀钢和耐热钢等；按成分可分为：非合金钢（即碳素钢）、低合金钢及合金钢（生产中常把合金总量小于 5% 的称为低合金钢，合金总量在 5%～10% 的称为中合金钢，而大于 10% 的称为高合金钢）。实际中经常把这些分类方法结合使用，如图 5-1 所示。

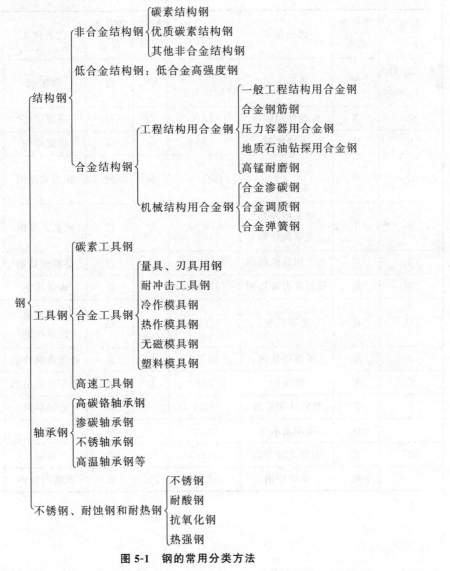

图 5-1　钢的常用分类方法

此外，按退火状态钢可分亚共析钢、共析钢、过共析钢；按正火或铸造状态钢可

分珠光体钢、贝氏体钢、马氏体钢、奥氏体钢、铁素体钢、莱氏体钢等。

5.1.3 钢的牌号

钢号由三大部分结合组成：①化学元素符号，用来表示钢中所含化学元素种类，其中用"RE"表示钢中的稀土元素总含量；②汉语拼音字母，用来表示产品的名称、用途、冶炼方法等特点，常采用的缩写字母及含义（表5-1）；③阿拉伯数字，用来表示钢中主要化学元素含量（质量百分数）或产品的主要性能参数或代号。

常见钢号的表示方法见表5-2，详细内容可参看有关标准。

表 5-1 中国钢号所用汉语拼音缩写字母及含义

缩写字母	钢号中位置	代表含义	举例	缩写字母	钢号中位置	代表含义	举例
A、B、C、D、E	尾	质量等级	Q235B 50CrVA	ML	首	铆螺钢	ML40
BL	首	标准件用碳钢	BL3	Q	首	屈服强度	Q235
b	尾	半镇静钢	08b	q	尾	桥梁用钢	16Mnq
Q	中	电工用冷轧取向硅钢	30Q130	R	尾	压力容器钢	15MVR
W	中	电工用冷轧无取向硅钢	35W230	T	首	碳素工具钢	T10
DR	首	电工用热轧硅钢	DR400−50	SM	首	塑料模具钢	SM45
DR	尾	低温压力容器钢	16MnDR	H	首	焊条用钢	H08MnSi
DT	首	电磁纯铁	DT4A	H	尾	保证淬透性结构钢	40CrH
d	尾	低淬透性钢	55Tid	K	首	铸造高温合金	K213
F	尾	沸腾钢	08F	L	尾	汽车大梁用钢	08TiL
F	首	热锻非调质钢	F45V	Y	首	易切削钢	Y15Pb
G	首	滚动轴承钢	GCrl5	Z	尾	镇静钢	45AZ
GH	首	变形高温合金	GH1130	ZG	首	铸钢	ZC200−400
g	尾	锅炉用钢	20g	ZU	首	轧辊用铸钢	ZU70Mn2

表 5-2　中国主要钢号表示方法说明

钢类		钢号举例	表示方法说明
结构钢	碳素结构钢	Q235A·F	Q 代表钢的屈服强度，其后数字表示屈服强度值（MPa），必要时数字后标出质量等级（A、B、C、D、E）和脱氧方法（F、b、Z）
	优质碳素结构钢	45、40Mn、08F、20g20A、45E	钢号头两位数代表以平均万分数表示的碳的质量分数；Mn 含量较高的钢在数字后标出"Mn"；脱氧方法或专业用钢也应在数字后标出，如"F"表示沸腾钢，"g"表示锅炉用钢，但镇静钢一般不标符号；高级、特级优质碳素结构钢分别在牌号后加"A"和"E"
结构钢	合金结构钢	20Cr、40CrNiMoA、60Si2Mn、ML30CrMnSi	钢号头两位数代表以平均万分数表示的碳的质量分数；其后为钢中主要合金元素符号，它的质量分数以百分数标出，若其含量小于 1.5%，则不必标，当其含量为 1.5%～2.49%，2.5%～3.49%，则相应数字为 2，3…；若为高级或特级优质钢，则在钢号最后标"A"或"E"；专用合金结构钢在牌号头部或尾部加表 5-1 规定的代表产品用途的符号，如"ML"代表铆螺钢
	低合金高强度结构钢	16Mn、16MnR、Q390E	表示方法同合金结构钢，专业用钢在其后标出缩写字母（如 16MnR 表示压力容器钢），表示方法同普通质量碳素结构钢，如 Q390E
	铸钢	ZG230－450 ZG20Cr13	ZG 代表铸钢，第一组数字代表屈服强度最低值（MPa），第二组数字代表抗拉强度最低值（MPa）。ZG20Gr13 为用化学成分表示的铸钢，$w_c=0.2\%$，名义铬含量为 13%
	碳素工具钢	T8、T8Mn、T8A	T 代表碳素工具钢，其后数字代表以平均千分数表示的碳的质量分数，含 Mn 量较高者，在数字后标出"Mn"，高级优质钢标出"A"
	合金工具钢	9SiCr、CrWMn	当平均 $w_c \geqslant 1.0\%$ 时，不标；平均 $w_c < 1.0\%$ 时，以千分数标出碳含量，合金元素及含量表示方法基本上与合金结构钢相同
	高速工具钢	W6Mo5Cr4V2	钢号中一般不标出碳含量，只标合金元素及含量，方法同合金工具钢

109

（续表）

钢类	钢号举例	表示方法说明
轴承钢	GCr15、G20CrNiMo、GCr15SiMn、9Cr18、10Cr14Mo4	轴承钢分为高碳铬轴承钢、渗碳轴承钢、高碳铬不锈轴承钢和高温轴承钢等四大类。高碳铬轴承钢在牌号头部加"G"，碳含量不标出，铬的质量分数以千分数标出，其他合金元素及含量表示同合金结构钢；渗碳轴承钢采用合金结构钢牌号表示方法，仅在牌号头部加"G"；高碳铬不锈轴承钢和高温轴承钢采用不锈钢和耐热钢的牌号表示方法，牌号头部不加"G"
不锈钢和耐热钢	1Cr18Ni9、0Cr18Ni9、00Cr19Ni13Mo3	钢号中碳的质量分数以千分之几的数字标出，若 $w_c \leqslant 0.03\%$ 或 $w_c \leqslant 0.08\%$ 者，钢号前以"00"或"0"标出，合金元素及含量表示同合金结构钢

5.2 钢中的常存杂质与合金元素

5.2.1 钢中常存杂质元素对其性能的影响

钢在其冶炼生产（炼铁、炼钢）过程中，因其原料（铁矿石、废钢铁、脱氧剂等）、燃料（如焦炭）、熔剂（如石灰石）和耐火材料等所带入或产生的又不可能完全除尽的少量杂质元素，如硅、锰、硫、磷、氢、氮、氧等，称为常存杂质元素。它们的存在显然会影响到钢的性能。

1. 硅和锰的影响

硅、锰均可固溶于铁素体中，使钢的强度、硬度升高，即固溶强化作用。硅在提高强度、硬度的同时，还显著地降低了钢的塑性、韧性；另外硅与氧容易生成脆性夹杂物 SiO_2 也对钢的性能不利。锰易与钢中的硫生成 MnS 塑性夹杂物，可降低硫的有害作用——热脆，但 MnS 量过多时也会恶化钢的性能。因此，作为杂质元素存在时，Si、Mn 量一般控制在规定值之下（ $\omega_{Si} < 0.5\%$，$\omega_{Mn} < 0.8\%$ ），此时它们是有益元素。

2. 硫和磷的影响

硫不溶于铁，而与铁生成熔点为 1 190℃左右的 FeS，且 FeS 常与 Fe 一起形成低熔点（约 989 ℃）的共晶体，分布在奥氏体晶界上；当钢进行热加工时（如在 900 ℃～1 200 ℃锻造或轧制、焊接等），共晶体将熔化，使钢的强度（尤其是韧性）大大下降而产生脆性开裂，这种现象称为热脆。热脆的减轻或防止措施有二：一是采用精炼方法降低钢中的硫含量，但此举会增加钢的生产成本；二是通过适当增加钢中的锰含量，使 S 与 Mn

优先生成高熔点（约 1 620 ℃）的 MnS，从而避免热脆，这是降低硫的有害作用的主要手段。

　　磷主要溶于铁素体中，它虽然有明显的提高强度、硬度的作用，但也剧烈地降低了钢的塑性、韧性，尤其是低温韧性，并使冷脆转化温度升高；此外，过多的磷也会生成极脆的 Fe_3P 化合物，且易偏析于晶界上而增加脆性，这种现象称为冷脆。

　　由于硫、磷均增加了钢的脆性，故一般是有害元素，需要严格控制其含量。硫、磷含量高低大大地影响了钢的质量，据此，钢可分为普通质量钢、优质钢和高级优质钢。但在易切削钢中，硫、磷却是有益元素，它们改善了钢的可加工性，故其含量可以适当提高。

3. 气体元素的影响

　　钢在冶炼或加工时还会吸收或溶解一部分气体，这些气体元素，如氢、氮、氧，对钢性能的影响却往往被忽视，实际上它们有时会给钢材带来极大的危害作用。

　　氢在钢中含量甚微，但对钢的危害极大。微量的氢即可引起"氢脆"，甚至在钢中产生大量的微裂纹（即"白点"或"发裂"缺陷），从而使零件在工作时出现灾难性的突然脆断。氢脆一般出现在合金钢的大型锻、轧件中，且钢的强度越高，氢脆倾向越大，如电站汽轮机主轴、钢轨、电镀刺刀等氢脆断裂。实际生产中，常通过锻后保温缓冷措施或预防白点退火工艺来降低钢件的氢脆倾向。

　　氮固溶于铁素体中将引起"应变时效"，即冷塑性变形的低碳钢在室温放置（或加热）一定时间后强度增加而塑性、韧性降低的现象。应变时效对锅炉、化工容器及深冲压零件极为不利，会增加零件脆性断裂的可能性。若钢含有与 N 亲合力大的 Al、V、Ti、Nb 等元素而形成细小弥散分布的氮化物，可细化晶粒，提高钢的强韧性，并能降低 N 的应变时效作用，此时 N 又变成了有益元素。

　　氧少部分溶于铁素体中，大部分以各种氧化物夹杂的形式存在，将使钢的强度、塑性与韧性，尤其是疲劳性能降低，故应对钢液进行脱氧。依据浇注前钢液脱氧程度不同，可将钢分为镇静钢（充分脱氧钢）、沸腾钢（不完全脱氧钢）和介于两者之间的半镇静钢。显然，镇静钢的质量和性能较佳，一般用于制造重要零件；而沸腾钢的成材率较高，可用于对力学性能要求不高的零件。

5.2.2　合金元素在钢中的主要作用

　　加入适当化学元素来改变金属性能的方法叫做合金化。为了合金化目的（即改善和提高钢力学性能或使之获得某些特殊的物理、化学性能）而特定在钢中加入的、含量在一定范围的化学元素称为合金元素，这种钢即称为合金钢。

1. 合金元素在钢中的存在形式

　　合金元素在钢中的存在形式对钢的性能（使用性能和工艺性能）有着显著的影响。根据合金元素的种类、特征、含量和钢的冶炼方法、热处理工艺不同，合金元素的存

在形式主要有固溶态、化合态和游离态三种。

（1）固溶体。合金元素溶入钢中的铁素体、奥氏体和马氏体中，以固溶体的溶质形式存在（Fe 为溶剂）。此时，合金元素的直接作用是固溶强化，即钢的强度、硬度升高，而塑性、韧性下降，钢中常见合金元素对铁素体硬度和韧性的影响如图 5-2 所示。P、Si、Mn 的固溶强化效果最显著，但当其含量超过一定量后，铁素体的韧性将急剧下降，故应限制这些合金元素含量。值得提及的是，Ni 元素在增加钢的强度、硬度的同时，不但不降低韧性，反而会提高韧性，是个重要的韧化元素。

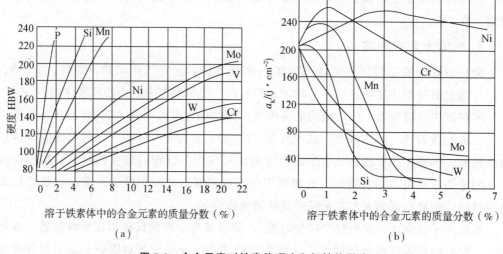

图 5-2　合金元素对铁素体硬度和钢性的影响

（a）对硬度的影响；（b）对韧性的影响

应该强调的是，合金元素溶入奥氏体中从而提高钢的淬透性、溶入马氏体中从而提高耐回火性等间接作用对钢的性能影响程度，往往大于其固溶强化这种直接作用，理解此点对掌握合金钢的选用尤为重要。

（2）化合物。合金元素与钢中的碳、其他合金元素及常存杂质元素之间可以形成各种化合物，其中以它们和碳之间形成的碳化物最为重要。碳化物的主要形式有合金渗碳体，如（Fe，Mn）3C 等；特殊碳化物，如 VC、TiC、WC、MoC、Cr_7C_3、$Cr_{23}C_6$ 等。由此可将合金元素分为两大类：碳化物形成元素，它们比 Fe 具有更强的亲碳能力，在钢中将优先形成碳化物，依其强弱顺序为 Zr、Ti、Nb、V、W、Mo、Cr、Mn、Fe 等，它们大多是过渡族元素，在元素周期表上均位于 Fe 的左侧；非碳化物形成元素，主要包括 Ni、Si、Co、Al 等，它们与碳一般不生成碳化物而固溶于固溶体中，或生成其他化合物，如 AlN，在元素周期表中一般位于 Fe 的右侧。

碳化物一般具有硬而脆的特点，合金元素的亲碳能力越强，所形成的碳化物就越稳定，并具有高硬度、高熔点、高分解温度。碳化物稳定性由弱到强的顺序是：FeC、$M_{23}C_6$、M_6C、MC（M 代表碳化物形成元素）。合金元素形成碳化物的直接作用主要是弥散强化，即钢的强度、硬度与耐磨性提高，但塑性、韧性下降，并有可能获得某些特殊性能（如高温热强性）。这里同样需要强调的是碳化物的间接作用——阻碍钢加热时的奥氏体晶粒长大，所获细小晶粒而产生的细晶强韧化作用。在不少场合下，碳化物形成元素的间接作用也比其直接作用更为重要，对强碳化物形成元素 V、Ti、Nb 等尤是如此。

在某些高合金钢中，金属元素之间还可能形成金属间化合物，如 FeSi、FeCr、Fe_2W 等，它们在钢中的作用类似于碳化合物。而合金元素与钢中常存杂质元素（O、N、S、P 等）所形成的化合物，如 Al_2O_3、SiO_2、TiO_2 等，属于非金属夹杂物，它们在大多数情况下是有害的，主要是降低了钢的强度，尤其是韧性与疲劳性能，故应严格控制钢中夹杂物的级别。

（3）游离态。钢中有些元素，如 Pb、Cu 等，既难溶于铁，也不易生成化合物，而是以游离状态存在。在某些条件下，钢中的碳也可能以自由状态（石墨）存在。通常情况下，游离态元素将对钢的性能产生不利影响，故应尽量避免此种存在形式。

2. 合金元素对铁碳相图的影响

（1）对临界温度的影响。

①降低临界温度 A_1、A_3。凡扩大奥氏体相区的元素，如 Ni、Mn、Co、N 等，均可使钢的 A_1、A_3 点降低。若钢中这些元素的含量足够高时，将使 A_3 温度降至室温以下，此时钢具有单相奥氏体组织，即为奥氏体钢；这类钢具有某些特殊的性能，如 ZGMn13 具有高耐磨性，1Cr18Ni9 奥氏体不锈钢具有高的耐蚀、耐高温、耐低温性，并具有抗磁、无冷脆等特性。

②提高临界温度 A_1、A_3。凡扩大铁素体相区的元素，如 Si、Cr、W、Mo、V、Ti 等，均可使钢的 A_1、A_3 点升高，若它们的含量足够高时，钢的组织就是单相铁素体，即铁素体钢。

（2）对 E、S 点位置的影响。E 点是钢与铸铁的分界点，碳含量超过此点（碳钢 E 点成分为 $\omega_c = 2.11\%$），便将出现共晶莱氏体组织，必然对钢的性能（主要是强韧性）和其加工工艺（如锻造）产生影响。几乎所有的合金元素均使 E 点左移，其中强碳化物形成元素如 W、Ti、V、Nb 的作用最强烈，对高合金钢 W18Cr4V（$\omega_c = 0.7\% \sim 0.8\%$）、Crl2MoV（$\omega_c = 1.4\% \sim 1.7\%$）等，铸态组织中有莱氏体存在，故称莱氏体钢。

在大多数情况下，几乎所有的合金元素也将使 S 点左移，故像 4Cr13、3Cr2W8V 等钢的 ω_c 虽小于 0.77%，但都已是过共析钢。在退火或正火处理时，碳含量相同的合金钢组织中比碳钢具有较多的珠光体，故其硬度和强度较高。

3. 合金元素对钢热处理的影响

（1）对钢加热时奥氏体形成过程的影响。

①对奥氏体化的影响。绝大多数合金元素（尤其是碳化物形成元素）对非奥氏体

组织转变为奥氏体的形核与长大、残余碳化物的溶解、奥氏体成分均匀化都有不同程度的阻碍与延缓作用。因此大多数合金钢热处理时一般应有较高的加热温度和较长的保温时间，但对一些需要较多未溶碳化物的高碳合金工具钢，则不应采用过高加热温度和过长的保温时间。

②对奥氏体晶粒度的影响。合金元素对奥氏体晶粒长大倾向的影响各不相同：Ti、V、Zr、Nb 等强碳化物形成元素可强烈阻止奥氏体晶粒长大，起细化晶粒的作用；W、Mo、Cr 等元素的阻止作用中等；非碳化物形成元素如 Ni、Si、Cu 等的作用微弱，可不予考虑；而 Mn、P 则促进奥氏体晶粒的长大倾向，故含 Mn 钢（如 65Mn、$60Si_2Mn$）加热时应严格控制加热温度和保温时间，否则将会得到粗大的晶粒而降低钢的强韧性，即过热缺陷。

（2）对钢冷却时过冷奥氏体转变过程的影响。除 Co 外，固溶于奥氏体中的所有合金元素都将使奥氏体等温转变图（C 曲线）右移，降低了钢的临界冷却速度，提高了淬透性。合金元素对钢淬透性的影响取决于该元素的作用强度和可溶解量。据此，钢中用以提高淬透性为主要作用的常用元素有 Cr、Ni、Si、Mn、B 等五种。Mo、W 元素虽对淬透性提高程度明显，但因其价格较高而一般不单纯作为提高淬透性元素使用；V、Ti、Nb 等强碳化物形成元素在钢加热时一般不溶入奥氏体中而以碳化物的形成存在，此时不但不能提高、反而降低了钢的淬透性。

除 Co、Al 外，固溶于奥氏体中的合金元素均可使马氏体转变时的 Ms、Mf 下降，增加钢淬火后的残留奥氏体量，某些高碳高合金钢（如 W18Cr4V）淬火后残留奥氏体量高达 30%～40%，这显然会对钢的性能产生不利影响，如硬度降低，疲劳性能下降。为了将残留奥氏体量控制在适当范围，可通过淬火后冷处理和回火处理来实现。

（3）对淬火钢回火过程的影响。

①提高钢的耐回火性（回火抗力）。耐回火性是指淬火钢对回火时所发生的组织转变和硬度下降的抗力，绝大多数合金元素均有此作用。表现较明显的有强碳化物形成元素（V、Nb、W、Mo、Cr）和 Si 元素，当钢中这类元素较多时，可使回火马氏体组织维持到相当高的温度（500～600 ℃）。耐回火性高表明钢在较高温度下的强度和硬度也较高；或者在达到相同硬度、强度的条件下，可在更高的温度下回火，故钢的韧性可进一步改善。所以合金钢与碳钢相比，具有更好的综合力学性能。

②产生二次硬化。当钢中含有较多量中强或强碳化物形成元素 Cr、W、Mo、V 等，并在 450～600 ℃温度范围内回火时，因组织中析出了细小弥散分布的特殊合金碳化物（如 W2C、Mo2C、VC 等），这些碳化物硬度极高、热稳定性高且不易长大，此时，钢的硬度与强度不但不降低，反而会明显升高（甚至比淬火钢硬度还高），这就是"二次硬化"现象，如图 5-3 所示。二次硬化使钢在高温下能保持较高的硬度，这对工具钢极为重要，如高速钢（W18Cr4V、W6Mo5Cr4V2 等）的热硬性就与其二次硬化特性有关。

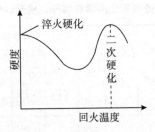

图 5-3　回火时的二次硬化

③影响了高温回火脆性。某些合金钢淬火后在 $450\sim650$ ℃高温范围内回火并缓慢冷却后，出现冲击韧度急剧下降现象，这就是第二类回火脆性（又称高温回火脆性）。含 Cr、Ni、Si、Mn 等淬透性元素的合金钢对第二类回火脆性最敏感；同时还发现在钢中加入适量的 Mo（$\omega_{Mo}=0.5\%$）和 W（$\omega_w=1\%$）会有效地抑制这类回火脆性。为了避免合金钢的回火脆性，生产上常采用回火快冷（如油冷，甚至水冷）的措施，但此后应再补充一次较低温度的回火来消除因快冷造成的内应力。对大截面工件，由于很难实现真正的快冷或不允许快冷，则应选用含 Mo 或 W 的钢来防止第二类回火脆性（如 40CrNiMo 钢）。

全面理解合金元素在钢中的作用是正确设计与合理选材的重要因素。不同的合金元素在钢中的作用既可能不同（如 9Mn2V 钢中 Mn 主要提高淬透性，V 则细化晶粒、提高耐磨性），也有可能相同（如 40CrNiMo 钢中 Cr、Ni 的主要作用均是提高淬透性）；同一合金元素在不同的钢中的作用也可不同，如 Cr 元素在 40Cr 钢中主要起提高淬透性作用，而在不锈钢（如 1Cr17、1Cr18Ni9）中则是起提高耐蚀性的作用。

5.3　结 构 钢

结构钢是各种工程构件（如建筑物桁架、桥梁、钻井架、电线塔、车辆构件等）和机器零件（如主轴、齿轮等）用钢。根据其化学成分、力学性能和冶金质量特点，结构钢可分为碳素结构钢、低合金高强度钢、优质碳素结构钢、合金结构钢等。

5.3.1　碳素结构钢

碳素结构钢易于冶炼、价格便宜，性能基本能满足一般工程结构件的要求，大量用于制造各种金属结构和要求不很高的机器零件，是目前产量最大、使用最多的一类钢。其牌号、成分和力学性能见表 5-3。

碳素结构钢大多以钢材（钢棒、钢板和各种型钢）形式供应，供货状态为热轧（或控制轧制状态），供方应保证力学性能，用户使用时通常不再进行热处理。

表 5-3　普通碳素结构钢的牌号、成分、性能与应用

牌号	等级	化学成分/%					脱氧方法	力学性能				应用举例
		C	Si	Mn	S	P		σ_s/ MPa	σ_b/ MPa	δ_5/ %	V形冲击功/J	
		不大于										
Q195	—	0.12	0.30	0.5			F、Z	≥195	315~ 430	≥33	—	承受载荷不大的金属结构、铆钉、垫圈、地脚螺栓、冲压件及焊接件
Q215	A	0.15		1.2	0.050	0.35		≥215	335~ 450	≥31		
	B				0.045							
Q235	A	0.22		1.4	0.050	0.045		≥235	370~ 500	≥26		金属结构件、钢板、钢筋、型钢、螺栓、螺母、短轴、心轴、Q235C、D可用做重要焊接结构件
	B	0.20			0.045							
	C	0.17	0.35		0.040	0.040	Z				≥27	
	D				0.035	0.035	TZ					
Q275	A	0.24		1.50	0.050	0.045		≥275	410~ 540	≥22		强度较高，用于制造承受中等载荷的零件，如键、销、转轴、拉杆、链轮、链环片等
	B	0.21			0.045		Z					
	C	0.20			0.040	0.040						
	D				0.035	0.035	TZ					

　　碳素结构钢的质量等级分为 A、B、C、D 四级，A 级、B 级为普通质量钢，C 级、D 级为优质钢，表中所列的屈服强度和断后伸长率分别为钢材厚度不大于 16 mm 和 40 mm 时的性能。这类钢的力学性能随钢材厚度或直径的增大而降低，如 Q235 在钢材厚度和直径不大于 16 mm 时，其屈服点 σ_s 为 235 MPa，断后伸长率 δ 为 26%，而当钢材厚度或直径大于 150 mm 时，其 σ_s 下降到 185 MPa，δ 下降到 21%。

5.3.2　低合金高强度钢

　　碳素结构钢强度等级较低，难以满足重要工程结构对性能的要求。在碳素结构钢基础上加入少量（一般合金总量低于 5%）合金元素形成的钢称为低合金高强度钢，其强度等级较高，塑性仍好，加工工艺性能良好。

1. 用途

　　广泛用于建筑结构、桥梁、车辆、锅炉、高压容器、输油输气管等。用其代替碳素结构钢，可在相同载荷条件下使结构质量减少 20%~30%，节省钢材，降低成本。还具有优良的塑性（$\delta > 20\%$），便于冲压成型，比普通碳素结构钢更低的冷脆临界温度，这对在高寒地区使用的构件及运输工具具有重要的意义。

2. 性能要求

低合金高强度钢有高的屈服强度、良好的塑性、焊接性能及较好的耐蚀性。具有足够的塑性、韧性及良好的焊接性能，冷成型性好。具有优良的耐蚀性能：如在低碳钢中加入少量的 Cu、Cr、Ni、P、V、Nb 及稀土等元素，则使基本电极电位有所提高，并改善了锈蚀层的附着性和致密性，从而得到在大气和海水中锈蚀缓慢的所谓"耐候钢"，如 15MnCuCr、09CuPCrNi 等。

3. 成分特点

低碳：含碳量（$0.1\% \sim 0.2\%$），保证较好的塑性、韧性、焊接性和冷成型性能。

低合金：低合金高强度钢中的合金元素主要有 Mn、Si、Ni、Cr、V、Nb、Ti、Mo 及稀土 RE，其中 Mn、Si、Cr、Ni 等元素主要起固溶强化作用，同时可通过增加珠光体的数量来提高钢的强度，Ni 还使塑性、韧性明显提高；V、Ti、Nb 等元素均为强碳化物形成元素，可形成细小弥散分布的碳化物，并可细化晶粒，从而通过弥散强化和细晶强韧化提高钢的强度、塑性和韧性；Mo 能显著提高强度和高温抗蠕变及抗氢腐蚀能力；加入少量稀土，可脱硫、去气，使韧性升高。常见的低合金高强度钢的牌号、成分和力学性能见表 5-4。

表 5-4　常用低合金高强度钢的牌号、成分、性能与应用

牌号 (等级)	旧牌号 (GB/T1591—88)	σ_s/MPa	σ_b/MPa	δ/%	ω_c/%	应用举例
Q295 (A~B)	09MnV、09MnNb 09Mn2、12Mn	295	390~570	23	≤0.16	桥梁、车辆、容器、焊管、建筑结构、低温用钢、冲压件等
Q345 (A~E)	12MnV、14MnNb 16Mn、16MnRE 18Nb、10MnSiCu	345	470~630	21 C~E级 22	≤0.20 D、E级 ≤0.18	桥梁、车辆、压力容器、船舶、建筑结构、机械制造、管道、重型机械、电站设备等
Q390 (A~E)	16MnNb、15MnTi 15MnV、 10MnPNbRE	390	490~650	19 C~E级 20	≤0.20	桥梁、船舶、高压容器、高压锅炉、大型焊接结构、钢结构、起重设备等
Q420 (A~E)	15MnVN 14MnVTiRE	420	520~680	18 C~E级 19	≤0.20	大型桥梁、高压容器、大型船舶、大型起重设备、大型焊接结构等

（续表）

牌号 （等级）	旧牌号 (GB/T1591—88)	σ_s/MPa	σ_b/MPa	δ/%	ω_c/%	应用举例
Q460 (C～E)	14MnMoV 18MnMoNb	460	550～720	17	≤0.20	中温高压容器、大型桥及船

强度级别超过 500MPa 以后，"铁素体＋珠光体"组织难以满足要求，于是，在钢中适量加入 Cr、Mo、Mn、B 等元素，使 C 曲线右移，空冷也得贝氏体，从而获得低碳贝氏体钢，多用于高压锅炉及容器（如 14CrMnMoVB、14MnMoVBRE、14MnMoV）。

4. 热处理特点

低合金高强度钢的供货状态通常为热轧或控制轧制状态，也可根据用户要求以正火或正火加回火状态供应；Q420、Q460 的 C 级、D 级、E 级钢也可按淬火加回火状态供应。该类钢多在热轧、正火状态下使用，通常均不进行热处理，组织为"铁素体＋珠光体"。也有淬火成低碳马氏体或热轧空冷后，获得贝氏体组织状态下使用。

5. 钢种和牌号

与碳素结构钢相类似，低合金高强度钢的强度、塑性也与钢材的尺寸有关，如表 5-4 所示，选用时要特别注意。

5.3.3　优质碳素结构钢

优质碳素结构钢（w_s≤0.035%，w_p≤0.035%）主要用于制造各种比较重要的机器零件和弹簧。优质碳素结构钢的牌号、成分、性能见表 5-5。

表 5-5　常用优质碳素结构钢的牌号、成分和力学性能

牌号	w_c/%	w_{Mn}/%	正火态力学性能（试样，纵向）				钢材交货状态硬度/HBS	
			σ_s/ MPa	σ_b/ MPa	δ_5/ %	ψ/ %	不大于	
			不小于				未热处理	退火钢
08F	0.05～0.11	0.25～0.50	295	175	35	60	131	
08	0.05～0.12	0.35～0.65	325	195	33	60	131	
10	0.07～0.14		335	205	31	55	137	
20	0.17～0.24		410	245	25	55	156	

（续表）

牌号	w_c / %	w_{Mn} / %	正火态力学性能（试样，纵向）				钢材交货状态硬度 /HBS	
			σ_S / MPa	σ_b / MPa	δ_5 / %	ψ / %	不大于	
			不小于				未热处理	退火钢
25	0.22～0.30		450	275	23	50	170	
40	0.37～0.45		570	335	19	45	217	187
45	0.42～0.50		600	355	16	40	229	197
50	0.47～0.55	0.55～0.80	630	375	14	40	241	207
60	0.57～0.65		675	400	12	35	255	229
70	0.67～0.75		715	420	9	30	269	229
15Mn	0.12～0.19	0.70～1.00	410	245	26	55	163	
60Mn	0.57～0.65		695	410	11	35	269	229
65Mn	0.62～0.70	0.90～1.20	735	430	9	30	285	229
70Mn	0.67～0.75		785	450	8	30	285	229

　　优质碳素结构钢的力学性能主要取决于碳的质量分数及热处理状态。从选材角度来看，碳的质量分数越低，其强度、硬度越低，塑性、韧性越高，反之亦然。锰的质量分数较高的钢，强度、硬度也较高。一般情况下，08～25 钢属低碳钢，这些钢具有良好的塑性和韧性，强度、硬度较低，其压力加工性能和焊接性能优良，主要用于制造冲压件、焊接件和对强度要求不高的机器零件；当对零件的表面硬度和耐磨性要求较高，同时整体要求高韧性时，可选用渗碳钢（15 钢、20 钢）经渗碳、淬火加低温回火后使用；30～55 钢属于中碳钢，具有较高的强度、

　　硬度和较好的塑性、韧性，通常要经过调质处理（淬火后高温回火）后使用，因而也称为调质钢，主要用于制造受力较大的机器零件（如轴、齿轮、连杆等）；60 钢及碳的质量分数更高的钢属高碳钢，具有更高的强度、硬度及耐磨性，且其弹性很好，但塑性、韧性、焊接性能及切削加工性能均较差，主要用于制造要求较高强度、耐磨性及弹性的零件（如钢丝绳、弹簧、工具）。w_{Mn} 较高的优质碳素结构钢，其性能和用途与相同 w_c 而 w_{Mn} 较低的钢基本相同，但其淬透性稍好，可用于制造截面尺寸稍大或对强度要求稍高的零件。

5.3.4　合金结构钢

　　合金结构钢是在优质碳素结构钢的基础上，特意加入一种或几种合金元素而形成的能满足更高性能要求的钢种。合金结构钢可以根据其热处理特点和主要用途分为合

金渗碳钢、合金调质钢和合金弹簧钢。

1. 合金渗碳钢

合金渗碳钢是指经渗碳、淬火和低温回火后使用的结构钢。合金渗碳钢基本上都是低碳钢和低碳合金钢。

合金渗碳钢是在低碳渗碳钢（如 15 钢、20 钢）的基础上发展起来的。低碳渗碳钢淬透性低，经渗碳、淬火和低温回火后，虽可获得高的表面硬度，但心部强度低，只适用于制造受力不大的小型渗碳零件。而对于性能要求高，尤其是对整体强度要求高或截面尺寸较大的零件，则应选用合金渗碳钢。

（1）用途。渗碳钢主要用于制造高耐磨性、高疲劳强度和要求具有较高心部韧性（即表硬心韧）的零件。例如，汽车、拖拉机上的变速箱齿轮，内燃机上的凸轮、活塞销等。

（2）性能要求。表面渗碳层硬度高和耐磨性能好，心部要求有较高的强度和适当的韧性，具有优良的热处理工艺性能。

（3）成分特点。

①低碳合金渗碳钢的碳的质量分数通常为 0.10%～0.25%，以保证心部有足够塑性和韧性。

②加入提高淬透性的合金元素 Cr、Ni、Mn、Si、B 的主要作用是提高淬透性，可使较大截面零件的心部在淬火后获得具有高强度、优良的塑性和韧性的低碳（板条）马氏体组织，这种组织既能承受很大的静载荷（由高强度保证），又能承受大的冲击载荷（由高韧性保证），从而克服了低碳渗碳钢零件心部得不到有效强化的缺点。

③加入阻碍奥氏体晶粒长大的合金元素 Ti、V、W、Mo 的主要作用是形成高稳定性、弥散分布的特殊碳化物，防止零件在高温长时间渗碳时奥氏体晶粒的粗化，从而起到细晶强韧化和弥散强化作用，并进一步提高表层耐磨性。渗碳件的表层强化是通过渗碳、淬火和低温回火后获得具有高硬度、高耐磨性的高碳回火马氏体实现的。

（4）钢种和牌号。渗碳钢可根据淬透性高低分为低淬透性渗碳钢、中淬透性渗碳钢和高淬透性渗碳钢。

①低淬透性渗碳钢。典型钢种如 20、20Cr 等，其淬透性和心部强度均较低，在水中的临界淬透直径为 20～35 mm，只适用于制造受冲击载荷较小的耐磨件，例如小轴、小齿轮、活塞销等。

②中淬透性渗碳钢。典型钢种如 20CrMnTi 等，其淬透性较高，在油中的临界淬透直径为 25～60 mm，力学性能和工艺性能良好，大量用于制造承受高速中载、抗冲击和耐磨损的零件，例如汽车、拖拉机的变速齿轮和离合器轴等。

③高淬透性渗碳钢。典型钢种如 18Cr2Ni4WA 等，在油中的临界淬透直径在 100 mm 以上，且具有良好的韧性，主要用于制造大截面、高载荷的重要耐磨件，例如飞机、坦克的曲轴和齿轮等。

（5）热处理特点。渗碳后的热处理通常采用直接淬火加低温回火，但对渗碳时易过热的钢种（如 20、20Mn2 等）渗碳后需先正火，以消除晶粒粗大的过热组织，然后再淬火和低温回火。

渗碳件热处理后其表面组织为"细针状回火高碳马氏体＋粒状碳化物＋少量残余奥氏体"，硬度为 58～64HRC，心部按钢淬透性不同，可为"铁素体＋屈氏体"或低碳马氏体，硬度为 30～45HRC。

常用渗碳钢的牌号、热处理、力学性能及用途见表 5-6（淬火后的回火温度均为 200 ℃，另列出 15 钢数据以便进行对比）。

表 5-6　常用渗碳钢的牌号、热处理、力学性能和用途

类别	牌号	热处理/℃		力学性能（不小于）					用　途
		第一次淬火	第二次淬火	σ_b /MPa	σ_s /MPa	δ_5 /%	ψ /%	A_k /J	
低淬透性	15	890，空	770～800，水	500	300	15			小轴活塞销等
	20Cr	880，水、油	780～820，水、油	835	540	10	40	47	齿轮、小轴、活塞销等
	20MnV		880，水、油	785	590	10	40	55	同上，也可作锅炉、高压容器、管道等
中淬透性	20CrMnMo		850，油	1 175	885	10	45	55	汽车、拖拉机变速箱齿轮等
	20CrMnTi	880，油	870，油	1 080	835	10	45	55	同上
	20MnTiB		860，油	1 100	930	10	45	55	代 20CrMnTi
高淬透性	18Cr2Ni4WA	950，空	850，空	1 175	835	10	45	78	重型汽车、坦克、飞机的齿轮和轴等
	12Cr2Ni4	860，油	780，油	1 080	835	10	50	71	同上
	20Cr2Ni4	880，油	780，油	1 175	1 080	10	45	63	同上

2. 合金调质钢

合金调质钢是指调质处理后使用的合金结构钢，是在中碳调质钢基础上发展起来的，适用于对强度要求高、截面尺寸大的重要零件。

（1）用途。主要用于制造受力复杂的汽车、拖拉机、机床及其他机器的各种重要零件，例如齿轮、连杆、螺栓、轴类件等。

（2）性能要求。对于承受较复杂、多种工作载荷的重要零件，要求具有高强度与

良好的塑性、韧性，即具有良好的综合机械性能。这类件零通常选用调质钢制造，并经过调质处理来达到所需要的性能，调质钢要求较好的淬透性能。

（3）成分特点。

中碳：合金调质钢为中碳合金钢，碳的质量分数通常为 0.25％～0.50％（以保证既强又韧）。

合金元素：主要有 Mn、Si、Cr、Ni、B、Ti、V、W、Mo 等。其中主加元素 Mn、Si、Cr、Ni、B 等的主要作用是提高钢的淬透性，并产生固溶强化；辅加合金元素 Ti、V、W、Mo 等的主要作用是形成高稳定性碳化物，阻止淬火加热时奥氏体晶粒的长大，起细晶强韧化作用，Mo、W 还能防止产生高温回火脆性。合金元素还可明显提高钢的抗回火能力，使钢在高温回火后仍能保持较高硬度。

（4）钢种和牌号。合金调质钢根据淬透性的高低分为低淬透性调质钢（如 45、40Cr、40MnB），中淬透性调质钢（如 35CrMo、30CrMnSi），高淬透性调质钢（如 40CrNiMo、40CrMnMo）。它们在油中的临界淬透直径相应为 20～40 mm、40～60 mm、60～100 mm。

（5）热处理特点。此类钢常采用调质处理。在回火索氏体状态下使用，有时也在回火屈氏体、回火马氏体状态下使用。部分钢种（如 45MnV、35MnS）通过控制锻造工艺参数直接生产零件，也可达到调质的性能。有些钢种（如 20CrMnTi、20MnV、15MnVB、27SiMn 等）处理成低碳马氏体或贝氏体，也可代替调质钢在常温下使用。

常见调质钢的牌号、热处理、力学性能和用途见表 5-7（列出 45 钢的数据，以便比较）。

表 5-7　常用调质钢的牌号、热处理、力学性能和用途

类别	牌号	热处理/℃		力学性能（不小于）					用　途
		淬火	淬火	σ_b /MPa	σ_S /MPa	δ_5 /％	ψ /％	A_k /J	
低淬透性	45	840，水	600，空	600	355	16	40	39	尺寸小、中等韧性的零件，如主轴、曲轴、齿轮等
	40Cr	850，油	520，水、油	980	785	9	45	47	重要调质件，如轴、连杆、螺栓、重要齿轮等
	40MnB	850，油	500，水、油	980	785	10	45	47	性能接近或优于40Cr，用做调质零件

类别	牌号	热处理/℃		力学性能（不小于）					用途
		淬火	淬火	σ_b /MPa	σ_S /MPa	δ_5 /%	ψ /%	A_k /J	
中淬透性	40CrNi	820，油	500，水、油	980	785	10	45	55	作大截面齿轮与轴等
	35CrMo	850，油	550，水、油	980	835	12	45	63	代 40CrNi 作大截面齿轮与轴等
	35CrMnSi	880，油	520，水、油	1 080	885	10	45	39	高速砂轮轴、齿轮轴套等
高淬透性	40CrNiMoA	850，油	600，水、油	980	835	12	55	78	高强度零件，如航空发动机轴及零件、起落架
	40CrMnMo	850，油	600，水、油	980	785	10	50	47	相当于 40CrNiMoA 的调质轴
	37CrNi3	820，油	500，水、油	1 130	980	10	50	47	高强韧大型重要零件
	38CrMoAl	940，油	640，水、油	980	835	14	50	71	氮化零件，如高压阀门、钢套、镗杆等

3. 合金弹簧钢

（1）用途。合金弹簧钢是一种专用结构钢，主要用于各种弹簧和弹性元件，有时也用于制造具有一定耐磨性的零件。

（2）性能要求。弹簧在工作时一般承受循环载荷，大多数情况下因疲劳而破坏。因此，要求弹簧钢应具有高的弹性极限、高的疲劳强度和足够的塑性与韧性，要求钢材具有高的屈服强度，尤其是高的屈强比，并要有良好的表面加工质量，以减轻材料（如弹簧）对缺口的敏感性。

（3）成分特点。

中、高碳：碳素弹簧钢碳的质量分数为 0.6%～0.9%，合金弹簧钢碳的质量分数通常为 0.45%～0.70%。碳的质量分数过高，会导致塑性、韧性下降较多。弹簧钢一般为高碳钢和中碳合金钢、高碳合金钢，以保证弹性极限有一定韧性。高碳弹簧钢（如 65、70、85 钢）碳的质量分数通常较高，以保证高的强度、疲劳强度和弹性极限，但其淬透性较差，不适于制造大截面弹簧。

合金元素：主要有 Si、Mn、Cr、B、V、Mo、W 等，合金元素在钢中的主要作用是提高淬透性和回火稳定性，强化铁素体，细化晶粒，以及提高强度和弹性极限。可用于制造截面尺寸较大、对强度要求高的重要弹簧。其中 Si 和 Mn 主要作用是提高淬透性，但 Si 在热处理时促进表面脱碳，Mn 则使钢易于过热。因此，重要用途的弹簧钢必须加入 Cr、V、W 等元素，以防止由 Mn 引起的过热倾向和由 Si 引起的脱碳倾向。

（4）钢种和牌号。合金弹簧钢大致分为两类：Si、Mn 弹簧钢和 Cr、V 弹簧钢。

Si、Mn 弹簧钢：代表性钢种为 65Mn、60Si2Mn，这类钢价格较低，性能高于碳素弹簧钢，主要用于制造较大截面弹簧，例如汽车、拖拉机的板簧、螺旋弹簧等。

Cr、V 弹簧钢：典型钢种为 50CrV，这类钢淬透性高，用于大截面、大载荷、耐热的弹簧，例如阀门弹簧、高速柴油机的气门弹簧等。

（5）热处理特点。弹簧钢的热处理、弹簧成形方法与弹簧钢的原始状态密切相关。冷成型（冷卷、冷冲压等）弹簧因弹簧钢已经冷变形强化或热处理强化，只需进行低温去应力退火处理即可。热成型弹簧通常要经淬火、中温回火处理（得到回火屈氏体），以获得高的弹性极限。目前，已有低碳马氏体弹簧钢的应用。

对耐热、耐蚀应用场合，应选不锈钢、耐热钢、高速钢等高合金弹簧钢或其他弹性材料（如铜合金等）。

常用的弹簧钢的牌号、力学性能、热处理特点和用途见表 5-8 示。

表 5-8　常用弹簧钢的牌号、热处理、力学性能和用途

| 牌号 | 热处理/℃ | | 力学性能（不小于） | | | | 用　途 |
	淬火	回火	σ_b /MPa	σ_s /MPa	δ_{10} /%	ψ /%	
65	840，油	500	980	784	9	35	截面小于 12 mm 的小弹簧
65Mn	830，油	540	980	784	8	30	界面不大于 15 mm 的弹簧
55Si2Mn	870，油	480	1 274	1 176	6	30	截面不大于 25 mm 的机车板簧、缓冲卷簧
60Si2Mn	870，油	480	1 274	1 176	5	25	
60Si2CrVA	850，油	410	1 862	1 666	6 (δ_5)	20	截面不大于 30 mm 的重要弹簧，如汽车板簧、温度不高于 350 ℃ 的耐热弹簧
50CrVA	850，油	500	1 274	1 127	10 (δ_5)	40	

5.3.5　其他结构钢

1. 易切削结构钢

易切削钢中含较多的 S、P、Pb、Ca 等元素。S（ω_s 为 0.04%～0.33%）在钢中通常以（MnFe）S、MnS 微粒形式存在，Pb（ω_{Pb} 为 0.15%～0.35%）通常以 Pb 微粒（3 μm）均匀分布于钢中。这些硫化物和铅微粒可中断钢基体的连续性，切削时形成易断、易排出的切屑，切屑不易粘附在刀刃上，有利于降低零件表面的粗糙度，同时还具有自润滑作用，可减小摩擦力，减小刀具磨损，延长刀具寿命。P（ω_p 为 0.04％～0.15％）在钢中主要溶于基体相铁素体中，可使铁素体的塑性、韧性明显降低，使切屑易断易排，并能降低零件表面粗糙度。钢中的 Ca（ω_{Ca} 为 0.002％～0.006％）在高速切削时能在刀具表面形成具有减摩作用的保护膜，可显著减小刀具磨损，延长刀具寿命。显然，上述元素的加入大多降低了钢的强韧性、压力加工性及焊接性。常见的易切削钢的牌号有 Y12、Y12Pb、Y15、Y15Pb、Y20、Y35、Y40Mn、Y45Ca。

易切削钢常用于制造受力较小、强度要求不高，但要求尺寸精度高、表面粗糙度低且进行大批量生产的零件（如螺栓等）。这类钢在切削加工前不进行锻造和预先热处理，以免损害其切削加工性能，通常也不进行最终热处理（但 Y45Ca 常在调质后使用）。

2. 铸钢

铸钢是冶炼后直接铸造成形而不需锻轧成形的钢种。对于一些形状复杂、综合力学性能要求较高的大型零件，在加工时难于用锻轧方法成形，在性能上又不允许用力学性能较差的铸铁制造，即可采用铸钢。由化学成分不同分为碳素铸钢和合金铸钢。

碳素铸钢的碳的质量分数通常为 0.12％～0.62％（有例外），为了提高铸钢的力学性能，可在碳素铸钢的基础上加入 Mn、Si、Cr、Ni、Mo、Ti、V 等合金元素形成合金铸钢。当要求特殊的物理、化学性能和特殊力学性能时，可加入较多的合金元素形成特殊铸钢，如耐蚀铸钢、耐热铸钢、耐磨铸钢（常指高锰钢，如 ZGMn13）等。

铸造碳钢的牌号、力学性能及用途列于表 5-9（力学性能是在"正火＋回火或退火＋回火状态"下测定的）中，这类铸钢常用于制造结构件（如机座、箱体等），通常不进行热处理。用于制造机器零件的铸造碳钢（如 ZG15、ZG25、…、ZG55）和铸造合金钢（如 ZG20SiMn、ZG40Cr、ZG35CrMo 等）一般应进行正火或退火处理，以细化晶粒，消除魏氏组织，消除残余应力，重要零件还应进行调质处理，要求表面耐磨的零件可进行相应的表面处理。

表 5-9　碳素铸钢的牌号、性能与用途

种类与钢号	对应旧钢号	力学性能（不小于）					用途举例
		σ_S /MPa	σ_b /MPa	δ_5 /%	ψ /%	A_{kw} /J	
一般工程用碳素铸钢 ZG200-400	ZG15	200	400	25	40	30	良好的塑性、韧性、焊接性能，用于受力不大、要求高韧性的零件
ZG230-450	ZG25	230	450	22	32	25	一定的强度和较好的韧性、焊接性能，用于受力不大、要求高韧性的零件

（续表）

种类与钢号	对应旧钢号	力学性能（不小于）					用途举例
		σ_S /MPa	σ_b /MPa	δ_5 /%	ψ /%	A_{kw} /J	
ZG270－500	ZG35	270	500	18	25	22	较高的强韧性，用于受力较大、且有一定韧性要求的零件，如连杆、曲轴
ZG310－570	ZG45	310	570	15	21	15	较高的强度和较低的韧性，用于载荷较高的零件，如大齿轮、制动轮
ZG340－640	ZG55	340	640	10	18	10	高的强度、硬度和耐磨性，用于齿轮、棘轮、联轴器、叉头等
焊接结构用碳素铸钢 ZG200—400H	ZG15	200	400	25	40	30	由于含碳量偏下限，故焊接性能优良，其用途基本同于 ZG200－400、ZG230－450 和 ZG270－500
ZG230－450H	ZG20	230	450	22	35	25	
ZG275－485H	ZG25	275	485	20	35	22	

铸钢与铸铁相比，强度、塑性、韧性较高，但流动性差、收缩性大、熔点高，所以铸造性较差，只用于制造形状复杂，并需要一定强韧性的零件。

3. 超高强度钢

超高强度钢就是在合金结构钢的基础上，通过严格控制材料冶金质量、化学成分和热处理工艺而发展起来的，以强度为首要要求并辅以适当韧性的钢种。工程上一般将屈服强度超过 1 380 MPa 或抗拉强度超过 1 500 MPa，同时兼有优良韧性的钢称为超高强度钢，主要用于制造飞机起落架、机翼大梁、火箭、发动机壳体和武器（炮筒、枪筒、防弹板）等。为了保证极高的强度要求，这类钢材充分利用了马氏体强化、细晶强化、化合物弥散（或沉淀或时效）强化与溶质固溶强化等多种机制的复合强化作用，而改善韧性的关键是提高钢的纯净度（降低 S、P 杂质含量和非金属夹杂物含量）、细化晶粒（如采用形变热处理工艺），并减小对碳的固溶强化的依赖程度（故超高强度钢一般是中低碳、甚至是超低碳钢）。

按化学成分和强韧化机制不同，超高强度钢可分为四类，见表 5-10。

表 5-10　部分超高强度钢牌号、热处理与性能

种类与钢号	热处理工艺	$\sigma_{0.2}$ /MPa	σ_b /MPa	δ_5 /%	ψ /%	K_{JC} /(MPa·m$^{1/2}$)
低合金超高强度钢 30CrMnSiNi2A 40CrNi2MoA	900 ℃油淬 260 ℃回火 840 ℃油淬 200 ℃回火	1 430 1 605	1 795 1 960	11.8 12.0	50.2 39.5	67.1 67.7
二次硬化型超高强度钢 4Cr5MoSiV1（H13 钢） 20Ni9Co4CrMo1V	1 010 ℃空冷 550 ℃回火 850 ℃油淬 550 ℃回火	1 570 1 340	1 960 1 380	12 15	42 55	37 143
马氏体时效钢 0Ni18Co9Mo5TiAl （18Ni 钢）	815 ℃固溶空（水）冷 480 ℃时效	1 400	1 500	15	68	80～180
沉淀硬化不锈钢 0Cr16Ni4Cu3Nb （PCR 钢）	1 040 ℃固溶（空）水冷 480 ℃时效	1 273	1 355	14	56	—

4. 非调质钢

非调质钢是非常有利于再生循环的新型结构钢，可实现制造过程的大量节能。这种钢采用微量合金元素如钒、钢、钛等与碳、氮化合，通过控制钢材的锻（轧）态冷却，使其以弥散形式沉淀析出，能有效地阻止锻轧前加热、锻轧过程和锻轧后冷却过程中奥氏体晶粒长大，在供货态就能使力学性能满足使用要求。非调质钢包括以下几种主要类型。

（1）普通用钢，适用于不需感应加热淬火的零件，主要用于引进汽车国产化生产用钢。35MnV 为基本钢号，添加氮可使韧性稍有提高，添加硫可改善切削性能，如连杆用钢 30MnVS 和 35MnVN 已取代 40Cr 调质用于轻型载货车的重要零件。

（2）感应加热淬火用钢，这种钢的碳含量较高，以保证表面淬火硬度，如 40MnV 用于制造汽车半轴、花键轴等，48MnV 用于制造发动机曲轴。

（3）热锻空冷低碳贝氏体钢，如 12Mn2VB，也是有前途的新型钢材，有的将其归入另一类非调质钢。

5. 冷冲压用钢

适用于冷冲压工艺的钢材要求有优良的冲压成形性能，如低的屈服强度和屈强比、高的塑性、高的形变强化能力和低的时效性等。为此，冷冲压用钢的碳含量应低（一般为低碳或超低碳），氮含量低并加入强碳、氮化合物形成元素 Ti、Nb、Al，并严格

控制 S、P 杂质和非金属夹杂物含量。具有代表性的冷冲压用钢有以下几个：①08F 钢（第一代冲压用钢），可用做一般的冷冲压零件；②08A1 钢（第二代冲压用钢），可用做深冲压零件用钢；③IF 钢（第三代冲压用钢），即超低碳无间隙元素钢，用于超深冲压零件用钢。

6. 低温钢

低温钢是指用于工作温度低于 0 ℃（也有认为−40 ℃）的零件的钢种，广泛用于化工、冷冻设备、液体燃料的制备与储运装置、海洋工程与极地机械设施等。对其性能的要求主要为冷脆转变温度低、低温韧性好、良好的可焊性及冷塑性成形性。为此，其一般为低碳钢（$w_c < 0.2\%$），并加入一定量的 Ni、Mn 及细化晶粒元素 V、Ti、Nb甚至稀土 RE，并严格限制有损韧性的 P、Si 等含量，常用低温钢见表 5-11。

表 5-11 常用主要低温钢

钢类	温度等级/℃	钢号	热处理	组织类型
低碳锰钢	−40	16MnDR	正火	铁素体类
	−70	09Mn2VDR、09MnTiCuREDR（Q345E）	正火或调质	
低碳镍钢	−100	10Ni4（ASTM A203 70D）（3.5Ni）	正火或调质	
	−170～−120	13Ni5（5Ni）	正火或调质	
	−196	1Ni9（ASTM A533−70A）（9Ni）	调质	
奥氏体钢	−253	0Cr18Ni9、1Cr18Ni9	固溶	奥氏体类
	−253	15Mn26Al4	固溶	
	−269	0Cr25Ni20（JIS G4304−1972）	固溶	

5.4 工 具 钢

工具钢是用于制造各类工具的一系列高品质钢种。

按化学成分，分为碳素工具钢（也称非合金工具钢）和合金工具钢两大类。碳素工具钢虽然价格低廉、加工容易，但其淬透性低，耐回火性差，综合力学性能不高，多用于手动工具或低速机用工具；合金工具钢则可适用于截面尺寸大，形状复杂，承载能力高且要求热稳定性好的工具。

按工具的使用性质和主要用途，又可分为刃具钢、模具钢和量具钢三类，但这种分类的界限并不严格，因为某些工具钢（如低合金工具钢 CrWMn）既可做刃具又可用作模具和量具。故在实际应用中，通过分析只要某种钢能满足某种工具的使用需要，即可用于制造该种工具。

虽然工具的种类多种多样，其工作条件也千差万别，它们对所用材料也均有各自不同的多种要求；但工具钢的共性要求是硬度与耐磨性高于被加工材料，能耐热、耐冲击且具有较长的使用寿命。

5.4.1　刃具钢

刃具是用来进行切削加工的工具，包括各种手用和机用的车刀、铣刀、刨刀、钻头、丝锥和板牙等。刃具在切削过程中，刀刃与工件及切屑之间的强烈摩擦将导致严重的磨损和切削热（这可使刀具刃部温度升至很高）；刃口局部区域极大的切削力及刀具使用过程中的过大的冲击与振动，将可能导致刀具崩刃或折断。

1. 性能要求

（1）高的硬度（60～66 HRC）和高的耐磨性。

（2）高的热硬性，即钢在高温下（如 500 ℃～600 ℃）保持高硬度（60 HRC 左右）的能力，这是高速切削加工刀具必备的性能。

（3）适当的韧性。

2. 成分与组织特点

为了满足上述性能要求，刃具钢均为高碳钢（碳素钢或合金钢），这是刀具获取高硬度、高耐磨性的基本保证。在合金工具钢中，加入合金元素的主要作用视其种类和数量不同，可提高淬透性和耐回火性，进一步改善钢的硬度和耐磨性（主要是耐磨性），细化晶粒，改善韧性并使某些刀具钢产生热硬性。刃具钢使用状态的组织通常是回火马氏体基体上分布着细小均匀的粒状碳化物。由于下贝氏体组织具有良好的强韧性，故刃具钢采用等温淬火获得以下贝氏体为主的组织，在硬度变化不大的情况下，耐磨性尤其是韧性改善，淬火内应力低、开裂倾向小，用于形状复杂并受冲击载荷较大的刀具可明显提高其使用寿命。

3. 常用刃具钢与热处理特点

（1）碳素工具钢。碳素工具钢的牌号、成分与用途见表 5-12。碳素工具钢的 w_c 一般为 0.65%～1.35%，随着碳含量的增加（从 T7 到 T13），钢的硬度无明显变化，但耐磨性增加而韧性下降。

碳素工具钢的预备热处理一般为球化退火，其目的是降低硬度（<217 HBW），便于切削加工，并为淬火作组织准备。但若锻造组织不良（如出现网状碳化物缺陷），则应在球化退火之前先进行正火处理，以消除网状碳化物。其最终热处理为淬火＋低温回火（回火温度一般为 180～200 ℃），正常组织为隐晶回火马氏体＋细粒状渗碳体及少量残留奥氏体。

碳素工具钢的优点是成本低，冷热加工工艺性能好，在手用工具和机用低速切削工具上有较广泛的应用。但碳素工具钢的淬透性低，组织稳定性差且无热硬性，综合力学性能（如耐磨性）欠佳，故一般只用作尺寸不大，形状简单，要求不高的低速切削工具。

表 5-12　碳素工具钢的牌号、成分及用途

牌号	化学成分 $\omega/\%$			退火状态 HBW 不小于	试样淬火后硬度 HRC 不小于	用途举例
	C	Si	Mn			
T7 T7A	0.65～0.74	≤0.35	≤0.40	187	800～820 ℃ 水 62	承受冲击，韧性较好、硬度适当的工具，如扁铲、手钳、大锤、旋具、木工工具
T8 T8A	0.75～0.84	≤0.35	≤0.40	187	780～800 ℃ 水 62	承受冲击，要求较高硬度的工具，如冲头、压缩空气工具、木工工具
T8Mn T8MnA	0.80～0.90	≤0.35	0.40～0.60	187	780～800 ℃ 水 62	同上，但淬透性较大，可制造断面较大的工具
T9 T9A	0.85～0.94	≤0.35	≤0.40	192	760～780 ℃ 水 62	韧性中等、硬度高的工具，如冲头、木工工具、凿岩工具
T10 T10A	0.95～1.04	≤0.35	≤0.40	197	760～780 ℃ 水 62	不受剧烈冲击，高硬度耐磨的工具，如车刀、刨刀、冲头、丝锥、钻头、手锯条
T11 T11A	1.05～1.14	≤0.35	≤0.40	207	760～780 ℃ 水 62	不受冲击，高硬度耐磨的工具，如车刀、刨刀、冲头、丝锥、钻头
T12 T12A	1.15～1.24	≤0.35	≤0.40	207	760～780 ℃ 水 62	不受剧烈冲击，要求高硬度耐磨的工具，如锉刀、刮刀、精车刀、丝锥、量具
T13 T13A	1.25～1.35	≤0.35	≤0.40	217	760～780 ℃ 水 62	同 T12，要求更耐磨的工具，如刮刀、剃刀

　　(2) 低合金工具钢。低合金工具钢为了弥补碳素工具钢的性能不足，在其基础上添加各种合金元素，如 Si、Mn、Cr、W、Mo、V 等，并对其碳含量作了适当调整，以提高工具钢的综合性能，这就是合金工具钢。低合金工具钢的合金元素总含量一般在 $\omega_M < 5\%$ 以下，其主要作用是提高钢的淬透性和耐回火性，进一步改善刀具的硬度和耐磨性。强碳化物形成元素（如 W、V 等）所形成的碳化物除对耐磨性有提高作用外，还可细化基体晶粒，改善刀具的强韧性。适用于刃具的高碳低合金工具钢种类很

多，表 5-13 列出了部分常用低合金工具钢的牌号、热处理工艺、性能和用途。其中最典型的钢号有 9SiCr、CrWMn 等。

表 5-13　部分常用低合金工具钢的牌号、热处理工艺、性能及用途

钢号	试样淬火		退火状态 HBW	性能特点	用途举例
	淬火温度 /℃	HRC 不小于			
Cr06	780～810 水	64	241～187	低合金铬工具钢，其差别在于 Cr、C 含量，Cr06C 含量最高，Cr 含量最低，硬度、耐磨性高但较脆；9Cr2C 含量较低，韧性好	Cr06 可用作锉刀、刮刀、刻刀、剃刀；Cr2 和 9Cr2 除用作刀具外，还可用作量具、模具、轧辊等
Cr2	830～860 油	62	229～179		
9Cr2	820～850 油	62	217～179		
9SiCr	830～860 油	62	241～197	应用最广泛的低合金工具钢，其淬透性较高，耐回火性好；8MnSi 可节省 Cr 资源	常用于制造形状复杂、切削速度不高的刀具，如板牙、梳刀、搓丝板、钻头及冷作模具
8MnSi	800～820 油	62	≤229		
CrWMn	800～830 油	62	255～207	淬透性高，变形小，尺寸稳定性好，是微变形钢。缺点是易形成网状碳化物	可用作尺寸精度要求较高的成形刀具，但主要适用于量具和冷作模具
9CrWMn	800～830 油	62	241～197		
W	800～830 水	62	229～187	淬透性不高，但耐磨性较好	低速切削硬金属的刀具，如麻花钻、车刀等

低合金工具钢的热处理特点基本上同碳素工具钢，只是由于合金元素的影响，其工艺参数（如加热温度、保温时间、冷却方式等）有所变化。

低合金工具钢的淬透性和综合力学性能优于碳素工具钢，因此可用于制造尺寸较大，形状较复杂，受力要求较高的各种刀具。但由于其内的合金元素主要是淬透性元素，而不是含量较多的强碳化物形成元素（W、Mo、V 等），所以仍不具备热硬性特点，刀具刃部的工作温度一般不超过 250 ℃，否则硬度和耐磨性迅速下降，甚至丧失切削能力，因此这类钢仍然属于低速切削刃具钢。

（3）高速工具钢。高速工具钢（高速钢）为了适应高速切削而发展起来的具有优良热硬性的工具钢就是高速钢，是金属切削刀具的主要材料，也可用作模具材料。部分常用高速钢的牌号、成分、热处理和主要性能见表 5-14。

金属材料与热处理

表 5-14　部分常用高速钢的牌号、成分、热处理和主要性能

种类	牌号	化学成分 w/%						热处理		硬度		热硬度 HRC
		C	Cr	W	Mo	V	其他	淬火温度 /℃	回火温度 /℃	退火 HBW ≤	淬火回火 HRC 不小于	
钨系	W18Cr4V (18-4-1)	0.70 ～ 0.80	3.80 ～ 4.40	1.750 ～ 19.00	≤0.30	1.00 ～ 1.40	—	1 270 ～ 1 285	550 ～ 570	255	63	61.5 ～ 62
钨钼系	CW6Mo5Cr4V2	0.95 ～ 1.05	3.80 ～ 4.40	5.50 ～ 6.75	4.50 ～ 5.50	1.75 ～ 2.20		1 190 ～ 1 210	540 ～ 560	255	65	—
	W6Mo5Cr4V2 (6-5-4-2)	0.80 ～ 0.90	3.80 ～ 4.40	5.50 ～ 6.75	4.50 ～ 5.50	1.75 ～ 2.20		1210 ～ 1 230	540 ～ 560	255	64	60 ～ 61
	W6Mo5Cr4V3 (6-5-4-3)	1.10 ～ 1.20	3.80 ～ 4.40	6.00 ～ 7.00	4.50 ～ 5.50	2.80 ～ 3.30		1 200 ～ 1 240	560	255	64	64
超硬系	W13Cr4V2Co8	0.75 ～ 0.85	3.80 ～ 4.40	17.50 ～ 19.00	0.50 ～ 1.25	1.80 ～ 2.40	Co 7.00 ～ 9.50	1 270 ～ 1 290	540 ～ 560	258	65	64
	W6Mo5Cr4V2Al	1.05 ～ 1.20	3.80 ～ 4.40	5.50 ～ 6.75	4.50 ～ 5.50	1.75 ～ 2.20	Al 0.80 ～ 1.20	1 220 ～ 1 250	540 ～ 560	269	65	65

1）高速工具钢性能特点。高速钢与其他工具钢相比，其最突出的性能特点是高的热硬性，它可使刀具在高速切削时，刃部温度上升到 600 ℃，其硬度仍然维持在 55～60 HRC 以上。高速钢还具有高硬度和高耐磨性，从而使切削时刀刃保持锋利（也称"锋钢"）。高速钢的淬透性优良，甚至在空气中冷却也可得到马氏体（又称"风钢"）。因此高速钢广泛应用于制造尺寸大，形状复杂，负荷重，工作温度高的各种高速切削刀具。

2）高速钢的分类。习惯上将高速钢分为两大类：一类是通用型高速钢（又称普通高速钢），它以钨系 W18Cr4V（简称 T1，常以 18-4-1 表示）和钨钼系 W6Mo5Cr4V2（简称 M2，常以 6-5-4-2 表示）为代表，还包括成分稍作调整的高钒型 W6Mo5Cr4V3（6-5-4-3）和尚未纳入标准的新型高速钢 W9Mo3Cr4V。目前

W6Mo5Cr4V2 应用最广泛，而 W18C4V 将逐步淘汰；另一类是高性能高速钢，其中包括高碳高钒型（CW6Mo5Cr4V3）、超硬型（如含 Co 的 W6Mo5Cr4V2Co5、含 Al 的 W6Mo5Cr4V2Al）。高速钢共有 14 个钢号，按其成分特点不同，可简单将高速钢分为钨系、钨铝系和超硬系三类。钨系高速钢（W18Cr4V）发展最早，但脆性较大，它将逐步被韧性较好的钨钼系高速钢（W6Mo5Cr4V2 为主）淘汰，但后者过热和脱碳倾向较大，热加工时应予以注意；超硬高速钢的硬度、耐磨性、热硬性最好，适用于加工难切削材料，但其脆性最大，不宜制作薄刃刀具。

3）高速工具钢成分特点。与合金元素的作用高速钢的碳含量 $\omega_C = 0.70\% \sim 1.5\%$，其主要作用是强化基体并形成各种碳化物来保证钢的硬度、耐磨性和热硬性。铬的含量大多为 $\omega_{Cr} = 4.0\%$ 左右，其主要作用是提高淬透性（即淬透性元素）和耐回火性，增加钢的抗氧化、耐蚀性和耐磨性，并有微弱的二次硬化作用。钨、钼的作用主要是产生二次硬化而保证钢的热硬性（故称热硬性元素），此外也有提高淬透性和热稳定性、进一步改善钢的硬度和耐磨性的作用。由于 W 量过多会使钢的脆性加大，故采用 Mo 来部分代替 W（一般 $1\%\omega_C \approx 1.6\% \sim 2.0\%\omega_{Mo}$）可改善钢的韧性，因此钨钼系高速钢（W6Mo5Cr4V）现已成为主要的常用高速钢。钒的作用是形成细小稳定的 VC 来细化晶粒（否则高速钢高温加热时晶粒极易长大，韧性急剧下降而产生脆性断裂，得到一种沿晶界断裂的"萘状断口"），同时也有加强热硬性，进一步提高硬度和耐磨性的作用。钴、铝是超硬高速钢中的非碳化物形成元素，对它们的作用及机理的研究还不太全面，但 Co、Al 能进一步提高钢的热硬性和耐磨性，降低韧性也是肯定的。

4）高速钢的加工处理。高速钢的成分复杂，因此其加工处理工艺也相当复杂，与碳素工具钢和低合金工具钢相比，有较明显的不同。

①锻造。由于高速钢属于莱氏体钢，故铸态组织中有大量的不均匀分布的粗大共晶碳化物，其形状呈鱼骨状，难于通过热处理来改善，将显著降低钢的强度和韧性，引起工具的崩刃和脆断，故要求进行严格的锻造以改善碳化物的形态与分布。其锻造要点有："两轻一重"，开始锻造和终止锻造时要轻锻，中间温度范围要重锻；"两均匀"，锻造过程中温度和变形量的均匀性；"反复多向锻造"等。

②普通热处理。锻造之后高速钢的预备热处理为球化退火，其目的是降低硬度（207～255 HBW），便于切削加工并为淬火作组织准备，组织为索氏体＋细粒状碳化物，为节省工艺时间可采用等温退火工艺。高速钢的最终热处理为淬火＋高温回火，由于高速钢的导热性较差，故淬火加热时应预热 1～2 次（这对尺寸较大、形状复杂的工具尤为重要）。淬火加热温度应严格控制，过高则晶粒粗大，过低则奥氏体合金度不够而引起热硬性下降。冷却方式可采用直接冷却（油冷或空冷）、分级淬火等，其组织为隐晶马氏体＋未溶细粒状碳化物＋大量残留奥氏体（约 30% 左右），硬度 61～63 HRC。淬火后可通过冷处理（−80 ℃左右）来减少残留奥氏体，也可直接进行回火处理。为充分减少残留奥氏体量，降低淬火钢的脆性和内应力，更重要的是通过产生二次硬化来保证高速钢的热硬性，通常采用 550 ℃～570 ℃高温回火 2～4 次、每次 1 h，

回火温度与高速钢的硬度关系如图 5-4 所示。高速钢正常回火组织为隐晶回火马氏体＋粒状碳化物＋少量残留奥氏体（＜3%），硬度升高至 63～66 HRC。图 5-5 为 W18Cr4V 高速钢的全部热处理工艺曲线示意图。

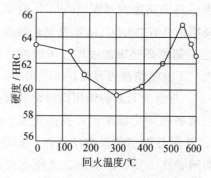

图 5-4　W18Cr4V 钢的硬度与回火温度的关系

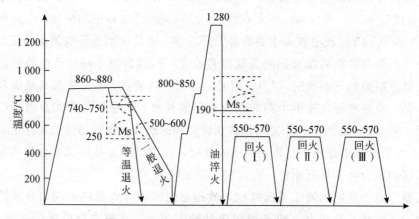

图 5-5　W18Cr4V 钢的热处理工艺示意图

③表面强化处理。表面强化处理可有效地提高高速钢刀具（包括模具）的切削效率和寿命，因而受到了普遍重视和广泛的应用。可进行的表面强化处理方法很多，常见的有表面化学热处理（如渗氮）、表面气相沉积（如物理气相沉积 TiN 涂层）和激光表面处理等，刀具寿命少则提高百分几十，多则提高几倍甚至十倍以上。

5）新型高速钢的研究与应用。高速钢的使用已经历近百年而不衰，主要是因为在现阶段，与其他硬质材料（如硬质合金刀具、陶瓷刀具）相比具有好的韧性和工艺性能，且价格低廉；与碳素工具钢和低合金工具钢相比有优良的热硬性和耐磨性。因此世界各国都非常重视开发应用更高性能或节约资源的新型高速钢。

①低合金高速钢。在有些国家又称为"半高速钢"。它是在相应的通用型高速钢基体成分的基础上，采用较低合金含量和较高碳含量来产生二次硬化。如我国在 W6Mo5Cr4V2 高速钢基础上开发的几种低合金高速钢 301、F205 和 D101 等，其特点有：节约合金资源，W、Mo 降低了近一半，故钢成本较低；碳化物细小均匀，故综合力学性

能和工艺性能改善；在中低速切削条件下，其热硬性与通用高速钢相当。

②时效硬化高速钢。这类钢的成分是低碳高合金度（高 W、高 Co），是通过金属间化合物析出（而不是碳化物析出）来获取高硬度、热硬性和耐磨性的。时效硬化高速钢特别适合于制作尺寸较小，形状复杂，精度高和表面粗糙度低的高速切削刀具（或超硬精密模具），是解决如钛合金、镍基高温合金等难加工材料的成形切削与精加工的较理想工具材料；其主要问题是价格昂贵。

③粉末冶金高速钢。与常规方法生产的高速钢相比，粉末冶金高速钢基本上解决了碳化物的不均匀性问题。其优点有：碳化物均匀细小，故钢的强韧性、热硬性和磨削工艺性能显著改善，这对制造大型复杂刀具显示出特殊的优越性；成分可大幅度高合金化，在用于加工高硬度难切削材料时更有独特效果；可直接压制成形得到刀具的最终几何形状，省去了刀具制造时的锻造和粗加工工序。但粉末冶金高速钢目前的制造成本较高，对其经济上的合理性尚存在争论。

4. 超硬刃具材料简介

为了适应高硬度难切削材料的加工，可采用硬度、耐磨性、热硬性更好的刃具材料。其主要有：硬质合金刃具材料（如钢结硬质合金 GW50、TMW50 等，普通硬质合金 YG8、YG20 等）和超硬涂层刃具材料（如 TiN 涂层、金刚石涂层等），其中硬质合金刃具材料（尤其是钢结硬质合金）的应用最重要。与刃具钢相比，超硬刃具材料具有更高的切削效率和耐用度（寿命），但存在脆性大，工艺性能差，价格较高的缺点，限制了其应用程度。这说明刃具钢占据了刃具材料的主导地位，其中最主要的是高速钢。

5.4.2　模具钢

模具是用于进行压力加工的工具，根据其工作条件及用途不同，常分为冷作模具、热作模具和成形模具（其中主要是塑料模）三大类。模具品种繁多，性能要求也多种多样，可用于模具的钢种也很多，如碳素工具钢、（低）合金工具钢、高速钢、滚动轴承钢、不锈钢和某些结构钢等。我国模具用钢已基本形成系列。

1. 冷作模具钢

（1）工作条件与性能。要求冷作模具钢是指在常温下使金属材料变形成形的模具用钢，使用时其工作温度一般不超过 $200 \sim 300$ ℃。由于在冷态下被加工材料的变形抗力较大且存在加工硬化效应，故模具的工作部分承受很大的载荷及摩擦、冲击作用；模具类型不同，其工作条件也有差异。冷作模具的正常失效形式是磨损，但若模具选材、设计与处理不当，也会因变形、开裂而出现早期失效。为使冷作模具耐磨损、不易开裂或变形，冷作模具钢应具有高硬度、高耐磨性、高强度和足够的韧性，这是与刃具钢相同之处；考虑到冷作模具与刃具在工作条件和形状尺寸上的差异，冷作模具对淬透性、耐磨性尤其是韧性方面的要求应高一些，而对热硬性的要求较低或基本上

没有要求。据此，冷作模具钢应是高碳成分并多在回火马氏体状态下使用；鉴于下贝氏体的优良强韧性，冷作模具钢通过等温淬火以获得下贝氏体为主的组织，在防止模具崩刃、折断等脆性断裂失效的方面应用越来越受重视。

（2）冷作模具钢的类型。通常按化学成分将冷作模具钢分为碳素工具钢、低合金工具钢、高铬中铬模具钢及高速钢类冷作模具钢等。

①碳素工具钢。碳素工具钢均可用来制造冷作模具，且一般选用高级优质钢如 T10A，以改善模具的韧性。根据模具的种类和具体工作条件不同，对耐磨性要求较高，不受或受冲击较小的模具可选用 T13A、T12A；对受冲击要求较高的模具则应选择 T7A、T8A；而对耐磨性和韧性均有一定要求的模具（如冷镦模）可选择 T10A。这类钢主要优点是加工性能好，成本低，突出缺点是淬透性低，耐磨性欠佳，淬火变形大，使用寿命低，故一般只适合制造尺寸小，形状简单，精度低的轻负荷模具。其热处理特点同碳素刃具钢。

②低合金工具钢国家标准。低合金工具钢均可制造冷作模具，其中应用较广泛的钢号有 9Mn2V、9SiCr、CrWMn 和 GCr15。与碳素工具钢相比，低合金工具钢具有较高的淬透性、较好的耐磨性和较小的淬火变形，因其耐回火性较好而可在稍高的温度下回火，故综合力学性能较佳，常用来制造尺寸较大，形状较复杂，精度较高的低中负荷模具。由于低合金工具钢的网状碳化物倾向较大，其韧性不足而可能导致模具的崩刃或折断等早期失效，现已开发了一些高强韧性的低合金模具专用钢，如 6CrMnNiMoSiV（代号 GD 钢），来代替常用的低合金工具钢 CrWMn、9SiCr 及部分高铬模具钢 Cr12 型钢，用于易崩刃、开裂或折断的模具，已取得了较明显的效果。

③高铬和中铬冷作模具钢。相对于碳素工具钢和低合金工具钢，这类钢具有更高的淬透性、耐磨性和承载强度，且淬火变形小，广泛用于尺寸大、形状复杂、精度高的重载冷作模具。这是一种重要的专用冷作模具钢。

高铬模具钢 Cr12 型常用的有两个牌号：Crl2 和 Cr12MoV。Crl2 中的 w_c 高达 $2.00\% \sim 2.3\%$，属莱氏体钢，具有优良的淬透性和耐磨性，但韧性较差，其应用正逐步减少；Crl2MoV 的 w_c 降至 $1.45\% \sim 1.70\%$，在保持 Crl2 钢优点的基础上，其韧性得以改善，通过二次硬化处理（$1\,100 \sim 1\,120\ ℃$高温淬火$+500 \sim 520\ ℃$高温回火三次）还具有一定的热硬性，在用于对韧性不足而易于开裂、崩刃的模具上，已取代 Cr12 钢。Crl2 型若采用一次硬化处理（$980 \sim 1\,030\ ℃$低温淬火$+150 \sim 180\ ℃$低温回火），则其晶粒细小、强度和韧性较好，且热处理变形较小，有微变形钢之称。

中铬模具钢是针对 Crl2 型高铬模具钢的碳化物多而粗大且分布不均匀的缺点发展起来的，典型的钢种有 Cr4W2MoV、Cr6WV、Cr5MoV，其中 C4W2MoV 最重要。此类钢的 w_c 进一步降至 $1.00\% \sim 1.25\%$，突出的优点是韧性明显改善，综合力学性能较佳。用于代替 Crl2 型钢制造易崩刃、开裂与折断的冷作模具，其寿命大幅度提高。

随着高速压力机和多工位压力机的使用日益增多，对模具的综合性能要求很高：既要有高的硬度与耐磨性，又要有优良的强韧性。新型高强韧性冷作模具钢的研究和应用受到了广泛的重视，其中 9Cr6W3Mo2V2（GM 钢）和 7Cr7Mo2V2Si（LD 钢）较为成熟。

④高速钢类冷模具钢。与 Crl2 型钢一样，高速钢也可用于制造大尺寸，复杂形状，高精度的重载冷作模具，其耐磨性、承载能力更优，故特别适合于工作条件极为恶劣的黑色金属冷挤压模。冷作模具一般对热硬性无特别要求，而须具备比刃具更高的强韧性。通用高速钢（如 W6Mo5Cr4V2）经普通热处理后的主要缺点是韧性不足（而热硬性有余），为此，作为冷作模具钢使用的高速钢应在成分和工艺上进行适当调整，方可实现最佳的效果。

从成分上，可采用在 W6Mo5Cr4V2 的基础上研制的低碳高速钢（如 6W6Mo5Cr4V，代号 6W6）和低合金高速钢（如代号 301、F205 和 D101）。由于其碳含量或合金元素含量下降，碳化物数量减少且均匀性提高，所以钢的强韧性明显改善。代替通用高速钢或 Crl2 型钢制作易折断或劈裂的冷挤压冲头或冷镦冲头，其寿命将成倍地提高；若能再进行渗氮等表面强化处理来弥补耐磨性的损失，则使用效果更佳。若对成分进行更大幅度的调整，得到相当于高速钢淬火组织中基体成分的钢种，这就是所谓的基体钢，其典型钢号有 6Cr4W3Mo2VNb（代号 65Nb），6Cr4Mo3Ni2WV（代号 CG−2）等。基体钢具有更加优良的强韧性，不仅可用作冷作模具钢，也可用作热作模具钢。

从工艺上，可对高速钢采用低温淬火或等温淬火来提高钢的强韧性。尤其是等温淬火获得强韧性优良的下贝氏体组织的工艺，对其他类型的模具钢也同样适用，在解决因韧性不足而导致的崩刃、折断或开裂的模具早期失效问题时，有明显的效果，应引起足够的重视。

1. 热作模具用钢

（1）工作条件与性能。要求热作模具钢是使热态金属（固态或液态）成形的模具用钢。热作模具在工作时，因与热态金属相接触，其工作部分的温度会升高到 300～400 ℃（热锻模，接触时间短）、500～800 ℃（热挤压模，接触时间长），甚至近 1 000 ℃（黑色金属压铸模，与高温液态金属接触时间长），并因交替加热冷却的温度循环产生交变热应力；此外还有使工件变形的机械应力和与工件间的强烈摩擦作用。故热作模具常见的失效形式有变形、磨损、开裂和热疲劳等，由此要求模具钢应具有良好的高温强韧性、高的热疲劳和热磨损抗力、一定的抗氧化性和耐蚀性等。

热作模具钢的成分与组织应保证以上性能要求，其 w_c 一般在 $0.30\%\sim0.60\%$ 的中碳范围内，过高则韧性降低、导热性变差损坏疲劳抗力，过低则强度、硬度及耐磨性不够。常加入 Cr、W、Mo、V、Ni、Si、Mn 等合金元素，提高钢的淬透性和耐回火性，保证钢的高温强度、硬度、耐磨性和热疲劳抗力。热作模具的使用状态组织可以是强韧性较好的回火索氏体或回火托氏体，也可以是高硬度、高耐磨性的回火马氏体基体。

（2）常用热作模具钢的种类。按模具种类不同，热作模具钢可分为热锻模用钢、热挤压模用钢和压铸模用钢三大类；按照热作模具钢的主要性能不同，可分为高韧性热作模具钢和高耐热性（或高热强性）热作模具钢（表 5-15）。应该说明的是其界限并不是十分严格的，存在一钢多用的现象，如压铸模既可采用 3Cr2W8V 钢，也可用 4Cr5MoSiV 钢。

表 5-15　常用热作模具钢及类型

按模具类型分类	按主要性能分类	常用钢号
热锻模（含大型压力机锻模）	高韧性热作模具钢	5CrMnMo、5CrNiMo、5CrMnMoSiV、5Cr2NiMoVSi
热挤压模（含中小型压力机锻模）	高耐热性热作模具钢	Cr 系：4Cr5MoSiV（H11）、4Cr5MoSiV1（H13） Cr－Mo 系：3Cr3Mo3W2V（HM1）、4Cr3Mo2SiV（H10） W 系：3Cr2W8V（H21）
压铸模		

①热锻模热锻模用钢应考虑两个突出问题：一是工作时受冲击负荷大而工作温度不太高，故它应是高韧性钢；二是热锻模的截面尺寸一般较大，故要求其淬透性良好。常用钢种有 5CrMnMo 和 5CrNiMo。5CrMnMo 钢适用于制作形状简单、载荷较轻的中小型模具，5CrNiMo 用于制作形状复杂、重载的大型或特大型锻模。热锻模淬火后，根据需要可在中温或高温下回火，得到回火托氏体组织或回火索氏体组织，硬度可在 34～48 HRC 之间选择，以保证模具对强度和韧性的不同要求。

②热挤压模热挤压模因与工件接触时间长或工件温度较高，其工作部位的温度较高（低则达 500 ℃，如铝合金挤压模；高则可达 900 ℃，如黑色金属热挤压模），故它应采用高耐热性热作模具钢制造，较常用的有 3Cr2W8V 和 4Cr5MoSiV。3Cr2W8V 钢的耐热性虽好，但韧性和热疲劳抗力较差，现已应用较少；4Cr5MoSiV 的韧性和热疲劳性优良，故应用最广。Cr－Mo 系热作模具钢（如 3Cr3Mo3VNb）因具有两者的优点（高韧性和高耐热性），是一种很有前途的新型热作模具钢。

③压铸模压铸模的工作温度最高，故压铸模用钢应以耐热性要求为主，应用最广的是 3Cr2W8V 钢。实际生产中常根据压铸对象材料不同来选择压铸模用钢，如对熔点低的 Zn 合金压铸模，可选 40Cr、40CrMo、30CrMnSi 等；Al、Mg 合金压铸模多选用 4Cr－5MoSiV；Cu 合金压铸模多采用 3Cr2W8V，或采用热疲劳性能更佳的 Cr－Mo 系热作模具钢如 3Cr3Mo3VNb 或 4Cr3Mo2MnSiVNbB 制造，其寿命将大幅度提高；对黑色金属压铸模，因其压铸温度高，工作条件极为恶劣，采用一般的钢制模具难以满足使用要求，此时应采用熔点高的高温合金来制造，如钼基高温合金、钨基高温合金，或采用高热导率材料制造，如铜基合金。

3. 成形模具用钢

成形模包括塑料模、橡胶模、粉末冶金模、陶土模、石棉制品模等，这里只讨论生产中使用最广泛的塑料模。

（1）工作条件与性能。无论是热塑性塑料还是热固性塑料，其成形过程都是在加热加压条件下完成的。一般加热温度不高（150～250 ℃），成形压力也不大（大多为

40~200 MPa），与冷、热模具相比，塑料模用钢的常规力学性能要求不高。塑料制品形状复杂，尺寸精密，表面光洁，成形加热过程中还可能产生某些腐蚀性气体，因此要求塑料模具钢具有优良的工艺性能（可加工性、冷挤成形性和表面抛光性），较高的硬度（约 45 HRC）和耐磨耐蚀性以及足够的强韧性。

（2）塑料模具用钢种类。常用的塑料模具用钢包括工具钢、结构钢、不锈钢和耐热钢等。发达工业国家已有适应于各种用途的塑料模具钢系列，我国机械行业标准推荐了普通的、常用的一部分塑料模具用钢，但尚不够齐全。通常按模具制造方法分为两大类：切削成形塑料模具用钢和冷挤压成形塑料模具用钢。

①切削成形塑料模具用钢，。这类模具主要是通过切削加工成形，故对钢的切削加工性能有较高的要求。它包括三小类：调质钢，其碳含量 w_c 在 0.30%~0.60%，典型钢种有 3Cr2Mo（美国牌号 P20）；易切削预硬钢，典型牌号 5CrNiMnMoVSCa（代号 5NiSCa）、8Cr2MnWMoS（代号 8Cr2S）；时效硬化型，典型牌号有马氏体时效钢（如 18Ni）和低镍时效钢（如 10Ni3MoCuAl，代号 PMS）。

②冷挤压成形塑料模具钢。此类钢的碳含量是低碳、超低碳或是无碳的，以保证高的冷挤压成形性，经渗碳淬火后提高表面硬度和耐磨性。典型牌号有工业纯铁、低碳钢或低碳合金钢以及专用钢 0Cr4NiMoV（代号 LJ）等，这类钢适合于制造形状复杂的塑料模。

塑料模用钢由于涉及面广，几乎包括了所有的钢材：从纯铁到高碳钢，从普通钢到专用钢，甚至还可用有色金属（如铜合金、铝合金、锌合金等）。实际生产中应根据塑料制品的种类、形状、尺寸大小与精度以及模具使用寿命和制造周期来选用钢材。如塑料成形时若有腐蚀性气体放出，则多用不锈钢（3Cr13、4Cr13）制模，若用普通钢材则需进行表面镀铬；对添加有玻璃纤维或石英粉等增强物质的塑料成形时，应选硬度与耐磨性较好的钢材，如碳素工具钢或合金工具钢，若采用低、中碳钢则需进行表面渗碳或渗氮处理；塑料制品产量小时，可采用一般结构钢（如 45、40Cr 钢）甚至铝、锌合金制造模具。

5.4.3　量具用钢

1. 工作条件与性能要求

量具是度量工件尺寸形状的工具，是计量的基准，如卡尺、块规、塞规及千分尺等。由于量具在使用过程中常受到工件的摩擦与碰撞，且本身须具备极高的尺寸精度和稳定性，所以量具钢应具备以下性能。

（1）高硬度（一般为 58~64 HRC）和高耐磨性。

（2）高的尺寸稳定性（这就要求组织稳定性高）。

（3）一定的韧性（防撞击与折断）和特殊环境下的耐蚀性。

2. 常用量具钢

量具并无专用钢种，根据量具的种类及精度要求，可选不同的钢种来制造。

（1）低合金工具钢。低合金工具钢是量具最常用的钢种，典型钢号有 CrWMn 和 GCrl5。CrWMn 是一种微变形钢，GCr15 的尺寸稳定性及抛光性能优良。此类钢常用于制造精度要求高，形状较复杂的量具。

（2）其他钢种选择主要有以下三类。

①碳素工具钢（T10A、T12A 等）。碳素工具钢的淬透性小，淬火变形大，故只适合于制造精度低，形状简单，尺寸较小的量具。

②表面硬化钢。表面硬化钢经处理后可获得表面高硬度和高耐磨性，心部高韧性，适合于制造使用过程中易受冲击、折断的量具。包括渗碳钢（如 20Cr）渗碳、调质钢（如 55 钢）表面淬火及专用渗氮钢（38CrMoAlA）渗氮等，其中 38CrMoAlA 钢渗氮后具有极高的表面硬度和耐磨性、尺寸稳定性和一定的耐蚀性，适合于制造高质量的量具。

③不锈钢。不锈钢 4Cr13 或 9Cr18 具有极佳的耐蚀性和较高的耐磨性，适合于制造在腐蚀条件下工作的量具。

3. 热处理特点

量具钢的热处理基本上可依照其相应钢种的热处理规范进行。由于量具对尺寸稳定性要求很高，这就要求量具在处理过程中应尽量减小变形，在使用过程中组织稳定（组织稳定方可保证尺寸稳定），因此热处理时应采取一些附加措施。

（1）淬火加热时进行预热，以减小变形，这对形状复杂的量具更为重要。

（2）在保证力学性能的前提条件下降低淬火温度，尽量不采用等温淬火或分级淬火工艺，减少残留奥氏体的量。

（3）淬火后立即进行冷处理减小残留奥氏体量，延长回火时间，回火或磨削之后进行长时间的低温时效处理等。

5.5　特殊性能钢

特殊性能钢是指在特殊工作条件或腐蚀、高温等特殊工作环境下具有特殊物理和化学性能的钢。机械行业常用的特殊性能钢包括不锈钢、耐热钢、耐磨钢等。

5.5.1　不锈钢

不锈钢是指在腐蚀介质中具有抗腐蚀性能的钢。按照成分与组织不锈钢可分为奥氏体不锈钢、铁素体不锈钢和马氏体不锈钢三种类型。表 5-16 所示为常用不锈钢的牌号、成分、热处理、力学性能及用途。

表 5-16　常用不锈钢的牌号、成分、热处理、力学性能及用途

类别	牌号	主要化学成分				热处理/℃	力学性能					用途
		ω/C	ω/Cr	ω/Ni	ω/Ti		σ_b/MPa	σ_s/MPa	δ/%	ψ/%	HRC	
奥氏体型	0Cr18Ni9	≤0.08	17~19	8~12	—	1 050~1 100 水淬	≥490	≥180	≥40	≥60	—	具有良好的耐蚀及耐晶间腐蚀性能，是化工行业良好的耐蚀材料
	1Cr18Ni9	≤0.12	17~19	8~12	—	1 100~1 150 水淬	≥550	≥200	≥45	≥55	—	制作耐硝酸、冷磷酸、有机酸及盐、碱溶液腐蚀的设备零件
	1Cr18Ni9Ti	≤0.12	17~19	8~11	≤0.8	1 100~1 150 水淬	≥550	≥200	≥40	≥50	—	耐酸容器及设备衬里、输送管道等设备和零件、抗磁仪表、医疗器械
马氏体型	1Cr13	0.08~0.15	12~14	—	—	1 000~1 050 油或水淬 700~790 回火	≥600	≥420	≥20	≥60	—	制作能抗弱腐蚀介质、能承受冲击负荷的零件，如汽轮机叶片、水压机阀、螺栓、螺帽等
	2Cr23	0.16~0.24	12~14	—	—	1 000~1 050 油或水淬 700~790 回火	≥660	≥450	≥16	≥55	—	制作能抗弱腐蚀介质、能承受冲击负荷的零件，如汽轮机叶片、水压机阀、螺栓、螺帽等

(续表)

类别	牌号	主要化学成分				热处理/℃	力学性能					用途
		ω/C	ω/Cr	ω/Ni	ω/Ti		σ_b/MPa	σ_s/MPa	δ/%	ψ/%	HRC	
马氏体型	3Cr13	0.25~0.34	12~14	—	—	1 000~1 050 油淬 200~300 回火	—	—	—	—	48	制作具有较高硬度和耐磨性医疗工具、量具、滚珠轴承等
	4Cr13	0.35~0.45	12~14	—	—	1 000~1 050 油淬 200~300 回火	—	—	—	—	50	
铁素体型	1Cr17	≤0.12	16~18	—	—	750~800 空冷	≥400	≥250	≥20	≥50	—	制作硝酸工厂设备如吸收塔、热交换器、酸槽、输送管道及食品工厂设备等
	Cr25Ti	≤0.12	25~27	—	0.6~0.8	700~800 空冷	450	300	20	45	—	生产硝酸及磷酸设备等工业中

（1）奥氏体不锈钢。奥氏体不锈钢属于铬镍钢，是工业应用最为广泛的不锈钢，通常含有 18％左右的 Cr 和 8％以上的 Ni，也称为 18－8 型不锈钢。该类钢经热处理后呈单相奥氏体组织，具有很高的耐蚀性，同时具有优良的塑性、韧性和焊接性能，可通过冷变形强化来提高其强度和硬度。但奥氏体不锈钢成本较高，切削加工性能较差，对应力腐蚀也较为敏感。

（2）马氏体不锈钢。马氏体不锈钢属于铬不锈钢，含铬量为 12％～18％，正火组织为马氏体。该类钢具有良好的力学性能、热加工性能和切削加工性能，可通过热处理方法强化。马氏体型不锈钢只在大气、水蒸气、淡水、海水、食品介质及浓度不高的有机酸等氧化性介质中有良好的耐腐蚀，在硫酸、盐酸、热磷酸、热硝酸溶液及熔融碱等非氧化性介质中耐腐蚀性很低，而且随着钢中碳质量分数的增加，其强度、硬度、耐磨性提高，但耐蚀性下降。

（3）铁素体不锈钢。铁素体不锈钢的碳质量分数低于 0.12％，含铬量为 17％～30％，也属于铬不锈钢。这类钢在退火或正火状态下使用，组织为单相铁素体组织。加热到 1 100 ℃组织也无明显变化，因此不能通过热处理的方法强化。铁素体不锈钢抗大气腐蚀和耐酸能力强，具有良好的抗高温氧化性。其塑性、焊接性均优于马氏体不锈钢，主要用于制造耐蚀性要求很高而强度要求不高的构件。

5.5.2　耐热钢

许多机械零部件需要在高温下工作。在高温下具有高的抗氧化性能和足够高温强度的钢称为耐热钢。耐热钢包括抗高温氧化钢和热强钢。

1. 抗氧化钢

在高温下具有较好的抗氧化性，并且有一定强度的钢称为抗氧化钢，又称不起皮钢。该种钢中添加合金元素 Cr、Si、Al 等，高温下在钢表面能迅速氧化形成一层致密、高熔点的、稳定的氧化膜，覆盖在金属表面，使钢不再继续氧化。这类钢多用于制造长期在高温下工作但强度要求不高的零件，如加热炉底板、燃气轮机燃烧室、锅炉吊挂等。多数抗氧化钢是在铬钢、铬镍钢、铬锰钢的基础上加入 Si、Al 制成的。随着碳质量分数的增多，钢的抗氧化性能下降，因此一般抗氧化钢为低碳钢，如 Crl3Si3、2Cr25Ni20、3Cr18Ni25Si2 等。

2. 热强钢

在高温下，有一定抗氧化能力和较高强度以及良好组织稳定性的钢称为热强钢。该种钢中添加合金元素 Cr、W、Mo、V、Ti 等，以提高钢的再结晶温度和高温下析出弥散相达到强化目的。热强钢按正火状态组织可以分为珠光体型、马氏体型和奥氏体型三类。

（1）珠光体钢。该类热强钢含碳量较低，含合金元素也较少，工作温度一般在 600 ℃以下，广泛用于动力、石油等工业部门作为锅炉及管道用钢。常用钢种有 15CrMo、

12Cr1MoV 等。

（2）马氏体钢。

该类钢工作温度一般在 620 ℃ 以下。Cr13 型马氏体不锈钢除具有较高的抗蚀性外，还具有一定的耐热性。所以 1Cr13 及 2Cr13 也可以作为热强钢用于制造汽轮机叶片。1Cr13 工作温度为 450～475 ℃，2Cr13 工作温度为 400～450 ℃。常用的马氏体热强钢还有 1Cr11MoV、1Cr12WMoV、4Cr9Si2、4Cr10Si2Mo 等。

（3）奥氏体钢。该类热强钢含大量合金元素，工作温度为 600～700 ℃，广泛应用于动力、航空、汽轮机、燃气轮机、电炉、石油化工等工业部门等。常用的奥氏体热强钢有 1Cr18Ni9Ti、4Cr14Ni14W2Mo 等。

5.5.3　耐磨钢

耐磨钢是指在强烈冲击载荷作用下产生冲击硬化的钢，主要用于承受严重摩擦和强烈冲击的零件，如车辆带、破碎机颚板、挖掘机铲斗等。该类钢的含碳量为 1.0%～1.3%，含锰量为 11%～14%，故又称为高锰钢。由于这类钢的机械加工比较困难，所以基本都是铸造成形，其钢号为 ZGMn13。

高锰钢的铸件硬而脆，耐磨性也差。这主要是因为铸态组织中含有沿晶界析出的碳化物。实践证明，高锰钢只有在全部获得奥氏体组织时才能呈现出最为良好的韧性和耐磨性。为了获得全部奥氏体组织，需要对高锰钢进行"水韧处理"，即将钢加热到 1 000 ℃～1 100 ℃，保温一定时间，使钢中的碳化物全部溶解到奥氏体中，然后迅速水淬以获得单一奥氏体组织。水韧处理后的高锰钢硬度并不高，但是当它在受到剧烈冲击或较大压力作用时，表面的奥氏体迅速产生加工硬化，并有马氏体及碳化物沿滑移面形成，从而提高了表面层的硬度，使表层获得高的耐磨性。需要注意的是，耐磨钢在使用时必须伴随压力和冲击作用，否则耐磨钢表面不会引起硬化，其耐磨性甚至不及碳素钢。

本 章 小 结

本章介绍了工业用钢的主要性能特点、典型用途。钢材是应用最广泛，用量最大、最为重要的一类金属材料，是本章的重点。根据用途，钢可分为结构钢、轴承钢、工模具用钢、特殊性能钢（如不锈钢、耐热钢等）。

碳素结构钢和低合金高强度钢主要用于各种工程结构，使用时一般不进行热处理；优质碳素结构钢和合金结构钢主要用来制造机器零件，一般经过热处理后使用。优质碳素结构钢的含碳量越低，其强度、硬度越低，塑性、韧性越高，反之亦然。合金结构钢分为合金渗碳钢、合金调质钢和合金弹簧钢。合金渗碳钢基本上是低碳合金钢，经渗碳、淬火和低温回火后使用，主要用于制造高耐磨性、高疲劳强度和较高心部韧性要求（即表硬心韧）的零件；合金调质钢是中碳钢，在淬火、高温回火后使用，用于对强度要求高、截面尺寸大的重要零件；合金弹簧钢一般为中高碳合金钢，具有高的弹性极限、高的疲劳强度和足够的塑性与韧性，主要用于制造各类弹簧。

滚动轴承钢是高碳含铬合金钢，主要用于制造各类滚动轴承，性能特点是：具有高的抗压强度和接触疲劳强度、高的硬度和耐磨性，同时应具有一定的韧性和耐腐蚀性。

工具钢根据用途分为刃具钢、模具钢和量具钢。刃具钢应具有高硬度、高耐磨性、高的热硬性，并具有一定的强度和韧性，通常为高碳钢和高碳合金钢，以淬火加低温回火作为最终热处理。高速钢通常要在 1 170～1 300 ℃加热淬火后于 560 ℃进行 3～4 次回火，以保证具有高的热硬性。

模具钢根据其用途可分为冷作模具钢、热作模具钢和成形模具钢等。冷作模具钢通常为高碳钢和高碳合金钢，具有高强度、高硬度和高的耐磨性，一定的韧性和较高的淬透性，多在淬火、低温回火状态下使用。热作模具钢一般为中碳合金钢，应具有较高的强度、良好的塑性和韧性、较高的热硬性和高的热疲劳抗力，常在淬火后中温或高温回火状态下使用。量具钢多为高碳钢和高碳合金钢，具有高硬度、高耐磨性和高的尺寸稳定性，通常在淬火及低温回火状态下使用，为获得高的尺寸稳定性，可在淬火后回火前进行冷处理。

不锈钢为低碳高铬或低碳高铬－镍合金，主要有马氏体型、铁素体型、奥氏体型三大类型。马氏体不锈钢可热处理强化，铁素体不锈钢一般是在退火或正火状态使用，奥氏体不锈钢须进行固溶处理后使用。

思考与练习

1. 合金钢与碳钢相比，具有哪些特点？

2. 合金调质钢中常有哪些合金元素，它们在调质钢中起什么作用？

3. 为什么合金弹簧钢多用 Si、Mn 作为主要合金元素？为什么采用中温回火？中温回火后将得到什么样的组织？其性能如何？

4. 轴承钢为什么要用铬钢？为什么这种钢对非金属夹杂物控制特别严？

5. 结构钢能否用来制造工具？试举几个例子说明。

6. 制作刃具的材料有哪些类别？列表比较它们的化学成分、热处理方法、性能特点、主要用途及常用代号。

7. 防止钢材腐蚀的途径有哪几种？

8. 高锰钢为什么既耐磨又有很好的韧度？高锰钢在什么使用条件下才能够耐磨？

第6章
铸　铁

本章导读

　　在机械设计选材时，满足使用性能是选材的首要依据。与钢相比，虽然铸铁的力学性能特别是韧性、塑性及抗拉强度较低，不能进行锻造，但由于它具有优良的减振性、耐磨性、耐腐蚀性、铸造性及切削加工性，而且铸铁的生产设备和工艺设备简单，制造容易，价格便宜，并且具有优良的使用性能和工艺性能，所以它应用非常广泛，是工程材料上最常用的金属材料之一。集于铸铁的优缺点，铸铁可以用于制造多种机械零件，如机床的床身、主轴箱等，发动机的汽缸体、缸套、活塞环、曲轴、凸轮轴，轧机的轧辊及机器的底座等。

本章目标

　　● 了解铸铁的基本知识。
　　● 掌握铸铁的概念及分类，对铸铁的石墨化的过程和影响因素有清晰的认识。
　　● 对常用铸铁和合金铸铁的具体分类和各方面的应用有较好的理解，在生活中能够根据情况合理选择合适的铸铁。

6.1　铸铁的基本知识

　　铸铁（castiron）是含碳量在 2% 以上的铁碳合金，由铁、碳和硅组成的合金的总称。常用的铸铁含碳量一般为 2.5%～4%，此外还有硅、锰、硫、磷等。工业上常用的铸铁都不是简单的二元合金，而是以 Fe，C，Si 为主要元素的多元合金。普通铸铁中各元素的含量范围为碳 2.5%～4.0%，硅 1.0%～3.0%，锰 0.5%～1.4%，磷 0.01%～0.50%，硫 0.02%～0.20%。在产业生产中，铸铁是最重要的材料之一。

6.1.1　铸铁的石墨化过程

　　在铁碳合金中，碳能以化合态的渗碳体和游离态的石墨（G）形式存在。石墨为稳定相，渗碳体为亚稳相。在一定条件下，渗碳体能分解为铁素体和石墨。因此，描述铁碳合金的结晶过程有亚稳定平衡的 Fe—Fe₃C 相图和稳定平衡的 Fe—G 相图。

为了比较和应用，将上述两种相图叠加在一起，便形成了铁碳合金双重相图，如图 6-1 所示，实线表示 Fe—Fe₃C 相图，虚线表示 Fe—G 相图。铁碳合金究竟按哪种相图变化，决定于加热、冷却条件或获得平衡的性质（亚稳平衡还是稳定平衡）。稳定平衡相图的分析方法和亚稳平衡相图相同。

石墨化过程：在铸铁的冷凝过程中，原则上碳既可以渗碳体的形式析出，形成白口铸铁；也可以石墨的形式析出，形成灰口铸铁。铸铁中碳原子析出并形成石墨的过程称为石墨化。根据 Fe—G 相图，过共晶铸铁的石墨化过程可分为三个阶段。

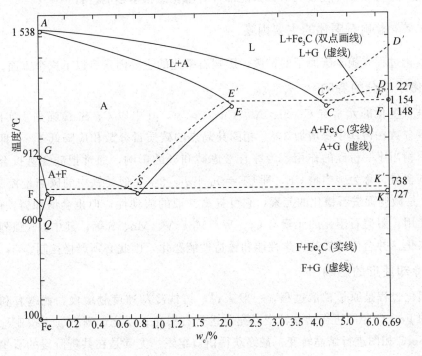

图 6-1 铁碳合金双重相图

至于碳究竟以哪种形式析出，主要取决于铸铁的化学成分及冷却速度。铝、碳及硅是最强烈促进石墨化的元素，而铬、硫及锰等是阻碍石墨化的元素。铸铁冷凝时，冷却速度愈慢，则愈易石墨化，反之愈易形成渗碳体。

第一阶段石墨化：包括从铸铁液中结晶出一次石墨和在 1 154 ℃通过共晶反应形成共晶石墨，反应式为：$L_{C'} \xrightarrow{1\,154\,℃} A_E + G_{共析}$，即液相亚共晶结晶阶段。从过共晶成分的液相中直接结晶出一次石墨，从共晶成分的液相中结晶出奥氏体加石墨，由一次渗碳体和共晶渗碳体在高温退火时分解形成的石墨。

第二阶段石墨化：在 1 154～738 ℃，奥氏体沿 E′S′线析出二次石墨；在共析线以下冷却时，既可以由奥氏体直接共析分解为石墨和铁素体，也可以先形成珠光体，然后珠光体中的渗碳体再在保温过程中分解为石墨和铁素体，这就是第二阶段石墨化。即共晶转变亚共析转变之间阶段。包括从奥氏体中直接析出二次石墨和二次渗碳体在此温度区间分解形成的石墨。

第三阶段石墨化：在 738 ℃，通过共析反应析出共析石墨，反应式为 $A_{S'} \xrightarrow{1\ 154\ ℃} F_{P'}+G_{共析}$，即共析转变阶段。包括共析转变时，形成的共析石墨和共析渗碳体退火时分解形成的石墨。

石墨化过程有赖于碳原子的扩散，所以第一阶段石墨化由于温度较高，扩散条件较好，容易进行得比较完全。而第二阶段石墨化则由于温度角度，扩散条件较差，往往不能充分进行。在冷速较大时，只能部分石墨化或根本不能进行。

6.1.2　影响石墨化的主要因素

石墨化过程有赖于碳原子的扩散，影响石墨化的主要因素有以下三个方面。

1. 化学成分的影响

促进石墨化的元素有 C、Si、Al、Cu、Co 等，其中以 C、Si 最强烈。实践证明，硅的质量分数在铸铁中每增加 3%，相图共晶点的碳质量分数相应降低 1%，即每三份硅的作用相当于一份碳的作用。为综合考虑碳和硅的影响，通常把硅含量折合成相当作用的碳含量，称为碳当量 CE，即 $CE=w_C+w_{Si}/3$。一般铸铁中的碳当量控制在 4%左右；P 是微弱促进石墨化的元素，它可提高铁液的流动性，但也会增加铸铁的脆性，应谨慎使用；阻碍石墨化的元素有 Cr、W、Mo、V、Mn、S 等；其中，S 强烈促进铸铁的白口化，并会使铸铁的力学性能和铸造性能恶化，因此必须严格控制。

2. 冷却速度的影响

石墨化过程是原子扩散过程，一般来说，铸铁冷却速度越缓慢，就越有利于按稳定平衡的 Fe−G 相图进行结晶转变，充分进行石墨化；反之，则有利于按亚稳定平衡的 Fe−Fe₃C 相图进行结晶转变，最终获得白口组织。尤其是在共析阶段的石墨化，由于温度较低，冷却速度增大，原子扩散困难，所以通常情况下，共析阶段的石墨化难以充分进行。

铸铁的冷却速度是一个综合的因素，它与浇注温度、传型材料的导热能力以及铸件的壁厚等因素有关。而且通常这些因素对两个阶段的影响基本相同。

提高浇注温度能够延缓铸件的冷却速度，这样既促进了第一阶段的石墨化，也促进了第二阶段的石墨化。因此，提高浇注温度在一定程度上能使石墨粉化，也可增加共析转变。

3. 铸铁的过热和高温静置的影响

在一定温度范围内，提高铁水的过热温度，延长高温静置的时间，都会导致铸铁中的石墨基体组织的细化，使铸铁强度提高。进一步提高过热度，铸铁的成核能力下降，因而使石墨形态变差，甚至出现自由渗联体，使强度反而下降，因而存在一个

"临界温度"。临界温度的高低，主要取决于铁水的化学成分及铸件的冷却速度．一般认为普通灰铸铁的临界温度约在 1 500 ℃～1 550 ℃左右，所以总希望出铁温度高些。

6.1.3 铸铁的组织和性能特点

通常，铸铁的组织可认为是在钢基体上分布着不同形态的石墨。由于石墨的强度和塑性与钢相比，接近于零，因此可将铸铁看作是布满裂缝及孔洞的钢。石墨的存在起着割裂基体的作用，减少了基体承受载荷的有效面积，特别当石墨呈片状时，将石墨片的尖端引起应力集中。因而使得铸铁的强度和塑性大大低于具有同样基体的钢，其降低的程度取决于石墨的数量、形态、大小及分布。

灰口铸铁的机械性能取决于铸铁中石墨的形状、大小、数量和分布以及其基体组织。一般说来，由于石墨的存在使得铸铁强度低并且脆性大。但是随着石墨形态、大小及分布的改善，其机械性能也可相应改善。各种灰口铸铁及铸钢的机械性能比较见表 6-7。

表 6-1 各种灰口铸铁与铸钢的机械性能比较

材料	$\sigma_b/$（千克力/毫米^2）	$\delta/\%$
铁素体灰口铁	10～22	0.5～0.8
珠光体灰口铁	18～32	≤0.5
孕育铸铁	25～40	≤0.5
可锻铸铁	30～60	3～12
球墨铸铁	40～60	2～10
铸钢	40～55	15～18

铸铁的抗压强度（包括硬度）主要取决于金属基体，与石墨形状的关系不大，因此铸铁的抗压强度与钢基体相近。

尽管与钢相比，铸铁的机械性能较差，但是铸铁具有优良的铸造性能，良好的切削加工性能及优良的耐磨性和消震性。再加上生产简单，成本低廉，所以目前铸铁仍然是最主要的机械制造材料之一。特别是随着铸铁成分及铸造工艺的改进，球墨铸铁的应用以及各种热处理工艺在铸铁零件上的运用，近年来铸铁在品种与性能上都有了可观的增加和提高，在机械制造中的应用更趋广泛。

6.1.4 铸铁的分类

根据结晶过程中石墨化进行的程度不同，铸铁可分为白口铸铁、灰口铸铁和麻口铸铁；根据内部石墨形态的不同，铸铁可分为灰铸铁、可锻铸铁、球墨铸铁、蠕墨铸铁。石墨的数量、形状、大小及分布状态对铸铁的性能有很大影响；灰铸铁的抗拉强度最低，可锻铸铁的抗拉强度较高，球墨铸铁的抗拉强度最高；铸铁的抗压强度主要

取决于基体，石墨对其影响不大；石墨的存在使铸铁具有一些碳钢所没有的性能。

随着工业的发展，对铸铁性能的要求愈来愈高，即不但要求它具有更高的力学性能，还要求它具有某些特殊的性能，如高耐磨性、耐热及耐蚀等。为此向铸铁（灰口铸铁或球墨铸铁）铁液中加入一些合金元素，可获得具有某些特殊性能的合金铸铁。合金铸铁与相似条件下使用的合金钢相比，熔炼简便、成本低廉，其具有良好的使用性能。它们大多具有较大的脆性，力学性能较差。根据是否加入合金元素分为常用铸铁和合金铸铁，或者说一般性能的铸铁和特殊性能的铸铁。

6.2 常用铸铁

根据内部石墨形态的不同，铸铁可分为灰铸铁、可锻铸铁、球墨铸铁、蠕墨铸铁。

6.2.1 灰铸铁

液态铁水进行缓慢冷却凝固时，会发生石墨化并析出片状石墨，其断口的外貌呈浅烟灰色，所得到的固态材料称为灰铸铁。灰铸铁是价格便宜、应用最广泛的铸铁材料。在各类铸铁的总产量中，灰铸铁约占 80% 以上。灰铸铁的成分一般为，$w_C = 2.5\% \sim 4.0\%$，$w_{Si} = 1.0\% \sim 3.0\%$，$w_{Mn} = 0.6\% \sim 1.2\%$，$w_P \leqslant 0.3\%$，$w_S \leqslant 0.15\%$，灰铸铁的显微组织相当于在钢基体上分布着片状石墨。根据基体组织不同，灰铸铁可分为铁素体灰铸铁、铁素体—珠光体灰铸铁和珠光体灰铸铁三种，如图 6-2 所示。灰铸铁显微组织的不同，实质上是碳在铸铁中存在形式的不同。灰铸铁中的碳有化合碳（Fe_3C）和石墨碳所组成。化合碳为 0.8% 时，属珠光体灰铸铁；化合碳小于 0.8% 时，属珠光体—铁素体灰铸铁；全部碳都以石墨状态存在时，则为铁素体灰铸铁。

图 6-2（a）为铁素体灰铸铁，是在铁素体的基体上分布着多而粗大的石墨片，其强度、硬度差，很少应用；图 6-2（b）为珠光体—铁素体灰铸铁，是在珠光体和铁素体混合的基体上，分布着较为粗大的石墨片，此种铸铁的强度、硬度尽管比前者低，但仍可满足一般机体要求，其铸造性、减震性均佳，且便于熔炼，是应用最广的灰铸铁；图 6-2（c）为珠光体灰铸铁，是在珠光体的基体上分布着均匀、细小的石墨片，其强度、硬度相对较高，常用于制造床身、机体等重要件。

灰铸铁的减振性好、耐磨性、导热性良好，缺口敏感性低，但机械性能较差，主要用来制造各种承受压力，并要求减振性、耐磨性好及缺口敏感性低的零件。抗压强度与石墨的存在基本无关，其抗压强度与钢相近。

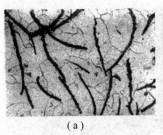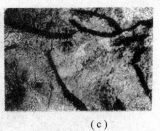

（a） （b） （c）

图 6-2 灰铸铁的显微组织

（a）铁素体灰铸铁；（b）铁素体—珠光体灰铸铁；（c）珠光体灰铸铁

为提高灰铸铁的力学性能，生产中常采用孕育处理。即在浇注前向铁液中加入一定量的孕育剂（硅铁、硅钙合金），通过这些大量高度弥散的人工晶核，获得细珠光体基体和细小均匀分布的片状石墨组织。铸铁孕育处理后提升为孕育铸铁。孕育铸铁具有较高的强度和硬度，壁厚敏感性较低。因此，孕育铸铁主要用于制造力学性能要求较高、截面尺寸变化较大的大型铸件，如汽缸、曲轴、凸轮、机床床身等。

灰铸铁的热处理主要用来消除铸件内应力和白口组织，改善切削加工性能，提高表面硬度和耐磨性等。灰铸铁的热处理有以下三个过程。

（1）去应力退火。退火方法是将铸件加热到 500～600 ℃，保温一段时间，随炉冷至 150～200 ℃后出炉空冷。

（2）石墨化退火。石墨化退火一般是将铸件加热到 850～950 ℃，保温 2～5 h，然后随炉冷却至 400～500 ℃后出炉空冷。

（3）表面淬火。有些铸件需要提高表面硬度和耐磨性，可进行表面淬火处理，如高频感应表面淬火等。淬火后表面硬度可达 50～55 HRC。

在生活中常见的灰铸铁的牌号表示为 HT＋数字，HT 是"灰铁"二字的汉语拼音字首，数字表示 $\varphi30$ mm 试棒的最小抗拉强度值（MPa）。

6.2.2 可锻铸铁

可锻铸铁是由白口铸铁通过石墨化或脱碳退火处理，改变其金相组织成分而获得的有较高韧性的铸铁。可锻铸铁的成分为：$w_C = 2.2\% \sim 2.8\%$，$w_{Si} = 1.2\% \sim 2.0\%$，$w_{Mn} = 0.4\% \sim 1.2\%$，$w_P \leqslant 0.1\%$，$w_S \leqslant 0.2\%$。可锻铸铁有铁素体和珠光体两种基体，如图 6-3 所示。

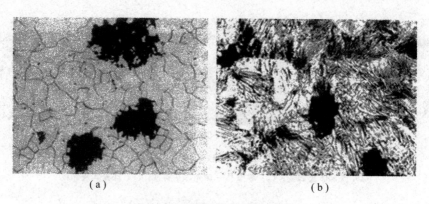

图 6-3 可锻铸铁的显微组织

(a) 铁素体；(b) 珠光体

可锻铸铁与灰铸铁相比，可锻铸铁的强度高，塑性和韧性好，但仍不能锻造。与球墨铸铁相比，可锻铸铁具有较高的低温冲击韧度和切削性能。可锻铸铁的力学性能优于灰口铸铁，并接近于同类基体的球墨铸铁，但比球墨铸铁的铁水处理简单、质量稳定、废品率低。在生产中，常用可锻铸铁加工一些截面较薄而形状复杂、工作时受振动，且要求有一定的塑性和韧性，承受冲击和振动的薄壁零件，如汽车、拖拉机的后桥外壳等。

可锻铸铁的生产分为两个步骤。第一步，先铸造纯白口铸铁，其组织中不允许有石墨出现，否则在随后的退火中，碳在已有的石墨上沉淀，得不到团絮状石墨；第二步，进行长时间的石墨化退火处理。退火过程如图 6-4 所示。若在第一阶段石墨化后，以较快速度冷却通过共析温度转变区，使第二阶段石墨化不能进行，则可得到珠光体可锻铸铁，如图 6-4 中曲线②。

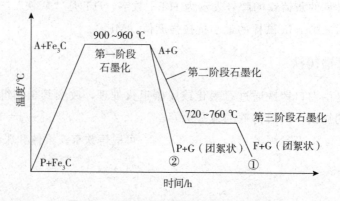

图 6-4 可锻铸铁的石墨化退火工艺曲线

可锻铸铁的牌号为：KTH/KTZ＋数字—数字，KT 是"可铁"二字的汉语拼音字首，H 表示"黑心"，Z 表示"珠光体"基体；两组数字分别表示其最低抗拉强度和最低伸长率。

常用可锻铸铁的牌号、力学性能及用途如表 6-2 所示。

表 6-2　可锻铸铁的牌号、力学性能及用途表

种类	牌号	试样直径/mm	R_m/MPa	$R_{p0.2}$/MPa	A_l/%	硬度/HBW	用途
			不小于				
	KTH300 - 06		300	—	6		
黑心可锻铸铁	KTH330 - 08		330	—	8	≤150	用于弯头、三通管件、中低压阀门等
	KTH350 - 10		350	200	10		用于各种扳手、犁刀、犁柱车轮壳等
	KTH370 - 12	12 或 15	370	—	12		用于汽车、拖拉机前后轮壳减速器壳,转向节壳、制动器及铁道零件等
	KTH450 - 06		450	270	6	150～200	
珠光体可锻铸铁	KTH550 - 04		550	340	4	180～230	用于载荷较高和耐磨损的零件,如曲轴、凸轮轴、连杆齿轮、活塞轮、轴套、耙片万向接头、棘轮、扳手、传动链条等
	KTH650 - 02		650	430	2	210～260	
	KTH700 - 02		700	530	2	240～290	

6.2.3　球墨铸铁

球墨铸铁是铁液经球化处理而不是在凝固后经过热处理,使石墨大部分或全部呈球状,有时少量为团絮状的铸铁。将一定量的球化剂加入铁液中使石墨球化的过程称为球化处理。常用的球化剂有镁、稀土和稀土镁合金(我国普遍采用)。

球墨铸铁的成分有:$w_C = 3.6\% \sim 3.9\%$,$w_{Si} = 2.0\% \sim 2.8\%$,$w_{Mn} = 0.6\% \sim 0.8\%$,$w_P \leqslant 0.1\%$,$w_S \leqslant 0.07\%$,$w_{Mg} = 0.03\% \sim 0.06\%$,$w_{RE} = 0.02\% \sim 0.04\%$。

1. 球墨铸铁的分类及特点

按基体组织不同,常用的球墨铸铁有铁素体球墨铸铁、珠光体球墨铸铁和铁素体—珠光体球墨铸铁等,如图 6-5 所示。通过合金化和热处理,还可获得下贝氏体、马氏体、屈氏体、索氏体和奥氏体等基体组织的球墨铸铁。

由于球状石墨对基体的割裂作用和引起应力集中的现象明显减小,球墨铸铁的抗拉强度、屈服强度、塑性、冲击韧性等大大提高,并具有良好的耐磨性、减振性和工艺性等。石墨球越圆整、直径越细小,分布越均匀,其力学性能越高。

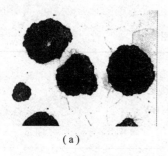
（a）

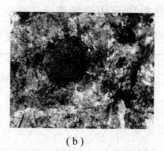
（b）

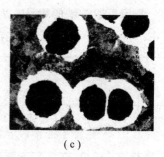
（c）

图 6-5　三种常用球墨铸铁的显微组织

（a）铁素体球墨铸铁；（b）珠光体球墨铸铁；（c）铁素体—珠光体球墨铸铁

球墨铸铁的特点很显著，屈强比钢约高一倍；疲劳强度、抗拉强度可接近一般中碳钢；耐磨性优于表面淬火钢；铸造性能优于铸钢；加工性能几乎可与灰铸铁媲美；熔炼工艺和铸造工艺都比灰铸铁要求高。正因为球墨铸铁如此显著的特点，进而球墨铸铁在工农业生产中得到了越来越广泛的应用，可代替铸钢、锻钢、可锻铸铁等制造一些受力复杂、性能要求较高的重要零件。

球墨铸铁的牌号为：QT＋数字－数字。QT 是"球铁"二字的汉语拼音字首，两组数字分别表示其最低抗拉强度和最低伸长率。

2. 球墨铸铁的热处理

目前，几乎所有钢所采用的热处理方法都能用于球墨铸铁，但因其含碳、硅量较多，所以热处理需要较高的加热温度和较长的保温时间。球墨铸铁的热处理过程有以下几点。

（1）退火。退火的目的在于获得铁素体基体。退火有高温退火和低温退火。前者工艺为：加热至 900～950 ℃，保温 2～5 h，随炉冷至 600 ℃左右出炉空冷；后者工艺为：加热至 720～760 ℃，保温 3～6 h，随炉冷至 600 ℃左右出炉空冷。

（2）正火。正火的目的是为了增加基体中珠光体的数量（使其占基体组织的 75％以上），并细化组织，提高球墨铸铁的强度和耐磨性。正火有高温正火和低温正火。前者工艺为：加热至 880～920 ℃，保温 3 h，然后空冷；后者工艺为：加热至 820～860 ℃，保温一定时间，使基体部分转变为奥氏体，部分保留为铁素体，空冷后得到珠光体和少量破碎铁素体的基体。

因正火会产生一定的应力，故正火后均应进行一次去应力退火（也可称为回火），其工艺是加热至 550～600 ℃，保温一定时间，然后出炉空冷。

（3）调质。对要求综合力学性能较高的球墨铸铁件，如连杆、曲轴等，可采用调质处理。调质处理一般只适用于小尺寸球墨铸铁件，尺寸过大时，内部淬不透，调质效果不好。其工艺为：加热至 850～900 ℃，使基体全部转变为奥氏体后，在油中淬火得到马氏体，然后经 550～600 ℃回火，空冷，获得回火索氏体基体组织。这种组织的铸件不仅强度高，而且塑性和韧性比正火后的珠光体球墨铸铁好，在生产中应用广泛。

（4）等温淬火。对一些综合力学性能要求高、外形比较复杂、热处理易变形或开裂的零件，可采用等温淬火。因为等温盐浴的能力有限，所以一般也仅限用于截面不大的零件，如齿轮、曲轴、凸轮轴等。其工艺为：加热至 840 ℃～900 ℃，保温后迅速放入 250 ℃～350 ℃的盐浴中等温 30～90 min，然后空冷。等温淬火后，球墨铸铁的组织为下贝氏体和球状石墨，其抗拉强度可达 1 200～1 450 MPa，硬度为 38～51 HRC。

6.2.4　蠕墨铸铁

蠕墨铸铁是具有片状和球状石墨之间的一种过渡形态的灰口铸铁，是一种以力学性能和导热性能较好以及断面敏感性小为特征的新型工程结构材料。蠕墨铸铁是在一定成分的铁水中加入适量的蠕化剂而炼成的，其铸造方法和工艺与球墨铸铁基本相同。目前主要采用的蠕化剂有镁钛合金、稀土镁钛合金或稀土镁钙合金等。

蠕墨铸铁的化学成分一般为：C％＝3.4％～3.6％；Si％＝2.4％～3.0％；Mn％＝0.4％～0.6％；S％＜0.06％；P％＜0.07％。

蠕墨铸铁的组织由金属基体和石墨组成，显微组织如图 6-6 所示。石墨的形态介于片状和球状之间，形状与片状石墨类似，但片短而厚，端部圆滑。基体组织有铁素体、珠光体和铁素体－珠光体三种。

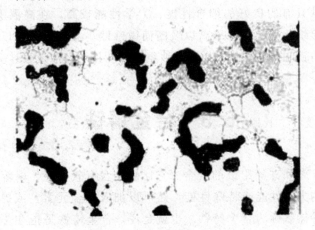

图 6-6　蠕墨铸铁的显微组织

蠕墨铸铁的性能介于灰铸铁和球墨铸铁之间，强度、塑性及韧性均优于灰铸铁，且壁厚敏感性比灰铸铁小得多。蠕墨铸铁强度接近于球墨铸铁，并具有一定的韧性和较高的耐磨性；其耐热疲劳性、减振性、铸造性和切削加工性优于球墨铸铁，与灰铸铁相近。基于这些特点，蠕墨铸铁主要用于制造形状复杂、要求组织致密、强度高、承受较大热循环载荷的铸件，如柴油机的汽缸盖、进（排）气管，阀体等。

蠕墨铸铁的牌号为：RuT＋数字。RuT 为"蠕铁"两字的汉语拼音缩写，数字表示最低抗拉强度。蠕墨铸铁的牌号、性能和用途如如表 6-3 所示。

表 6-3　蠕墨铸铁的牌号、性能和用途表

牌号	R_m/MPa	$R_{p0.2}$/MPa	Al/%	硬度/HBW	蠕化率/%	主要机体组织	用途
	不小于						
RuT420	420	335	0.75	200～280		P	用于活塞环、气缸套、制动盘、吸於泵体、钢珠研磨盘、玻璃磨具等
RuT380	380	300	0.75	193～274		P	
RuT340	340	270	1.0	170～249	≥50	P+F	用于重型机床,大型齿轮箱体、盖座,飞轮,起重机卷筒等
RuT300	300	240	1.5	140～217		P+F	用于排气管、变速箱体、气缸盖、液压件、纺织零件等
RuT260	260	195	3	121～197		F	用于增压器废气进气壳体、汽车底盘零件等

利用蠕墨铸铁具有的良好的综合性能、力学性能较高,在高温下有较高的强度,氧化生长较小、组织致密、热导率高以及断面敏感性小等特点,可以取代一部分高牌号灰铸铁、球墨铸铁和可锻铸铁,由此将取得良好的技术经济效果。

6.3　合金铸铁

铸铁是由铁、碳和硅等组成的合金。它比碳钢含有较多硫、磷等杂质元素。为了进一步提高铸铁的力学性能或特殊性能,还可以加入合金元素,或提高硅、锰、磷等元素的含量,这种铸铁称为合金铸铁。也就是说,合金铸铁是指在普通铸铁中加入一些合金元素而获得的具有较高力学性能或某些特殊性能的铸铁。

合金铸铁根据合金元素的加入量分为低合金铸铁(合金元素含量<3%)、中合金铸铁(合金元素含量为>10%)。合金元素能使铸铁基体组织发生变化,从而使铸铁获得特殊的耐热、耐磨、耐腐蚀、无磁和耐低温等物理-化学性能,因此这种铸铁也叫"特殊性能铸铁"。合金铸铁广泛用于机器制造、冶金矿山、化工、仪表工业以及冷冻技术等部门。

随着工业的发展,对铸铁性能的要求愈来愈高,不但要求它具有更高的力学性能,还要求它具有某些特殊的性能,如高耐磨性、耐热及耐蚀等。为此向铸铁(灰口铸铁或球墨铸铁)铁液中加入一些合金元素,可获得具有某些特殊性能的合金铸铁。合金铸铁与相似条件下使用的合金钢相比,熔炼简便、成本低廉,其具有良好的使用性能。

但它们大多具有较大的脆性，力学性能较差。

合金铸铁按使用性能不同，合金铸铁可分为耐磨铸铁、耐热铸铁和耐蚀铸铁。

6.3.1　耐磨铸铁

耐磨铸铁是指高硬度、在一定的磨损条件下具有高耐磨性的铸铁。其组织具有均匀的高硬度和耐磨性。铸铁具有良好的耐磨性能，虽然它的力学性能比钢差，脆性较大，容易碎裂，但在相同条件下比钢的成本低。若采取相应的设计和工艺处理，在一定条件下也能满足不同的要求，因此较为广泛用作摩擦副的耐磨材料。尤其是当摩擦副既要求耐磨性高，又要有好的减摩性时，往往采用铸铁比采用钢更为有利，如机床导轨、活塞环、汽缸套等零件主要采用耐磨铸铁制造。

在磨粒磨损条件下工作的铸铁，应具有高而均匀的硬度，白口铸铁就属于这类铸铁。由于白口铸铁脆性较大，不能承受冲击载荷，因此在生产上常采用激冷的办法来获得冷硬铸铁，即用金属型铸造铸件的耐磨表面，其他部位则采用砂型铸造。同时调整铁水的化学成分，采用高碳低硅，这样既可保证白口层的深度，又可保证其心部仍为灰口铸铁组织。用激冷方法制造耐磨铸铁，已广泛应用于轧辊和车轮等的铸造生产中。

在润滑条件下工作的耐磨铸件，要求在软的基体上牢固地嵌有硬的组织组成物。当软基体磨损后形成沟槽，可保持油膜。珠光体灰口铸铁基本上能满足这种要求，其组织中铁素体为软基体，渗碳体为硬组分，同时石墨片也起储油和润滑作用。高磷铸铁由于含有高硬度的磷共晶体，具有较高的耐磨性。在此基础上，如果加入 Cr、Mo、W、Cu 等合金元素，可以改善组织性能，提高基体的强度和韧性，从而使铸铁的耐磨性等得到更大的提高。

除了高磷铸铁以外，钒钛耐磨铸铁、铬钼铜耐磨铸铁和硼耐磨铸铁等也都具有优良的耐磨性能。耐磨铸铁可根据工作条件分为减磨铸铁和抗磨铸铁两大类。

1. 减磨铸铁

减摩铸铁的组织通常是在软基体上牢固地嵌有坚硬的强化相。控制铸铁的化学成分和冷却速度获得细片状珠光体基体能满足这种要求，铁素体是软基体，铸件的耐磨性随着珠光体数量的增加而提高；细片状珠光体耐磨性比粗片状好，粒状珠光体的耐磨性不如片状珠光体。

减磨铸铁用于在润滑条件下工作的零件，如机床导轨、汽缸套、活塞环、轴承等，其组织为在软基体上分布硬质点。常用的减摩铸铁有珠光体灰铸铁和高磷铸铁等。对于珠光体灰铸铁，珠光体中的铁素体为软基体，渗碳体为硬质点，铁素体和石墨被磨损后形成沟槽，起储油和润滑作用，渗碳体起支撑作用。为进一步提高珠光体灰铸铁的耐磨性，可将其中磷的质量分数提高到 $0.4\% \sim 0.6\%$，即成为高磷铸铁。其中，磷形成磷共晶，呈断续网状分布，形成坚硬的骨架，使铸铁更加耐磨。在高磷铸铁的基础上，还可再加入 Cr、Ti、Nb、Mo、W 等合金元素，改善组织，提高基体的强度、韧性和耐磨性，使铸铁的力学性能得到更大的提高。

2. 抗磨铸铁

抗磨铸铁用于在干摩擦、磨粒磨损条件下工作的零件，如轧辊、犁铧、抛丸机叶片、球磨机磨球等，具有高硬度和均匀的组织。抗磨铸铁具体分有冷硬铸铁、抗磨白口铸铁和中锰球墨铸铁。冷硬铸铁可用激冷的方法获得，具有外硬里韧的特点，可承受一定的冲击；抗磨白口铸铁，是向白口铸铁中加入适量的 Cr、Mo、W、Cu、V 等合金元素，具有一定的韧性、更高的硬度和耐磨性；中锰球墨铸铁具有较高的耐磨性、较好的强度和韧性，不需贵重合金元素，可用冲天炉熔炼，成本低，广泛用于制造在冲击载荷和磨损条件下工作的零件。

6.3.2 耐热铸铁

耐热铸铁是指可以在高温下使用，其抗氧化或抗生长性能符合使用要求的铸铁。耐热铸铁是一种在高温下使用的铸铁，因其具有良好的抗氧化、抗生长、抗热疲劳性能而受到普遍重视，通常，Cr、Si、Al 是保持其耐热性能的主要元素，尤其是当使用温度在 1 200 ℃左右时，Al 是必不可少的。铝耐热铸铁因脆性大，抗热疲劳性能差而使其应用受到限制。

耐热铸铁主要用于在高温下工作的零件，如炉底板、换热器、坩埚、炉内运输链条和钢锭模等，具有良好的耐热性。铸铁的耐热性是指铸铁在高温下抗氧化和抗生长的能力。可向铸铁中加入 Al、Si、Cr 等合金元素来提高铸铁的抗氧化和抗生长能力。这样可以在铸铁表面形成致密的氧化膜，保护内层不被氧化；同时提高铸铁的固态相变温度，使基体变为单相铁素体，不发生石墨化过程。耐热铸铁的种类很多，如硅系、铝系、铬系和镍系等，目前我国广泛采用其中的硅系和硅铝系的耐热铸铁。

1. 硅系耐热铸铁

硅系耐热铸铁是历史最悠久的一种片状石墨中硅铸铁，随含硅量的增加室温机械性能下降，含 Si＞6.5％时急剧下降。但碳、硅总量是个恒值，若 Si 高，则 C 就会排出，这一点要特别注意。

2. 铝系耐热铸铁

铝系耐热铸铁，随含 Al 量的增加，耐热性也不断增加，但使用范围不大，这是因为没有满意的加工性能，具有最低的机械性能和很大的脆性。

3. 铬系耐热铸铁

铬系耐热铸铁，提高含碳量有利于在抗磨条件下的耐热性；提高含硅量会增加抗氧化能力，但却降低了高温强度，降低了热稳定性，所以含 Si 量一般不超过 4％。

4. 高镍奥氏体铸铁

高镍奥氏体铸铁由于具有良好的抗热冲击，高温强度和抗蠕变强度，以及良好的耐热性等，愈来愈引起国内的重视。又由于它有室温及高温下良好的冲击韧性，能防止脆断，所以也常用它来代替硅系、硅铝系和铬系耐热铸铁。

6.3.3 耐蚀铸铁

耐蚀铸铁是指能够防止或延缓某种腐蚀介质腐蚀的特殊铸铁。耐蚀铸铁可根据金相组织、合金成分和适用的介质进行分类。在常见的腐蚀介质内，铸铁的化学成分比其金相组织对耐蚀性的影响更显著。通常多按铸铁的化学成分分类，耐蚀铸铁可分为高硅耐蚀铸铁、高铝耐蚀铸铁、高铬耐蚀铸铁等。目前，我国广泛采用高硅耐蚀铸铁。

普通高硅铸铁一般碳量可偏上限，以降低高硅铸铁的硬度、改善铸造工艺性能。锰不宜偏高，因对耐蚀性和力学性能均有不良影响。当含硅量小于 15.2% 时，其组织为少量片状石墨分布在富硅铁素体上；当其含硅量大于 15.2% 时，铁素体基体中析出 η 脆性相，随含硅量续增 η 相相应增多，铸铁变得更脆，而耐酸性则相应地增强。高硅铸铁对各种浓度、温度的硫酸、硝酸，室温的盐酸以及所有浓度、温度的氧化性混合酸、有机酸均有良好的耐蚀性。

含铝 3.5%～6% 的铸铁用于制造输送联碱氨母液、氯化铵溶液、碳酸氢铵母液等腐蚀介质的泵阀零件。在不含结晶物的氨母液中，铝铸铁的腐蚀率为 0.1～1.0 mm/a。在含结晶物的联碱溶液中，为提高铝铸铁的抗磨损腐蚀性能，可在铝铸铁中加入 4%～6%Si 和 0.5%～1.0%Cr，制得铝硅铸铁。

含铬 24%～35% 的白口铸铁称为耐蚀高铬铸铁。高铬铸铁的显微组织为奥氏体或铁素体加碳化物。一般说来，对于不含一定数量的稳定奥氏体合金元素（Ni、Cu、N）的高铬铸铁，当含碳量低于 1.3% 时易获得铁素体，含碳略高时易获得奥氏体基体。耐蚀高铬铸铁在氧化性腐蚀介质中显示出较好的耐蚀性，同时在含有固体颗粒的腐蚀介质中显示出优异的耐腐蚀和抗冲刷性能。

耐蚀铸铁应具有较高的耐腐蚀能力，同时还应具有一定的力学性能，主要用于化工部门，如管道、容器、阀门、泵等。在铸铁中常加入 Cr、Al、Si、Mo、Cu、Ni 等合金元素，这些元素可提高铁素体的电极电位，同时，Si、Al、Cr 等的加入能使铸铁表面形成一层致密完整而牢固的保护膜；此外，加入的合金元素还可改善铸铁组织中石墨的形状、大小和分布，以减小原电池的数量和降低电动势的大小而提高铸铁的耐蚀性。铸铁的基体组织最好是致密的、均匀的单相组织，中等大小而又不相互连贯的石墨对提高耐蚀性有利。至于石墨的形状则以球状或团絮状为好。

铸铁中加入能形成致密氧化膜的元素，如 Si、Cr、Al 等可提高铸铁的抗氧化性能。在 500～700 ℃ 工作的耐热铸件，常用低铬（Cr：0.5%～1.9%）或低铬低铜合金铸铁。在 ＞800℃ 工作的零件，主要用高硅（Si＞5%），高铝（Al：25%）和高铬（Cr：32～36%）的合金铸铁。目前硅和硅铝等合金铸铁应用较广，它们有很好的耐热性和高温强度。由于它们在使用中所表现出来的优越性和经济性，因而在某些情况下代替了铸钢件、锻件和可锻铸铁件。在大多数情况下，合金铸铁代替了非合金铸铁件。如动力机、化工设备、泵和压缩机。轧研设备和耐磨铸件、工作母机、金属加工模具等。

本 章 小 结

本章主要介绍了铸铁的概念及分类，对常用铸铁和合金铸铁的类别及用途做简单介绍。根据铸铁的典故可以得知铸铁在生活中的重要性。铸铁是含碳量在 2% 以上的铁碳合金，由铁、碳和硅组成的合金的总称。在一定条件下，渗碳体能分解为铁素体和石墨。因此，描述铁碳合金的结晶过程有亚稳定平衡的 $Fe-Fe_3C$ 相图和稳定平衡的 $Fe-G$ 相图。常用铸铁根据内部石墨形态的不同，可分为灰铸铁、可锻铸铁、球墨铸铁、蠕墨铸铁。合金铸铁是指在普通铸铁中加入一些合金元素而获得的具有较高力学性能或某些特殊性能的铸铁。

思考与练习

1. 什么是铸铁？与钢相比，铸铁有何优缺点？

2. 铸铁的石墨化有几个过程？

3. 影响铸铁的石墨化的因素有哪些？

4. 根据结晶过程中石墨化进行的程度不同，铸铁可分为哪几类？根据内部石墨形态的不同，铸铁可分为哪几类？

5. 灰铸铁、可锻铸铁、球墨铸铁、蠕墨铸铁的牌号分别为什么？

6. 球墨铸铁的热处理过程有哪些？

7. 可锻铸铁与灰铸铁相比，有何不同？

8. 什么是合金铸铁？按使用性能不同，合金铸铁有哪些分类？

9. 常用铸铁与合金铸铁有何区别？

10. 可锻铸铁的生产过程是什么？

第 7 章
非铁金属及其合金

本章导读

　　非金属材料就是钢铁材料之外的其他金属。非铁金属产量和使用量没有钢铁材料的使用率高，原因是成本比较高，并且在冶炼过程中有一定的难度。不过非金属材料仍然是机械制造中非常重要乃至不可或缺的主要工程材料，其所具有的化学与物理方面的一些特殊性能是具有其不可替代位置的重要原因。非铁金属即有色金属，具有特殊的电性能、磁性能、热性能，以及较高的耐蚀性和比强度，广泛应用于机电、仪表，特别是航空、航天等工业上。

　　有色金属的种类繁多，应用较广的是铝、铜、镁、钛及其合金以及轴承合金、硬质合金等。本章主要介绍非铁金属及其合金材料，对其概念和分类，以及它们各自的用途做简单介绍。

本章目标

- 了解了非铁金属即有色金属的发展和种类。
- 认识对非铁金属的概念。
- 理解非铁金属及其合金具体分类和各方面的应用。
- 能够初步认识各类的型号，在生活中能够根据情况合理选择合适的有色金属。

7.1　铝及铝合金

　　在非铁金属中，铝及铝合金是应用最广的金属材料，在地球的储存量比铁多，目前铝的产量仅次于钢铁材料。铝及其合金广泛应用于电气、车辆、化工等部门，也是航空和航天工业的主要结构材料。工业经济的飞速发展，对铝合金焊接结构件的需求日益增多，使铝合金的焊接性研究也随之深入。

7.1.1　工业纯铝

　　工业上使用的纯铝呈银白色，铝的密度为 2.7 g/cm³（约为钢的 1/3），熔点为 660 ℃,

导电、导热性较好（仅次于金、银和铜），塑性好，能通过冷、热变形制成各种型材，抗大气腐蚀性好。铝的强度低，经加工硬化后其强度可提高到 150～250 MPa，但塑性会下降 50%～60%。工业纯铝中通常会含有 Fe、Si、Cu、Zn 等杂质。随杂质含量增多，其强度提高，但导电性、导热性、耐蚀性及塑性会降低。

工业纯铝编号采用"铝"的汉字拼音字首加序号表示，如 L1，L2，L3，L4 等。L1 为 1 号纯铝，序号越大铝的纯度越低，含杂质元素越多，塑性及导电导热性越差。

铝的成分在 99%～99.85% 为工业纯铝，主要用于制作电线、电缆、器皿及配制合金等；铝的成分大于 99.85% 为工业高纯铝，主要用于制作铝箔、包铝及冶炼铝合金的原料；铸造纯铝为未加工纯铝，铸造纯铝的牌号由"Z＋Al＋数字"组成。其中，数字表示铝的名义百分含量；变形纯铝为加工纯铝，变形纯铝的牌号用 1××× 系列表示。

变形纯铝的牌号用 1××× 系列表示，牌号第二位为字母，表示原始纯铝的改型情况。若为 A，则表示为原始纯铝；若为 B～Y 的其他字母，则表示为原始纯铝的改型。牌号的最后两位为数字，表示最低铝百分含量。当最低铝百分含量精确到 0.01% 时，牌号的最后两位数字就是最低铝百分含量中小数点后面的两位。如 1A50、1A99、1A97 等。

7.1.2 铝合金

纯铝的强度较低，不宜用来制造承受载荷的结构零件。若向铝中加入适量的 Si、Cu、Mg、Mn 等元素配成铝合金，则可以得到较高强度的铝合金。若再经冷变形强化或热处理，则可进一步提高强度。因此，铝合金可用于制造承受较大载荷的机器零件和构件。铝合金密度低，但强度比较高，接近或超过优质钢，塑性好，可加工成各种型材，具有优良的导电性、导热性和抗蚀性，工业上广泛使用，使用量仅次于钢。

根据合金元素的含量和加工工艺的特点不同，铝合金可分为变形铝合金和铸造铝合金两大类。其分类方法是根据二元铝合金相图来确定的，如图 7-1 所示。

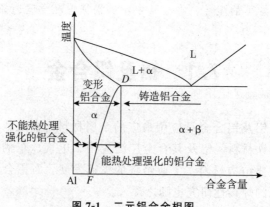

图 7-1　二元铝合金相图

成分在 D 点以左的合金，加热时能形成单相 α 固溶体组织，具有良好的塑性，适于变形加工，称为变形铝合金。变形铝合金又可分为不可热处理强化的变形铝合金和可热处理强化的变形铝合金。不可热处理强化的变形铝合金成分在 F 点以左，在加热冷却过程中，α固溶体的成分不改变，不能用热处理强化；热处理强化的变形铝合金成分位于 F 点与 D 点之间，在加热冷却过程中，α固溶体的成分随温度变化，会析出第二相提高强度。

成分在 D 点以右的铝合金具有共晶组织，液态金属流动性好，适于铸造成形，称为铸造铝合金。铸造铝合金在汽车上的使用量最多，占 80% 以上，包括重力铸造件、低压铸造件和其他特种铸造零件。变形铝合金包括板材、箔材、挤压材、锻件等。工业用铝合金材料中，铸件占 80% 左右，锻件占 1%～3%，其余为加工材料。

铝合金的热处理主要包括固溶处理和时效。固溶处理是将成分位于 F-D 之间的合金加热到 α 相区，经保温，获得单相 α 固溶体，然后迅速水冷，使第二相来不及从 α 固溶体中析出，在室温下得到过饱和的 α 固溶体，这种处理方法称为固溶处理；固溶处理后随时间延长而发生硬化的现象称为时效（即时效强化）。在室温下进行的时效称为自然时效；在加热条件下进行的时效称为人工时效。

举一个例子来说，如图 7-2 所示，将 Cu 的含量为 4% 的 Al-Cu 合金加热到 550 ℃ 并保温一段时间后，在水中快冷，使 θ 相（$CuAl_2$）来不及析出，得到过饱和 α 固溶体组织，其强度为 250 MPa。若将其在室温下放置，进行自然时效，随着时间的延续，合金强度将逐步提高，经过 4～5 天，强度可达到最高值 400 MPa。为加速时效进行，还可用人工时效。

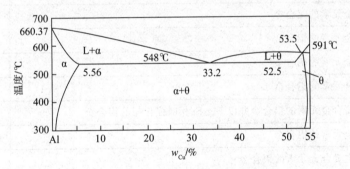

图 7-2 Al-Cu 合金相图

该 Al-Cu 合金的自然时效曲线和不同温度下的人工时效曲线如图 7-3 时效曲线所示。在室温以上时效时，温度越高，孕育期越短，时效速度越快，但强化效果越低；在室温以下时效时，温度越低，时效强化效果越小，当温度低至 -50 ℃时，强度几乎不变，即低温可以抑制时效的进行。

自然时效后的铝合金，在 230～250 ℃短时间（几秒至几分钟）加热后，快速水冷至室温，合金会重新变软，恢复到时效以前的状态。如再将其在室温中放置，仍能进行时效强化，这种现象称为回归。回归现象在实际生产中具有重要意义。时效强化后的铝合金可以重新变软，以便于维修和中间加工。

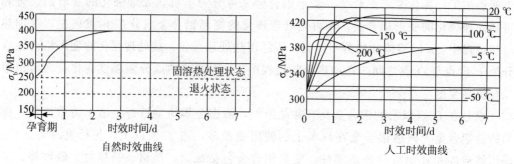

图 7-3　含 4%Cu 的 Al–Cu 合金时效曲线

如利用回归现象，可以随时进行飞机的铆接和修理。一些铝合金可以采用热处理获得良好的机械性能，物理性能和抗腐蚀性能。

7.1.3　变形铝合金

变形铝合金的牌号用四位字符体系表示，如 3A21、2A12 等。牌号的第一、三、四位为阿拉伯数字，第二位为英文大写字母。牌号的第一位数字按主要合金元素 Cu、Mn、Si、Mg、Mg₂Si、Zn 和其他元素的顺序来确定合金的组别。铝合金的组别见表 7-2。

表 7-2　铝合金的组别

组别	牌号系列
以铜为主要合金元素的铝合金	2×××
以锰为主要合金元素的铝合金	3×××
以硅为主要合金元素的铝合金	4×××
以镁为主要合金元素的铝合金	5×××
以镁和硅为主要合金元素的铝合金并以 Mg₂Si 相喂强化相的铝合金	6×××
以锌为主要合金元素的铝合金	7×××
以其他元素为主要合金元素的铝合金	8×××
备用合金组	9×××

第二位字母表示原始合金的改型情况，如果第二位字母为 A，则表示原始合金；如果为 B~Y（C，I，L，N，O，P，Q，Z 除外），则表示为原始合金的改型合金。牌号的最后两位数字没有特殊意义，仅用来区分同一组中不同的铝合金。

根据主要性能特点和用途，变形铝合金可分为防锈铝合金、硬铝合金、超硬铝合金和锻造铝合金。

1. 防锈铝合金

防锈铝合金主要是 Al–Mn 系和 Al–Mg 系合金。Mn 可提高耐蚀性，同时还有固溶强化的作用。Mg 除了起固溶强化作用外，还可以降低合金的密度。这类合金的时效硬化效果不明显，不宜通过热处理强化，可通过加工硬化来提高强度和硬度。因这类合金具有良好的耐蚀性，所以称为防锈铝合金。此外，这类合金还具有良好的塑性和焊接性能，但其强度较低，切削加工性能较差，主要用于制作需要弯曲或冷拉伸的高耐蚀性容器，以及受力小、耐蚀的制品与结构件。

常用的防锈铝合金有 5A05 和 3A21 等。

2. 硬铝合金

硬铝合金是 Al-Cu-Mg 系合金。Cu 和 Mg 可形成强化相。因这类合金通过固溶处理和时效可获得较高的强度和硬度，故称为硬铝合金。根据合金元素含量和性能特点，硬铝合金可分为低强度硬铝、标准硬铝和高强度硬铝三类。

低强度硬铝 Cu 和 Mg 含量较低，强度低，塑性高，采用固溶处理和自然时效可以强化，但时效速度较慢，主要用于制造铆钉，故又称为铆钉硬铝。常用的低强度硬铝有 2A02 和 2A10 等。

标准硬铝 Cu 和 Mg 含量中等，强度和塑性在硬铝合金中属于中等水平，故又称为中强度硬铝。这类合金淬火和退火后有较高的塑性，可进行冷弯、卷边、冲压等，主要用于制造轧材、锻材、冲压件和铆钉等。常用的标准硬铝有 2A11 等。

高强度硬铝 Cu 和 Mg 含量高，强度和硬度较高，有较好的耐热性，但塑性和变形加工能力差，适用于制造航空模锻件和重要的销轴等。常用的高强度硬铝有 2A12 等。

3. 超硬铝合金

超硬铝合金是 Al-Zn-Mg-Cu 系合金。Zn、Mg、Cu 可形成多种复杂的强化相，时效强化效果最好，强度和硬度高于硬铝，故称为超硬铝合金，它是目前强度最高的一类铝合金。超硬铝合金的耐蚀性较差，故也需要包铝保护。此外，其耐热性也较差，温度超过 120 ℃时就会软化。超硬铝合金主要用于制造要求重量轻、受力较大的结构件，如飞机大梁、蒙皮、起落架等。

常用的超硬铝合金有 7A04 和 7A09 等。

4. 锻造铝合金

锻造铝合金有 Al-Cu-Mg-Si 系普通锻造铝合金和 Al-Cu-Mg-Fe-Ni 系耐热锻造铝合金两类。其共同的特点是热塑性和耐蚀性较好，适于锻造。

普通铝合金常见牌号有 6A02、2A50、2A14 等，主要用于制造要求中等强度、较高塑性及耐蚀的锻件和模锻件，如压缩机叶轮、飞机上的框架、支架等。

耐热锻造铝合金常见牌号有 2A70、2A80、2A90 等，主要用于制造服役温度为 150～225 ℃的铝合金零件，如压缩机叶片、叶轮、飞机蒙皮、桁条等。

7.1.4 铸造铝合金

铸造铝合金的代号用"ZL 三位数字"表示。第一位数字是合金系列：1 是 Al-Si

系合金；2 是 Al - Cu 系合金；3 是 Al - Mg 系合金；4 是 Al - Zn 系合金。第二、三位数字是合金的顺序号。例如，ZL102 表示 2 号 Al - Si 系铸造合金。优质合金在数字后附加"A"。

铸造铝合金的种类很多，根据主加合金元素的不同，铸造铝合金主要有 Al - Si 系、Al - Cu 系、Al - Mg 系、Al - Zn 系四类，其中 Al - Si 系应用最为广泛。

1. Al - Si 系铸造铝合金

Al - Si 系铸造铝合金通常称为硅铝明。根据合金元素的种类和组元数目的不同，Al - Si 合金可分为简单硅铝明（Al - Si 二元合金）和特殊硅铝明（如 Al - Si - Mg 系、Al - Si - Cu - Mg 系等）。

硅的成分在 10%～13% 的简单硅铝明（ZL102）属于共晶成分，铸造后几乎可全部得到共晶组织，具有优良的流动性、较小的热裂倾向。其组织由 α 固溶体和粗大的针状硅晶体组成，如图 7-4 (a) 变质前的铸态组织图

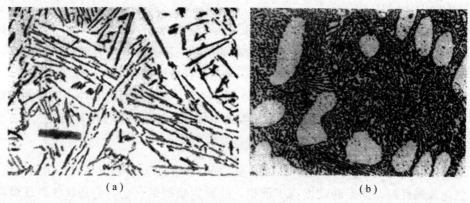

（a）　　　　　　　　　　　　（b）

图 7-4　ZL102 的铸态组织

(a) 变质前；(b) 变质后

由于针状硅晶体的存在，铸件的强度和塑性都很差。为提高其力学性能，生产上常采用变质处理，即浇铸前向合金液中加入质量分数为 2%～3% 的变质剂（一般为钠盐混合物：2/3NaF＋1/3NaCl），停留十多分钟后浇铸，可使组织明显细化。

因变质剂会使共晶点向右下方移动，故变质后的 ZL102 为亚共晶合金，组织为树枝状的初生 α 固溶体＋细小均匀的共晶体（小粒状硅晶体均匀分布在铝基体上），如图 7-4 (b) 变质后的铸态组织图所示，其强度和塑性得到了提高。它具有良好的铸造性、耐热性、耐蚀性和焊接性，不能热处理强化，且强度较低。仅适用于制造形状复杂、耐蚀、但强度要求不高的铸件，如仪表、水泵壳体等。

为提高硅铝明的强度，常在合金中加入一些能形成强化相的 Cu、Mg 等合金元素，以获得能进行时效强化的特殊硅铝明。这种合金在变质处理后还可通过固溶处理和时效进一步强化，R_m 可达 200～270 MPa。因此，这种合金可用于制造中低强度形状复杂、耐蚀的铸件，如电动机壳体、风机叶片、内燃机活塞气缸体等。常用代号有

ZL101、ZL104、ZL105、ZL108 等。

2. Al - Cu 系铸造铝合金

Al−Cu 系铸造铝合金的 Cu 含量不低于 4%，强度较高，耐热性较好，可通过热处理提高强度，但铸造性能不好，有热裂和疏松倾向，耐蚀性差，主要用于制造要求较高强度或高温下不受冲击的零件。常用代号有 ZL201、ZL202、ZL203 等。

3. Al - Mg 系铸造铝合金

Al−Mg 系铸造铝合金的密度小（仅为 2.55 g/cm³），强度高，耐蚀性好，可进行时效强化，但铸造性能差，耐热性差，主要用于制造外形简单、承受冲击载荷、在腐蚀性介质中工作的零件，如舰船配件、氨用泵体等。常用代号有 ZL301、ZL303 等。

4. Al - Zn 系铸造铝合金

Al - Zn 系铸造铝合金的铸造性能优良，价格便宜，经变质和时效处理后，有较高的强度，但耐蚀性差，热裂倾向大，主要用于制造形状复杂、受力小的汽车发动机零件及仪表零件等。常用代号有 ZL401、ZL402 等。

铸造铝合金的铸件形状较复杂，组织较粗大，并有严重偏析，因此与变形铝合金相比，固溶处理温度应高些，保温时间应长些，以使粗大析出物尽量溶解，并使固溶体成分均匀化。固溶处理一般用水冷却，且多采用人工时效。

铸造铝合金具有优良的铸造性能，可根据使用目的、零件形状、尺寸精度、数量、质量标准、力学性能等各方面的要求和经济效益选择适宜的合金和合适的铸造方法。

铝合金是工业中应用最广泛的一类有色金属结构材料，在航空、航天、汽车、机械制造、船舶铝合金及化学工业中已大量应用。主要合金元素有铜、硅、镁、锌、锰，次要合金元素有镍、铁、钛、铬、锂等。

7.2 铜及铜合金

铜是人类最早发现和使用的金属材料，铜的熔点低，易合金化，是人类使用的最古老的金属之一，早在公元前 7 000 年人类就认识了自然铜，大约在公元前 3 000 年左右在世界各地出现了具有较高水平的铜冶炼业。3 500 年前人们开始用铜合金制作生活器皿，开创了辉煌灿烂的古代青铜文明。

现代工业文明制品，大多数使用金属材料，尤其是重要部件，显示了其的可靠性，但使用单一金属的情况很少，大多使用合金材料，合金品种多，制造工艺各有特色。铜及铜合金的特点不单纯是强度，主要是导、电导热性能优良，必须充分发挥其的导电性能好的优势，才能最大限度地为社会做贡献。近现代，特别是 17 世纪的产业革命及法拉第电磁感应定律发现以来，由于铜及铜合金具有优良的导电、导热、耐蚀性能，易于加工，外表美观而大规模应用于现代工程技术领域，广泛应用于机械、电子、电气、化工、交通、能源、建筑、信息通讯等领域，据统计，一些发达国家铜及铜合金与钢的消费比例大约在 1.3：100 左右，铜及铜合金的品种及消费量已成为衡量一个国家工业技术水平的标志之一。

同时铜及铜合金是当前最佳的环保材料，用于各种器件上的铜合金可以做到完全回收，循环使用。再生铜可以保持其原来的各种优越性能，这点是其他再生材料所不可比拟的。在我国铜资源相对短缺的情况下，充分利用再生铜资源已成为一种新兴的产业。

目前随着电子产品、汽车产量的增加，具有优良导电、导热性能的铜加工产品需求不断增加，产品趋向薄壁化、大批量化，尤其是对引线框架、端子及连接器用带材的精度、平直度、表面粗糙度、光泽度等的要求越来越高。

7.2.1 工业纯铜

纯铜为紫色，又称紫铜，密度为 8.9 g/cm^3，熔点为 1 083 ℃，具有面心立方晶格，无同素异构转变，无磁性。工业纯铜分为四种：T1、T2、T3、T4。其中，编号越大，纯度越低，杂质含量越多。

纯铜的导电性和导热性良好，并具有抗磁性，在大气和淡水中有良好的耐腐蚀性能。纯铜的强度、硬度不高，塑性、韧性、低温力学性能及焊接性良好，适宜进行各种冷热加工，通常用来做电线、电缆、铜管及配制铜合金等，不宜制造受力的结构件。

工业纯铜中常含有质量分数为 0.1%～0.5% 的杂质，如铅、铋、氧、硫、磷等。杂质含量越高，其导电性越差，并易产生热脆和冷脆。由于纯铜强度低，因此机械中的结构零件使用的是铜合金。

工业纯铜按照加工程度分为未加工铜和加工铜。未加工铜即铜锭、电解铜，其代号有 Cu-1、Cu-2 两种；加工铜即铜材，其代号有 T1、T2、T3 三种，其后的数字越大，表示杂质含量越高。

7.2.2 铜合金

铜合金是以铜为主要元素，加入少量其他元素形成的合金。铜合金具有较高的强度和硬度，同时还保持着纯铜的某些优良性能，常作为工程结构材料。

按生产方法不同，铜合金可分为加工铜合金和铸造铜合金。按化学成分不同，铜合金可分为黄铜、青铜和白铜。应用最广泛的是黄铜和青铜。

黄铜是以 Zn 为主要添加元素的铜合金。按化学成分不同，黄铜可分为普通黄铜和特殊黄铜；按生产方法不同，黄铜可分为加工黄铜和铸造黄铜。

1. 黄铜

普通黄铜是由铜与锌组成的合金。普通黄铜有加工普通黄铜和铸造普通黄铜。

加工普通黄铜的代号以"H＋数字"表示，H 表示黄铜的汉语拼音字首，数字表示铜的质量分数。例如，H68 表示铜的质量分数为 68% 的普通黄铜。常用的单相黄铜有 H68、H70 等，常用于制造形状复杂、要求耐蚀的零件；常用的双相黄铜有 H59、H62 等，广泛用于热轧、热压零件。

铸造普通黄铜的代号以"Z＋Cu＋数字"表示，数字表示主要合金元素符号及表示该元素名义百分含量。其特点有熔点低于纯铜，铸造性能好，组织致密。基于这些特点，铸造普通黄铜主要用于制造一般结构件和耐蚀件。

普通黄铜的组织和性能主要受含锌量的影响。如图 7-5 所示为黄铜含锌量与力学性能的关系，当锌含量小于 32％时，合金的强度和塑性都随锌含量的增加而提高，适于冷变形加工；当锌含量为 30％～32％时，塑性最高；当锌含量大于 32％时，塑性下降；当锌含量为 40％～45％时，强度继续增加至最高，但塑性开始下降，不宜冷变形加工，因高温下塑性好，可进行热变形加工；当锌含量大于 45％时，铜合金的塑性和强度均急剧下降，脆性很大，在工业上无实用意义。

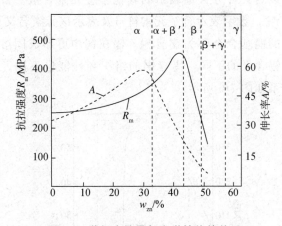

图 7-5　黄铜含锌量与力学性能的关系

在普通黄铜的基础上加入合金元素形成的铜合金，即可得到特殊黄铜。常加的合金元素有 Pb、Al、Sn、Mn、Si 等，通常根据加入的元素名称相应地称为铅黄铜、锡黄铜等。

在普通黄铜的基础上加入不同种类的合金元素有不同的影响。Pb 可改善切削加工性和耐磨性；Al 可提高强度、硬度和耐蚀性；Al、Sn、Mn、Si 可提高耐蚀性，减少应力腐蚀破裂的倾向。加工特殊黄铜中的合金元素较少，塑性较高；铸造特殊黄铜中的合金元素较多，强度和铸造性能好。

特殊黄铜有加工特殊黄铜和铸造特殊黄铜。

加工特殊黄铜的代号为"H（黄）＋主加元素符号（Zn 除外）＋铜平均百分含量（数字）－主加元素平均百分含量（数字）"，第一组数字是以名义百分含量表示的铜含量，第二组数字是以名义百分含量表示的主加合金元素含量。如 HPb59－1 表示含铜量约为 59％、含铅量约为 1％、其余为锌的压力加工铅黄铜。

铸造特殊黄铜的牌号由"Z（铸造）＋Cu 元素符号＋主加元素符号＋表明合金化

元素名义百分含量的数字"组成，数字表示合金元素符号及表示该元素名义百分含量，如 ZCuZn33Pb2 表示含锌量约为 33％、含铅量约为 2％ 的铸造铅黄铜。

特殊黄铜强度、耐蚀性比普通黄铜好，铸造性能得到改善，主要用于船舶及化工零件，如冷凝管、齿轮、螺旋桨、轴承、衬套及阀体等。

2. 青铜

青铜是除黄铜和白铜（铜镍合金）以外的其他铜合金称为青铜。青铜按照含有元素的不同分为含锡元素的普通青铜和不含锡元素的特殊青铜，特殊青铜主要包括铝青铜、铍青铜等；按生产方法不同分为加工青铜和铸造青铜。

加工青铜的代号表示方法为"Q（青）＋第一主合金元素的符号及平均含量（数字）－其他合金元素的含量（数字）"，第一组数字为以名义百分含量表示的主加元素含量，第二组数字为以名义百分含量表示的其他合金元素含量。铸造青铜的代号表示方法为"Z＋Cu＋数字"，数字表示合金元素符号及表示该元素名义百分含量。

以锡为主加元素的铜基合金称为锡青铜。锡在铜中可形成固溶体，也可形成金属化合物。因此，根据锡含量的不同，锡青铜的组织和性能也不同。锡青铜的组织和力学性能与锡含量的关系如图 7-6 所示。

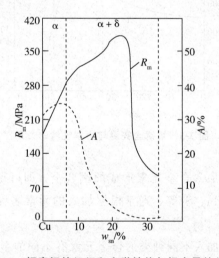

图 7-6　锡青铜的组织和力学性能与锡含量的关系

当 $w_{sn} < 7\%$ 时，锡溶于铜中形成 α 固溶体，塑性好。在此范围内，随锡含量的增加，合金的强度、塑性增加。当 $w_{sn} > 7\%$ 后，合金组织中出现硬而脆的 δ 相（以 Cu31Sn8 为基的固溶体），其强度继续升高，但塑性急剧下降。当 $w_{sn} > 20\%$ 时，由于 δ 相过多，合金变脆，强度急剧下降，无实用价值。因此，工业用锡青铜的锡含量一般在 3％～14％ 之间。$w_{sn} < 5\%$ 的锡青铜适于冷加工，$w_{sn} = 5\%～7\%$ 的锡青铜适于热加工，$w_{sn} > 10\%$ 的锡青铜适于铸造。

锡青铜具有良好的耐蚀性、无磁性、无冷脆现象，在大气、海水及无机盐溶液中的耐蚀性比纯铜和黄铜好，但在硫酸、盐酸和氨水溶液中的耐蚀性较差，铸造流动性差，易形成分散缩孔，铸造收缩率小。锡青铜主要用于制造仪表上要求耐磨、耐蚀的零件，以及弹性和抗磁零件等。锡青铜适于铸造形状复杂、尺寸要求精确、但对致密度要求不高的零件。锡青铜的常用牌号有 QSn4-3，QSn6.5-0.4，ZCuSn10Pb1 等。

加工锡青铜适用于仪表上要求耐磨和耐蚀的零件、弹性零件、滑动轴承、轴套及抗磁零件等；铸造锡青铜适用于形状复杂、外形尺寸要求严格、致密性要求不高的耐磨、耐蚀件，如轴瓦、轴套、齿轮、蜗轮、蒸汽管等。

铝青铜是以铝为主要合金元素的铜合金，铝含量为 5%～11%。$w_{Al}=5\%\sim7\%$ 时，铝青铜的塑性最好，适于冷变形加工；$w_{Al}=7\%\sim12\%$ 时，铝青铜的强度较高，但塑性很低，适于铸造。铝青铜的强度、硬度、耐磨性、耐热性及耐蚀性均高于黄铜和锡青铜，有良好的铸造性，但焊接性能差。铝青铜常用的牌号有 QAl5、QAl7、ZCuAl8Mn13Fe3Ni2 等。

铝青铜有较高的耐热性、耐磨性、强度、硬度和韧性，能进行热处理强化，在大气、海水、碳酸及大多数有机酸中的耐蚀性均比黄铜和锡青铜高。铝青铜主要用于制造船舶、飞机及仪器中的高强、耐磨、耐蚀件，如齿轮、轴承、蜗轮、轴套、螺旋桨等。铸造铝青铜的结晶温度范围窄，流动性好，缩孔集中，易获得致密的铸件，但其收缩率大。主要用于制造仪器中要求耐蚀的零件和弹性元件。

铍青铜是以铍为主加元素的铜合金，铍含量为 1.7%～2.5%，具有高的强度、弹性极限、耐磨性、耐蚀性，以及良好的导电性、导热性，受冲击不产生火花，可进行冷、热加工和铸造成型，但生产工艺复杂，价格昂贵。铍青铜主要用于制造仪器、仪表上的重要弹性元件和耐蚀、耐磨零件。铍青铜常用牌号有 QBe2、QBe1.7、QBe1.9 等。

铍青铜常用于重要的弹性件、耐磨件，如精密弹簧、膜片、高速高压轴承、防爆工具和航海罗盘等重要机件。

7.3　轴承合金

用来制造滑动轴承中的轴瓦及其内衬的合金称为轴承合金。轴瓦可直接用耐磨合金制成，也可在钢表面浇注（或轧制）一层耐磨合金形成复合的轴瓦。用于制造滑动轴承（轴瓦）的材料，通常附着于轴承座壳内，起到减摩作用，又称轴瓦合金。

锡青铜是人类应用最早的合金，至今已有约 4 000 年的历史。它具有耐腐蚀、耐磨损，有较好的力学性能和工艺性能，具有焊接和钎焊冲击时不产生火花的特性；人类对锡青铜用作减摩零件和滑动轴承使用，可以追溯到 18 世纪中叶的工业革命时期。最早的轴承合金是 1839 年美国人巴比特（I. Babbitt）发明的锡基轴承合金（Sn-7.4Sb-3.7Cu），以及随后研制成的铅基合金，因此称锡基和铅基轴承合金为巴比特合金（或巴氏合金）。巴比特合金呈白色，又常称"白合金"（white metal）。巴比特合金已发展

到几十个牌号，是各国广为使用的轴承材料，相应合金牌号的成分十分相近。中国的锡基轴承合金牌号用"Ch"符号表示。牌号前冠以"Z"，表示是铸造合金。如含有11%的Sb和6%的Cu的锡基轴承合金牌号为"ZChSnSb11-6"。

为了保证机器正常、平稳、无声地运行，轴承合金应满足一系列性能要求：在工作温度下具有足够的强度、硬度和疲劳强度，以承受交变载荷；具有足够的塑性和韧性，保证与轴的良好配合，以抵抗冲击和振动；有高的耐磨性、良好的磨合性，使其与轴较快紧密配合；高的耐磨性和较小的摩擦系数，并能储存润滑油；具有良好的耐蚀性和导热性、较小的膨胀系数，以防咬合；有良好的工艺性和铸造性能，以确保容易制造，价格低廉。

常用轴承合金的组织软基体上分布着硬质点，这样可降低轴与轴瓦之间的摩擦系数，减少轴和轴承的磨损。同时，软基体能承受冲击和振动，使轴和轴瓦能很好地结合，并能起嵌藏外来小硬物的作用，保证轴颈不被划伤；硬基体上分布着软质点，轴承合金的组织为硬基体（其硬度略低于轴颈硬度）上分布着软质点时，其摩擦系数低，能承受较大的载荷，但磨合性较差。

铸造轴承合金牌号由其基体金属元素及主要合金元素的化学符号组成。主要合金元素后面跟有表示其名义百分含量的数字（名义百分含量为该元素的平均百分含量的修约化整值）。

如果合金元素的名义百分含量不小于1，该数字用整数表示；如果合金元素的名义百分含量小于1，一般不标数字，必要时可用一位小数表示。在合金牌号前面冠以字母"Z"表示铸造合金。

常用轴承合金按主要成分不同分为锡基、铅基、铜基和铝基，在这些轴承材料中，铜基合金、铝基合金使用最多。其中锡基和铅基常称为巴氏合金，巴氏合金具有软相基体和均匀分布的硬相质点组成的组织。巴氏合金具有较好的减摩性能。这是因为在机器最初的运转阶段，旋转着的轴磨去轴承内极薄的一层软相基体以后，未被磨损的硬相质点仍起着支承轴的作用。继续运转时，轴与轴承之间形成连通的微缝隙。巴氏合金的牌号为Z+基本元素符号+主加元素符号+主加元素质量分数+辅加元素符号+辅加元素质量分数，比如ZSnSb11Cu6，表示含锑为11%，含铜量为6%的铸造锡基轴承合金。

7.3.1　锡基轴承合金

锡基轴承合金（Sn-Sb-Cu系合金）是以锡（Sn）为主并加入少量锑（Sb）、铜（Cu）等元素组成的合金，熔点较低，是软基体硬质点组织类型的轴承合金，也称为锡基巴氏合金。

锡基轴承合金具有较高的耐磨性、导热性、耐蚀性和嵌藏性，摩擦系数和热膨胀系数小，但抗疲劳强度较差。由于锡属于稀缺元素，价格很高，故常用于工作温度不超过150℃、较重要的轴承，如汽车发动机、汽轮机等的高速轴承。常用牌号为

ZSnSb11Cu6。

为了提高轴承的强度和使用寿命，生产中常采用离心铸造的方法将锡基轴承合金镶铸在钢制轴瓦表面上，形成薄且均匀的一层内衬（称为挂衬）。这种双金属层结构的轴承称为"双金属轴承"。

7.3.2　铅基轴承合金

铅基轴承合金（Pb – Sb – Sn – Cu 系合金）是以 Pb 为主，加入少量 Sb、Sn、Cu等元素的合金，又称为铅基巴氏合金。铅基巴氏合金的编号方法与锡基合金相同。

铅基轴承合金的强度、硬度、耐蚀性和导热性都不如锡基轴承合金，但其成本低，高温强度好，有自润滑性，故铅基轴承合金常用于低速、低载条件下工作的场合，如汽车、拖拉机曲轴的轴承等，如图 7-7 铅基轴承合金轴瓦，常用牌号为 ZPbSb16Sn16Cu2。

图 7-7　铅轴承合金轴瓦

7.3.3　铝基轴承合金

铝基轴承合金是以铝为基体加入锑和锡等合金元素所组成的合金，具有密度小，导热性和耐蚀性好、疲劳强度高，成本低等优点，而且原料丰富，价格便宜，广泛应用于高速和重载下工作的汽车、拖拉机和柴油机轴承等。铝基轴承合金的线膨胀系数大，运转时容易与轴咬合使轴磨损，可通过提高轴颈硬度，加大轴承间隙，降低轴承和轴颈表面粗糙度值等办法来解决。常用的铝基轴承合金有铝锑镁轴承合金和铝锡轴承合金两类。

铝锑镁轴承合金的含量为 $w_{Sb} = 3.5\% \sim 4.5\%$，$w_{Mg} = 0.3\% \sim 0.7\%$，其余为 A_l，它与 08 钢板一起热轧成双金属轴承，生产工艺简单，成本低廉，并具有良好的疲劳强度和耐磨性，但承载能力不大，故适用于制造负荷小于 20 MPa，滑动速度低于 10 m/s的轴承。

铝锡轴承合金以 08 钢为衬背，轧制成双合金带，具有较高的疲劳强度和良好的耐热性、耐磨性及耐蚀性，而且生产工艺简单，成本低，可制造负荷高达 3 200，滑动速度低于 13 m/s 的轴承。目前，铝锡轴承合金已代替其他轴承合金，广泛应用于汽车、

拖拉机和内燃机车中。

铜基减摩合金、锡基减摩合金和铅基减摩合金等滑动轴承合金也被当今业内称为传统减摩合金。20 世纪 70 年代初期，加拿大 Norand Mines Limied 研究中心与美国 Zastern 公司合作，研制出锌基 long smetal 减摩合金 ZA8、ZA12、ZA27 等，并将 ZA27 减摩合金应用在轧钢机、压力机、齿轮箱、磨煤机、空调、精密机床等低速、重载的工作场合，全面替代了传统的铜基合金减摩材料。新一代 long smetal 减摩合金的问世受到国际上广大用户的极大关注，许多工业发达国家都在 long smetal 研发上投入更多的人力、物力，仅美国就有数十家公司开发 long smetal 铝基、锌基等系列减摩合金。由于 long smetal 具有优良的减摩性、较好的经济性，在制造业领域迅速得到推广并全面替代铜基合金、巴氏合金等传统减摩合金，具有很强的市场竞争力。后来人们称 long smetal 轴承合金为新型减摩合金。缘于新型 long smetal 与传统的巴氏合金皆可用于制造滑动轴承，而且制造成本远远低于巴氏合金，故 long smetal 被国内音译为"龙氏合金"，业内称 long smetal 为新型减摩合金，更多人习惯称之为新型轴承合金。

7.4　钛及钛合金

7.4.1　工业纯钛

纯钛是灰白色的轻金属，密度为 4.54 g/mm³，熔点约为 1 668 ℃。纯钛的热膨胀系数小，导热性差，塑性好，强度、硬度低，容易加工成形，可制成细丝和薄片。钛可与氧、氮形成致密的保护膜，因此在大气、高温气体、海水及许多酸碱腐蚀性介质中都有良好的耐蚀性。

钛具有同素异构转变，882.5 ℃以下为密排六方晶格的 α - Ti，882.5 ℃以上为体心立方晶格的 β - Ti。此同素异构转变对强化有很重要的意义。

工业纯钛中常含有 O、N、Fe、H、C 等杂质元素，少量杂质可使钛的强度和硬度显著提高，而塑性和韧性明显下降。

按杂质含量不同，工业纯钛可分为 TA1、TA2、TA3、TA4 等。工业纯钛常用于工作温度在 350 ℃以下、强度要求不高的零件和冲压件，如石油化工用的反应器、海水净化装置、船舶用管道等。

7.4.2　钛合金

在纯钛的基础上加入合金元素可形成钛合金。钛有两种同质异晶体：钛是同素异构体，熔点为 1 668 ℃，在低于 882 ℃时呈密排六方晶格结构，称为 α-钛；在 882 ℃以上呈体心立方品格结构，称为 β-钛。利用钛的上述两种结构的不同特点，添加适当的合金元素，使其相变温度及组分含量逐渐改变而得到不同组织的钛合金。按室温组织不同，钛合金可分为 α 钛合金、β 钛合金、α＋β 钛合金三类，其牌号分别以 TA、TB、TC 加数字表示。

1. α 钛合金

在钛中加入 Al、B 等 α 稳定化元素可获得 α 钛合金。α 钛合金的高温（500～600 ℃）强度高，组织稳定，抗氧化性、抗蠕变性及焊接性能好，但室温强度比 β 钛合金和 α＋β 钛合金都低，塑性变形能力也较差。α 钛合金不能淬火强化，主要依靠固溶强化，热处理只进行退火，包括变形后的消除应力退火或消除加工硬化的再结晶退火。

α 钛合金的典型牌号是 TA7，其成分为 Ti－5Al－2.5Sn，使用温度不超过 500 ℃，主要用于制造导弹的燃料罐、超音速飞机的涡轮机匣等。

2. β 钛合金

在钛中加入 Mo、Cr、V 等 β 稳定化元素可得到 β 钛合金。β 钛合金有较高的强度、优良的冲击性能，并可通过淬火和时效进行强化。在时效状态下，合金的组织为 β 相和细小弥散分布的 α 相粒子。β 钛合金的典型牌号是 TB2，其成分为 Ti－5Mo－5V－8Cr－3Al，一般在 350 ℃以下使用，适于制作重载荷回转件，如飞机压气机叶片、轴、轮盘等。

3. α＋β 钛合金

在钛中加入 β 稳定化元素和 α 稳定化元素可得到 α＋β 钛合金，它具有 α 和 β 两类钛合金的优点，即良好的热强性、耐蚀性、低温韧性和塑性，易于锻压，经淬火时效强化后，强度可提高 50％～100％。

α＋β 钛合金的典型牌号是 TC4，其成分为 Ti－6Al－4V。该合金在 400 ℃时组织稳定，蠕变强度较高，低温时韧性好，并有良好的抗海水及抗热盐应力腐蚀的能力，适于制造在 400 ℃以下长期工作、要求有一定高温强度的发动机零件、核潜艇零件，以及在低温下使用的火箭、导弹的液氢燃料箱部件等。

7.5　粉　末　冶　金

粉末冶金材料是用几种金属粉末或金属与非金属粉末做原料，通过配料、压制成形、烧结和后处理等工艺过程而制成的材料。生产粉末冶金材料的方法称为粉末冶金法。粉末冶金法与生产陶瓷有相似的地方，均属于粉末烧结技术，因此一系列粉末冶金新技术也可用于陶瓷材料的制备。由于粉末冶金技术的优点，它已成为解决新材料问题的钥匙，在新材料的发展中起着举足轻重的作用。

粉末冶金包括制粉和制品。其中制粉主要是冶金过程，和字面吻合。而粉末冶金制品则常远远超出材料和冶金的范畴，往往是跨多学科（材料和冶金，机械和力学等）的技术。尤其现代金属粉末 3D 打印，集机械工程、CAD、逆向工程技术、分层制造技

术、数控技术、材料科学、激光技术于一身，使得粉末冶金制品技术成为跨更多学科的现代综合技术。

7.5.1　粉末冶金

粉末冶金是制取金属粉末或用金属粉末（或金属粉末与非金属粉末的混合物）作为原料，经过成形和烧结，制取金属材料、复合材料以及各种类型制品的工业技术。目前，粉末冶金技术已被广泛应用于交通、机械、电子、航空航天、兵器、生物、新能源、信息和核工业等领域，成为新材料科学中最具发展活力的分支之一。粉末冶金技术具备显著节能、省材、性能优异、产品精度高且稳定性好等一系列优点，非常适合于大批量生产。另外，部分用传统铸造方法和机械加工方法无法制备的材料和复杂零件也可用粉末冶金技术制造，因而备受工业界的重视。

广义的粉末冶金制品业涵括了铁石刀具、硬质合金、磁性材料以及粉末冶金制品等。狭义的粉末冶金制品业仅指粉末冶金制品，包括粉末冶金零件（占绝大部分）、含油轴承和金属射出成型制品等。

粉末冶金法不但可以生产多种具有特殊性能的金属材料，而且还可以制造很多机械零件，如齿轮、凸轮、轴承、摩擦片、含油轴承等。与一般零件的生产方法相比，粉末冶金具有少切削或无切削、生产率高、材料利用率高、节省生产设备和占地面积等优点。下面主要介绍硬质合金。

7.5.2　硬质合金

硬质合金是以 WC、TiC、TaC 等高熔点、高硬度的碳化物为主要成分，并加入钴（或镍）作为黏结剂，通过粉末冶金法制得的一种粉末冶金材料。

硬质合金具有硬度高，热硬性高，耐磨性好，抗压强度高，在大气、酸、碱等介质中具有良好的耐蚀性及抗氧化性，线膨胀系数小等优点。目前常用的硬质合金材料有钨钴类硬质合金、钨钛钴类硬质合金、万能硬质合金等。

1. 钨钴类硬质合金

钨钴类硬质合金的主要成分是 WC 和 Co。其牌号由"YG"（"硬、钴"两字汉语拼音字首）和平均含钴量组成。例如，YG8 表示平均含 Co 含量为 8％的钨钴类硬质合金。钴含量越高，合金的抗弯强度、韧性越好。钨钴类合金主要用于硬质合金刀具、模具。

2. 钨钛钴类硬质合金

钨钛钴类硬质合金的主要成分是 WC、TiC 和 Co。其牌号由"YT"（"硬、钛"两字汉语拼音字首）和 TiC 的平均含量组成。例如，YT15 表示平均 TiC 含量为 15％的钨钛钴类硬质合金。碳化钛含量越高，合金硬度越高，耐热性越好。该合金具有较高的耐热性和耐磨性，主要用于加工切削黑色金属的刀具。

3. 钨钛钽（铌）类硬质合金

钨钛钽（铌）类硬质合金，又称通用硬质合金或万能硬质合金，是由 WC、TiC、

TaC 或 NbC，和 Co 组成的硬质合金。其牌号由 "YW"（"硬、万" 两字汉语拼音字首）和数字（无特殊意义，仅表示合金序号）表示。例如，YW2 表示 2 号通用硬质合金。通用合金主要用来加工刀具。

本 章 小 结

非金属材料仍然是机械制造中非常重要乃至不可或缺的主要工程材料，其所具有的化学与物理方面的一些特殊性能是具有其不可替代位置的重要原因。非铁金属及其合金有铝及铝合金、铜及铜合金、轴承合金、钛及钛合金、粉末冶金等。

工业纯铝及铝合金在成分上的不同。纯铝的强度较低，不宜用来制造承受载荷的结构零件。若向铝中加入适量的 Si、Cu、Mg、Mn 等元素，配成铝合金，则可以得到较高强度的铝合金。铜合金是以铜为主要元素，加入少量其他元素形成的合金。在纯钛的基础上加入合金元素可形成钛合金。钛有两种同质异晶体：钛是同素异构体，熔点为 1 668 ℃，在低于 882 ℃时呈密排六方晶格结构，称为 α-钛；在 882 ℃以上呈体心立方品格结构，称为 β-钛。

粉末冶金是制取金属粉末或用金属粉末（或金属粉末与非金属粉末的混合物）作为原料，经过成形和烧结，制取金属材料、复合材料以及各种类型制品的工业技术。

思 考 与 练 习

1. 什么是非铁金属？非铁金属有何特点？它的发展历程是如何的？
2. 我国有色金属存储如何？有何优势及前景？
3. 有哪些非铁金属及合金？哪一种合金应用最广泛？
4. 根据二元铝合金相图分析各线条及各点的含义？
5. 根据主要性能特点和用途，变形铝合金有哪些分类？
6. 工业纯铜有何特点？可以用来制作生活中的什么物件？
7. 什么是轴承合金？常用轴承合金按主要成分不同分为哪几类？各个有何特点？
8. 工业纯钛有何特点及应用？什么是合金钛？与纯钛相比有何优势？
9. 合金钛有哪些分类？分别是什么？各有何特点？
10. 什么是粉末冶金？粉末冶金可以应用于哪些行业？

第8章
非金属材料

本章导读

　　非金属材料是指除金属材料和复合材料以外的其他材料，包括高分子材料和陶瓷材料。它们具有许多金属材料所不及的性能，如高分子材料的耐蚀性、电绝缘性、减振性、质轻以及陶瓷材料的高硬度、耐高温、耐蚀性和特殊的物理性能等。因此，非金属材料在各行各业得到越来越广泛的应用，并成为当代科学技术革命的重要标志之一。

本章目标

- 了解高分子材料及陶瓷材料的成分、组织结构、性能之间的关系。
- 熟悉几种常用工程塑料、橡胶、工程陶瓷材料的性能特点与应用。
- 建立复合材料的性能、分类和应用的一般概念。

8.1　高分子材料的基础知识

　　高分子材料是以高分子化合物为主要组成部分的材料。高分子化合物的分子量很大，通常每个分子可含有几千至几十万个原子，一般情况下高分子化合物分子量都在 5 000 以上。随着科学技术的发展，高分子材料以其特有的性能如重量轻、比强度高、比模量高、耐腐蚀性能好、绝缘性好，被大量地应用于工程结构件中。

　　高分子化合物有天然的和人工合成的两种。天然的高分子化合物有松香、纤维素、蛋白质和天然橡胶等；人工合成的高分子化合物有各种塑料、合成橡胶和合成纤维等。工程使用的高分子材料主要是人工合成的。

8.1.1　高分子材料的性能

1. 高分子材料的力学性能

与金属材料相比，高分子材料的力学性能具有如下特点。

（1）低强度。高聚物的抗拉强度平均为 100 MPa 左右，是理论强度的 1/200。通常热塑性材料 σ_b＝50～100 MPa；热固性材料 σ_b＝30～60 MPa；玻璃纤维增强尼龙的增强材料 σ_b 也只有 200 MPa；橡胶的强度更低，一般为 22～32 MPa。

（2）高弹性和低弹性模量。这是高聚物材料特有的性能。橡胶为典型高弹性材料，弹性变形率为 100％～1 000％。其弹性模量为 10～100 MPa，约为金属弹性模量的千分之一。

（3）黏弹性。高聚物在外力作用下同时发生高弹性变形和黏性流动，其变形与时间有关，这一性质称为黏弹性。

（4）高耐磨性。高聚物的硬度比金属低，但耐磨性却优于金属，尤其是塑料更为突出。塑料的摩擦系数小，有些塑料本身就具有自润滑性能；而橡胶则相反，其摩擦系数大，适合制造要求较大摩擦系数的耐磨零件。

2. 高分子材料的其他性能特点

（1）高绝缘性。以共价键结合的高分子材料其内部无离子和自由电子，因此导电能力极低、介电常数小、介电耗损低和耐电弧性好。

（2）低耐热性。耐热性指材料在高温下长期使用时保持性能不变的能力。由于高分子链受热时易发生链段运动或整个分子链移动，导致材料软化或熔化，使性能变坏，所以耐热性差。

（3）低导热性。固体的导热性与其内部的自由电子、原子和分子的热运动有关。高分子材料内部无自由电子，且分子链相互缠绕在一起，受热时不易运动，因此导热性差，约为金属材料导热性的 1％～0.1％。

（4）高膨胀性。高分子材料的线膨胀系数大，为金属材料的 3～10 倍。这是由于受热时，分子间缠绕程度降低，分子间结合力减小，分子链柔性增大，因此加热时高分子材料产生明显的体积和尺寸的变化。

（5）高化学稳定性。高分子材料在酸、碱等溶液中有优异的耐腐蚀性能，这是因为高分子材料中无自由电子，因此使高分子不受电化学腐蚀而遭受破坏；又因为高分子材料分子链是纠缠在一起的，许多分子溶基团被包在里面，即使接触到能与分子某一基团起反应的试剂时，也只有露在外面的基团才比较容易与试剂起反应，所以高分子材料的化学稳定性很高。

8.1.2 高分子化合物的分类及命名

高分子化合物种类繁多，且不断有许多新的品种出现，因而有各种各样的分类方法。目前常用的方法如下。

（1）按性能和用途分，可分为塑料、橡胶和纤维三大类。

①塑料。在常温下有一定形状，强度较高，受力后能发生一定形变的聚合物。通常塑料又可分为热塑性塑料和热固性塑料。

②橡胶。在常温下具有较高弹性，即受到很小的外力形变很大，可达原长的十余

倍，去除外力以后又恢复原状的聚合物。通常橡胶可分为天然橡胶和合成橡胶。

③纤维。在室温下分子的轴向强度很大，受力后变形很小，在一定的温度范围内力学性能变化不大的聚合物。通常可分为天然纤维和化学合成纤维。

（2）按聚合物反应类型分，可将高聚物分为加聚物和缩聚物。单体经加聚反应合成的高聚物为加聚物，单体经缩聚反应合成的高聚物为缩聚物。

（3）按聚合物的热行为分，可将聚合物分为热塑性聚合物和热固性聚合物。

①热塑性聚合物。加热后软化，冷却后又硬化成型，随温度变化可反复加工，如聚乙烯和聚氯乙烯等。

②热固性聚合物。这类聚合物受热发生化学变化而固化成型，成型后再受热也不会软化。如酚醛树脂和环氧树脂等。

对于高分子化合物的命名，多采用习惯命名法，在原料单体前加"聚"字，如聚乙烯、聚氯乙烯等；有一些是在原料名称后加"树脂"二字，如酚醛树脂；有很多高分子材料采用商品名称，多用于纤维和橡胶，如聚己内酰胺称为尼龙 6、锦纶、卡普隆，苯橡胶等。有时为了简化，采用英文缩写名称，如聚乙烯用 PE 等。

8.1.3　塑料

1. 塑料的组成

塑料是以合成树脂为基础，再加入各种添加剂所组成的。其中，合成树脂为主要成分，对树脂性能起决定性作用；添加剂是次要成分，其作用是改善塑料的性能。

（1）树脂。树脂是塑料的主要成分，联系着或胶黏着塑料中的其他一切组成部分，并使其有成型性能。树脂的种类、性质以及它在塑料中占有的比例大小，对塑料的性能起着决定性的作用，因此绝大多数塑料就是以所用树脂的名称命名。

（2）添加剂。添加剂是为了改善塑料的某些性能而加入的物质。通常根据所加入的目的和作用不同分为以下几类。

①填料。弥补树脂某些性能的不足，改善某些性能，扩大塑料应用范围，降低塑料的成本而加入的一些物质。填料在塑料中占有较大比重，其用量可达 20%～50%。如塑料中加入铝粉可提高光反射能力和防老化等。

②增塑剂。用来提高树脂的可塑性与柔软性的物质，主要使用熔点低的低分子化合物。它能使大分子链间距增加，降低分子间作用力，增大大分子链的柔顺性。

③固化剂。能使热固性树脂受热时产生交联作用，由受热可塑的线型结构变成体型结构的热稳定塑料的物质。如环氧树脂中加入乙二胺等。

④稳定剂。提高树脂在受热和光作用时的稳定性，防止过早老化，延长使用寿命而加入的物质，如硬脂酸盐等。

⑤润滑剂。为防止塑料在成型过程中粘连在模具或其他设备上而加入的物质，同时使塑料制品表面光亮美观，如硬脂酸等。

⑥着色剂。为使塑料制品具有美观的颜色及使用要求而加入的物质。

除以上几种以外，还有发泡剂、防老化剂、抗静电剂及阻燃剂等。添加剂在使用中，要根据塑料的品种，有选择性地加入相应的种类，以适用不同需要。

2. 塑料的分类，塑料可分为以下几类。

（1）按热性能分类。

①热塑性塑料。这类塑料加热后能软化或熔化，冷却后硬化定型，这个过程可反复进行。如聚乙烯、聚丙烯等。

②热固性塑料。这类塑料经加工成型后不能用加热的方法使它软化，形状一经固定后不再改变，若加热则分解，如环氧树脂等。

（2）按使用性能分类，塑料可分为以下几类。

①工程塑料，指可以代替金属材料用做工程材料或结构材料的一类塑料。它们的力学性能较高、耐热、耐腐蚀性比较好，有良好的尺寸稳定性。如尼龙、聚甲醛等。

②通用塑料，通常指产量大、成本低、通用性强的塑料。如聚氯乙烯、聚乙烯等。

③特种塑料，是指具有某些特殊性能的塑料，如耐高温、耐腐蚀等。这类塑料产量少，价格较贵，只用于特殊需要场合。

随着塑料应用范围不断扩大，工程塑料和通用塑料之间的界限很难划分。

3. 塑料的性能

塑料相对于金属来说，具有重量轻、比强度高、化学稳定性好、电绝缘性好、耐磨、减摩和自润滑性好等优点。另外，如透光性、绝热性等也是一般金属所不及的。但对塑料本身而言，各种塑料之间存在着性能上的差异。

（1）力学性能。

①强度。通常热塑性塑料强度一般在 $50\sim100$ MPa，热固性塑料强度一般在 $30\sim60$ MPa，强度较低。弹性模量一般只有金属材料的十分之一。但塑料的比强度较高，承受冲击载荷的能力同金属一样。

②摩擦、磨损性能。虽然塑料的硬度低，但其摩擦、磨损性能优良，摩擦系数小，有些塑料有自润滑性能，很耐磨，可制作在干摩擦条件下使用的零件。

③蠕变。蠕变指材料受到一固定载荷时，除了开始的瞬时变形外，随时间的增加变形逐渐增大的过程。由于塑料的蠕变温度低，因此塑料在室温下就会出现蠕变，通常称为冷流。

（2）热性能。

①耐热性。用来确定塑料的最高允许使用温度范围。衡量耐热性的指标，通常有马丁耐热温度和热变形温度两种。热塑性塑料马丁温度多数在 $100\ ^\circ\mathrm{C}$ 以下，热固性塑料马丁温度一般均高于热塑性塑料，如有机硅塑料高达 $300\ ^\circ\mathrm{C}$。

②导热性。塑料的导热性很差，导热系数一般只有 $0.84\sim2.51$ J/（m·h）。

③线膨胀系数。塑料的线膨胀系数是比较大的，约为金属的 $3\sim10$ 倍。

（3）化学性能。塑料一般都有较好的化学稳定性，对酸、碱等化学药品具有良好的抗腐蚀性能。

4. 常用工程塑料

（1）热塑性塑料。

①聚乙烯（PE）。聚乙烯是白色蜡状半透明材料。聚乙烯按聚合方法不同，分为低压、中压、高压三种。低压法得到的是高密度聚乙烯（HDPE），有较高密度、分子量和结晶度。因此其强度较高，耐磨、耐蚀、绝缘性、耐寒性良好，使用温度达 100 ℃。它可用来制作塑料硬管、板材、绳索以及承受载荷不高的零件，如齿轮、轴承等；还可以用于制造耐蚀涂层、管道、阀门、高频绝缘材料及电线、电缆的包覆层。高压法得到的是低密度聚乙烯（LDPE），较柔韧，强度低，使用温度为 80 ℃，一般用来制造塑料薄膜、软管、塑料瓶。聚乙烯可用于包装食品、药品，以及包覆电缆和金属表面。

②聚氯乙烯（PVC）。聚氯乙烯分为硬质和软质两种。不加增塑剂的是硬质聚氯乙烯；加增塑剂的是软质聚氯乙烯。硬质聚氯乙烯在紫外线作用下，产生浅蓝和紫白光，其力学性能较高，耐水、耐油、耐各种药品侵蚀，但耐热性较差。硬质聚氯乙烯主要用于制造化工、纺织等工业的废气、排污、排毒塔的输送管及接头，电器绝缘插接件等。软质聚氯乙烯在紫外线作用下发出蓝色或蓝白色的荧光。由于增塑剂的加入，其力学性能下降，对应变敏感性、耐热性比硬质的还要差，但耐寒性稍有提高，主要用于制作农业薄膜、工业用包装材料、耐酸碱软管及电线、电缆绝缘层等。

③聚丙烯（PP）。聚丙烯呈白色蜡状，外观似聚乙烯，但更透明，相对密度约为 0.90～0.91，是塑料中最轻的。它具有优良的电绝缘性和耐蚀性，在常温下能耐酸碱。在无外力作用时，加热到 150 ℃ 也不变形。在常用塑料中它是唯一能经受高温消毒（130 ℃）的品种；力学性能如拉伸、屈服强度、压缩强度、硬度，弹性模量等优于低压聚乙烯，并有突出的刚性和优良的电绝缘性能。其主要缺点是黏合性、染色性、印刷性较差，低温易脆化、易受热、光作用易变质，易燃、收缩大。由于它具有优良的综合力学性能，常用来制造各种机械零件，又因聚丙烯无毒，也可用作药品、食品的包装。

④聚苯乙烯（PS）。聚苯乙烯是目前世界上应用最广泛的塑料之一，产量仅次于 PE、PVC。它有良好的加工性能，其薄膜具有优良的电绝缘性；它的发泡材料相对密度小，有良好的隔热、隔声、防振性能，广泛用于仪器的包装和隔热。缺点是脆性大，耐热性差，因此有相当数量的聚苯乙烯与丁二烯、丙烯腈、异丁烯、氯乙烯等共聚使用。共聚后的聚合物具有较高冲击强度、耐热性和耐蚀性。

⑤聚酰胺（PA）。聚酰胺是最早发现的热塑性塑料，其商品名称是尼龙或锦纶，是目前机械工业中应用比较广泛的一种工程材料。尼龙的品种很多，其中尼龙1010 是我国独创的，是用蓖麻油为原料制成的。

⑥聚甲醛（POM）。聚甲醛为半透明或不透明的白色粉末，结晶度高（约为 75％）。聚甲醛有优良的综合性能，特别是疲劳强度在热塑性塑料中最高，有优良的耐磨性、自润滑性、较高的弹性模量和硬度，吸水性小，同时尺寸稳定性、化学稳定性

及绝缘性均好。聚甲醛可代替非铁金属及合金，广泛应用于汽车、机床、化工、电器仪表和农机等部门，制造轴承、齿轮、凸轮、阀杆、鼓风机叶片、化工容器、各种仪器外壳、配电盘等。

⑦聚碳酸酯（PC）。聚碳酸酯是新型热塑性工程材料，它的品种很多，工程上常用的是芳香族聚碳酸酯，具有优良的综合性能，产量仅次于尼龙。

聚碳酸酯的化学稳定性很好，能抵抗日光、雨水和气温变化的影响，它的透明度高，成型收缩率小，制件尺寸精度高，广泛用于机械、仪表、电讯、交通、航空、医疗器械等方面。

⑧聚四氟乙烯（PTFE）。聚四氟乙烯是以线型晶态高聚物聚四氟乙烯为基的塑料。结晶度为 $55\% \sim 75\%$，熔点为 327 ℃。具有优异的耐化学腐蚀性，不受任何化学试剂的侵蚀，即使在高温下，在强酸、强碱、强氧化剂中也不受腐蚀，故有"塑料王"之称；还具有突出的耐高温和耐低温性能，在 -195 ℃~ 250 ℃范围内长期使用其力学性能几乎不发生变化；而且摩擦系数小，只有 0.04，并有自润滑性；吸水性小、在极潮湿的条件下仍能保持良好的绝缘性。但其强度、硬度低，尤其是抗压强度不高；加工成型性差，加热后黏度大，只能用冷压烧结方法成型。在温度高于 390 ℃时分解出有剧毒的气体，因此加工成型时必须严格控制温度。

⑨聚砜（PSF）。聚砜是以透明微黄色的线型非晶态高聚物聚砜树脂为基的塑料。该塑料强度高、弹性模量大、耐热性好，最高使用温度可达 150 ℃~ 165 ℃，蠕变抗力高，尺寸稳定性好。其缺点是耐溶剂性差。聚砜主要用于制作要求高强度、抗蠕变的结构件、仪表零件和电气绝缘零件。此外，聚砜还具有良好的可电镀性，可通过电镀制成印刷电路板和印刷线路薄膜。

⑩ABS 塑料。ABS 塑料是由丙烯腈（A）、丁二烯（B）、苯乙烯（S）三种组元以苯乙烯为主体共聚而成，三个单体可以任意比例变化，制成各种品级的树脂。ABS 树脂兼有三种组元的共同性能，使其成为"坚韧、质硬、刚性"的材料。ABS 树脂具有耐热、表面硬度高、尺寸稳定、良好的耐化学性及电性能、易于成型和机械加工等特点。此外，表面还可以电镀。ABS 塑料原料易得、性能良好、成本低廉，在机械加工、电器制造、汽车等工业领域得到广泛应用。

另外，聚甲基丙烯酸甲酯（PMMA）也是一种较为常用的热塑性塑料。聚甲基丙烯酸甲酯，俗称有机玻璃，是目前最好的透明材料，透光率达 92%以上，超过普通玻璃；相对密度小（1.18），仅为玻璃的一半；有很好的力学性能，拉伸强度为 $60 \sim 70$ MPa，冲击韧性为 $1.6 \sim 2.7$ J/cm²，比普通玻璃高 $7 \sim 8$ 倍（当厚度各为 $3 \sim 6$ mm 时）；耐紫外线并防大气老化；易于加工成型。但硬度不如普通玻璃高，耐磨性较差，易溶于有机溶剂，耐热性差，一般使用温度不能超过 80 ℃，导热性差，线膨胀系数大。主要用来制造各种窗、罩及光学镜片及防弹玻璃等。

（2）热固性塑料。

①酚醛塑料（PF）。酚醛塑料俗称电木，它是以交联型非晶态热固性高聚物酚醛树

脂为基，加入适当添加剂经固化处理而形成的交联型热固性塑料。它具有较高的强度、硬度和耐磨性。广泛用于机械、电子、航空、船舶、仪表等工业中。其缺点是质地较脆，耐光性差，色彩单调（只能制成棕黑色）。

②环氧塑料（EP）。环氧塑料是以环氧树脂为基加入各种添加剂经固化处理形成的热固性塑料。具有比强度高，耐热性、耐腐蚀性、绝缘性及加工成型性好的特点。其缺点是价格昂贵。EP主要用于制作模具，精密量具、电气及电子元件等重要零件。

③氨基塑料（UF、MF）。氨基塑料是由含有氨基的化合物（主要是尿素，其次是三聚氰胺）与甲醛经缩聚反应制成氨基树脂，然后与填料、润滑剂、颜料等混合，经处理得到的热固性塑料。氨基塑料颜色鲜艳，半透明如玉，俗称"电玉"。它具有优良的电绝缘性和突出的耐电弧性能，硬度高，耐磨性好，并且耐水、耐热、难燃、耐油脂和溶剂，着色性好。氨基塑料主要用于压制绝缘零件、防爆电器配件，以及在航空、建筑、车辆、船舶等方面作装饰材料。

8.1.4 橡胶

橡胶是一种具有弹性的高分子化合物。分子量一般都在几十万以上，有的甚至达到一百万。它与塑料的区别是在很宽的温度范围内（$-50\ ℃\sim150\ ℃$）处于高弹态，具有显著的高弹性。

1. 橡胶的性能特点及用途

（1）橡胶的性能。高弹性是橡胶最突出的特点。在外力作用下，橡胶能拉长到原始长度的$100\%\sim1\ 000\%$，还具有很高的积蓄能量的能力和优良的柔韧性、伸缩性、隔音性、阻尼性、电绝缘性和耐磨性等。其最大特点是具有良好的柔顺性、易变性、复原性和积储能量的能力。

橡胶之所以具有高弹性，与其分子结构有关。从微观看，橡胶由许多细长且有很大柔性、流动性的分子链组成，通常它们互相缠结成无规则的线团状。受外力拉伸时，分子链被拉直；外力去除后，又恢复卷曲状态，表现出良好弹性。这种线型结构主要存在于未硫化橡胶中。但随温度升高，橡胶便会变软发黏。为改变这一缺点，需要进行交联。最常用的方法是硫化，即在橡胶（生胶）中加入硫化剂，使线型结构的橡胶分子交联成为网状结构，提高其力学性能和稳定性，所以橡胶制品只有经硫化后才能使用。

（2）橡胶的用途。橡胶用途很广，在机械制造业中用作密封件，如旋转轴耐油密封皮碗、管道接头、密封圈等；用于减振件，如各种减震胶垫、胶圈、汽车底盘橡胶弹簧等；用于滚动传动件，如传动皮带、轮胎；用于承受载荷的弹性件，如橡胶轴承、缓冲器、制动器等；在电器工业中用作各种导线、电缆的绝缘和电子元件的整体包封材料等。

2. 橡胶的组成

纯橡胶的性能随温度的变化有较大的差别，高温时发黏，低温时变脆，易为溶剂溶解。因此，必须添加其他组分且经过特殊处理后制成橡胶材料方可使用。橡胶的组成如下。

（1）生胶。它是橡胶制品的主要组分，对其他配合剂来说起着黏结剂的作用。使用不同的生胶，可以制成不同性能的橡胶制品。其来源可以是天然的，也可以是合成的。

（2）橡胶配合剂。它的种类很多，可分为硫化剂、硫化促进剂、防老剂、软化剂、填充剂、发泡剂和染色剂等。加入配合剂是为了提高橡胶制品的使用性能或改善加工工艺性能。现分别介绍如下。

①硫化剂。使橡胶分子产生交联成为三维网状结构，这种交联过程叫硫化。硫化剂主要品种有硫黄、有机含硫化合物、过氧化物等。

②硫化促进剂。促进生胶与硫化剂的反应，缩短硫化时间、减少硫化剂的用量。主要有氧化锌、氧化镁等。硫化促进剂往往要在活性状态下才能有效发挥作用。

③增塑剂。橡胶作为弹性体，为便于加工必须使其具有一定的塑性，才能和各种配合剂混合。增塑剂的加入，增加了橡胶的塑性，改善了黏附力，降低了橡胶的硬度，提高耐寒性。常用增塑剂有硬脂酸、凡士林及一些油类等。

④防老剂。可以延缓橡胶老化，从而延长其使用寿命，主要有石蜡及蜂蜡等。

⑤补强剂。能使硫化橡胶的抗拉强度、硬度、耐磨性、弹性等性能有所改善，主要品种有炭黑、陶土等。

⑥填充剂。增加橡胶的强度，增加容积降低成本。在制造橡胶时，加入的填充剂能提高橡胶力学性能的称为活性填料，能提高其他某些性能以及减少橡胶用量的称为非活性填料。常用的活性填料有炭黑、白陶土、氧化锌等，非活性填料有滑石粉、硫酸钡等。

⑦发泡剂。使制品呈多孔和空心，主要有碳酸氢钠等。

⑧着色剂。使橡胶制品具有各种颜色，而兼有耐光、防老化、补强与增容等作用，主要有锌白、钡白、炭黑、铁红、铬黄和铬绿等。

3. 常用橡胶

橡胶品种很多，按原料来源可分为天然橡胶和合成橡胶；按应用范围又可分为通用橡胶和特种橡胶。

（1）天然橡胶。天然橡胶是橡树上流出的胶乳，经过凝固、干燥、加压等工序制成生胶，橡胶含量在 90% 以上，是以异戊二烯为主要成分的不饱和状态的天然高分子化合物。

天然橡胶有较好的弹性（弹性模量约为 $3\sim6$ MPa），较好的力学性能（硫化后拉伸强度为 $17\sim29$ MPa），有良好的耐碱性，但不耐浓强酸，还具有良好的电绝缘性。其缺点是耐油差，耐臭氧老化性差，不耐高温。天然橡胶广泛用于制造轮胎等橡胶制品。

（2）通用合成橡胶。通用合成橡胶的种类很多，常用的有以下几种。

①丁苯橡胶。它是由丁二烯和苯乙烯聚合而成的，是产量最大、应用最广的合成橡胶。其主要品种有丁苯－10、丁苯－30、丁苯－50等。丁苯橡胶的耐磨性、耐油性、耐热性及抗老化性优于天然橡胶，并可以任意比例与天然橡胶混用，价格低廉。其缺点是生胶强度低，黏结性差，成型困难，弹性不如天然橡胶，主要用于制造轮胎、胶带、胶管等。

②顺丁橡胶。由丁二烯聚合而成，产量仅次于丁苯橡胶居第二位。它的突出特点是弹性高，是目前各种橡胶中弹性最好的一种；弹性、耐磨性、耐热性、耐寒性均优于天然橡胶。其缺点是强度低、加工性差、抗断裂性差。主要用于制作轮胎、胶带、减振部件、绝缘零件等。

③氯丁橡胶。由氯丁二烯聚合而成，其力学性能与天然橡胶相近，具有高弹性、高绝缘性、高强度，并耐油、耐溶剂、耐氧化、耐酸、耐热、耐燃烧、抗老化等，有"万能橡胶"之称。其缺点是耐寒性差、密度大、生胶稳定性差。主要用于制作输送带、风管、电缆包皮、输油管等。

（3）特种合成橡胶。

①丁腈橡胶。由丁二烯和丙烯腈共聚而成，是特种橡胶中产量最大的品种，主要有耐油、耐热、耐燃烧、耐磨、耐火、耐碱、耐有机溶剂、抗老化性好等特点。其缺点是耐寒性差，脆化温度为－20～－10 ℃，耐酸性和绝缘性差。丁腈橡胶的品种很多，主要有丁腈-18、丁腈-26、丁腈-40等。数字表示丙烯腈的百分含量，数字越大，橡胶中丙烯腈的含量就越高，其强度、硬度、耐磨性、耐油性等也随之升高，但耐寒性、弹性、透气性下降。丙烯腈含量一般在15％～50％为宜。丙烯腈主要用于制作耐油制品，如油桶、油槽、输油管等。

②硅橡胶。由二基硅氧烷与其他有机硅单体共聚而成。其具有高的耐热和耐寒性，在－100～350 ℃范围内保持良好的弹性，抗老化、绝缘性好。其缺点是强度低，耐磨、耐酸碱性差，价格昂贵。硅橡胶主要用于飞机和宇航中的密封件、薄膜和耐高温的电线、电缆等。

③氟橡胶。以碳原子为主链，含有氟原子的聚合物。其特点是化学稳定性高，耐蚀性居各类橡胶之首，耐热性好，最高使用温度为300 ℃。其缺点是价格昂贵，耐寒性差，加工性不好。氟橡胶主要用于国防和高技术中的密封件和化工设备等。

8.1.5 纤维

凡是能保持长度比本身直径大100倍的均匀条状或丝状的高分子材料均称为纤维。纤维包括天然纤维和化学纤维。化学纤维又分为人造纤维和合成纤维。人造纤维是用自然界中的材料加工制成，如制造"人造丝""人造棉"的黏胶纤维、硝化纤维和醋酸纤维等。合成纤维是以石油、煤和天然气为原料制成的，品种繁多，差不多每年以20％的增长率发展。合成纤维强度高、耐磨、保暖，不会发生霉烂，大量用于工业生产以及各种服装中等。产量最多的有六大品种，约占合成纤维产量的90％以上。主要合成纤维的性能和用途如表 8-1 所示。

表 8-1   主要合成纤维的性能和用途

商品名称	锦纶	涤纶	腈纶	维纶	氯纶	丙纶	芳纶
化学名称	聚酰胺	聚酯	聚丙烯腈	聚乙烯醇缩醛	聚氯乙烯	聚丙烯	芳香族聚酰胺
密度 $g \cdot cm^{-3}$	1.14	1.38	1.17	1.30	1.39	0.91	1.45
吸湿率 24h/%	3.5～5	0.4～0.5	1.2～2.0	4.5～5	0	0	3.5
软化温度 /℃	170	240	190～230	220～230	60～90	140～150	160
特性	耐磨 强度高 模量低	强度高 弹性好 吸水低 耐冲击 黏着力强	柔软 蓬松 耐晒 强度低	价格低 比棉纤维优异	化学稳定性好 不燃 耐磨	轻 坚固 吸水低 耐磨	强度高 模量大 耐热 化学稳定性好
用途	电绝缘材料 运输带 帐篷 帘子线	帘子布 渔网 缆绳 帆布等	窗布 毛线 毛毯 碳纤维 原材料	帆布 渔网 手术缝线 轮胎帘子线 过滤材料	安全帐篷 工业滤布 工作服 绝缘布	军用被服 尼龙带 合成纸 地毯	防弹衣 特种防护服 过滤材料 运动器材

8.2 陶瓷材料

陶瓷是陶器与瓷器的总称，是人类最早使用的材料之一，也称无机非金属材料。传统的陶瓷所使用的原料主要是地壳表面的岩石风化后形成的黏土和沙子等天然硅酸盐类矿物，因此又称为硅酸盐材料。其主要成分是 SiO_2、Al_2O_3、Fe_2O_3、TiO_2、CaO、$MgO.$、Na_2O、K_2O、PbO 等氧化物，形成的材料主要有陶瓷、玻璃、水泥及耐火材料等，现在一般将它们统称为传统陶瓷或普通陶瓷。

随着生产的发展和科学技术的进步，现代陶瓷材料虽然制作工艺和生产过程基本上还是沿用传统陶瓷的生产工艺即制坯—成型—烧结的方法，但所用原料已不仅仅是天然的矿物了，而有很多是经过人工提纯或是人工合成的，组成配合的范围已扩大到整个无机非金属材料的范围。因此，现代陶瓷材料是指除金属和有机物以外的固体材料，又称无机非金属材料。

现代陶瓷充分利用了各不同组成物质的特点，以及特定的力学性能和物理化学性能。从组成上看，除了传统的硅酸盐、氧化物和含氧酸盐外，还包括碳化物、硼化物、硫化物，以及其他的盐类和单质；从性能上看，不仅充分利用了无机非金属物质的高熔点、高硬度、高化学稳定性，得到了一系列耐高温（Al_2O_3、SiO_2、SiC、Si_3N_4 等）、高耐磨性和高耐蚀性（BN、Si_3N_4、Al_2O_3+TiC、B_4C 等）的新型陶瓷，还充分利用了其优异的物理性能，制得了不同功能的特种陶瓷，如高导热陶瓷（AIN）、压电陶瓷（PZT、ZnO）、介电陶瓷（$BaTiO_3$），以及具有铁电性、半导体、超导性和各种磁性的陶瓷，适应了航天、能源、电子等新技术发展的需求。

8.2.1 陶瓷材料的分类

陶瓷材料及产品的种类繁多，通常以成分、性能和用途来对陶瓷材料进行分类。

1. 按成分分类

（1）氧化物陶瓷。氧化物陶瓷是最早被使用的陶瓷材料，其种类也最多，应用最广泛。常用的有 Al_2O_3、SiO_2、MgO、ZrO_2、CeO_2、CaO，以及莫来石（$3Al_2O_3 \cdot 2SiO_2$）和尖晶石（$MgAl_2O_4$）等，常用的玻璃和日用陶瓷均属于这一类。

（2）碳化物陶瓷。碳化物陶瓷具有比氧化物陶瓷更高的熔点，但碳化物易氧化，因此在制造和使用时必须防止其氧化。常用的有 SiC、WC、B_4C、TiC 等。

（3）氮化物陶瓷。氮化物陶瓷包括 Si_3N_4、TiN、BN、AIN 等。其中 Si_3N_4 具有优良的综合力学性能和耐高温性能；TiN 具有高硬度；BN 具有耐磨性、减摩性能；AIN 具有热电性能，其应用正日趋广泛。

（4）其他化合物陶瓷。其他化合物陶瓷是指除上述陶瓷以外的陶瓷，包括常作为陶瓷添加剂的硼化物陶瓷，以及具有光学、电学等特性的硫族化合物陶瓷等。

2. 按性能和用途分类

（1）结构陶瓷。结构陶瓷作为结构材料，常用于制造结构零部件，要求有较好的力学性能，如强度、韧度、硬度、模量、耐磨性及高温性能等。以上所述四类陶瓷均可设计成为结构陶瓷，常用的结构陶瓷有 Al_2O_3、Si_3N_4、ZrO_2 等。

（2）功能陶瓷。功能陶瓷作为功能材料，主要是利用无机非金属材料优异的物理和化学性能，如电磁性、热性能、光性能如生物性能等，用以制作功能器件。例如用于制作电磁元件的铁氧体、铁电陶瓷；制作电容器的介电陶瓷；作为力学传感器的压电陶瓷，还有固体电解质陶瓷、生物陶瓷、光导纤维材料等。

8.2.2 常用工业陶瓷

1. 普通陶瓷

普通陶瓷就是用天然原料制成的黏土类陶瓷，它是以黏土（$Al_2O_3 \cdot 2SiO_2 \cdot$

$2H_2O$）、长石（$K_2O \cdot Al_2O_3 \cdot 6SiO_2$，$Na_2O \cdot Al_2O_3 \cdot 6SiO_2$）和石英（$SiO_2$）经制坯、成型、烧结而成的。这类陶瓷质硬、不导电、易于加工成形、成本低、产量大、广泛用于工作温度低于 200 ℃的酸碱介质、容器、反应塔、管道、供电系统的绝缘子和纺织机械中的导纱零件等。因其内部含有较多玻璃相，高温下易软化，所以耐高温及绝缘性不及特种陶瓷。

2. 特种陶瓷

（1）Al_2O_3 陶瓷。Al_2O_3 陶瓷是以 Al_2O_3 为主要成分，另外含有少量的 SiO_2。根据 Al_2O_3 含量的不同又分为 75 瓷（Al_2O_3 的质量分数为 75%）、95 瓷（Al_2O_3 的质量分数为 95%）和 99 瓷（Al_2O_3 的质量分数为 99%），后两者又称为刚玉瓷。Al_2O_3 陶瓷中，Al_2O_3 含量越高，玻璃相含量越少，气孔越少，其性能也越好，但同时工艺变得复杂，成本升高。

Al_2O_3 陶瓷耐高温性好，在氧化性气氛中，可在 1 950 ℃下使用，且耐蚀性好，因此可用于高温器皿，如熔炼铁、钴、镍等的坩埚和热电偶套管等。Al_2O_3 陶瓷具有高硬度及高温强度，可用于高速切削和难切削材料加工的刀具（760 ℃时为 87 HRA，1 200 ℃时为 80 HRA）；还可做耐磨轴承、模具及活塞、化工用泵和阀门等。同时，Al_2O_3 陶瓷有很好的电绝缘性能，内燃机火花塞基本都是用 Al_2O_3 陶瓷制造的。其缺点是脆性大，不能承受冲击载荷；抗热振性差，不适合用于有温度急变的场合。

（2）其他氧化物陶瓷。MgO、BeO、ZrO_2、CaO、CeO_2 等氧化物陶瓷的熔点高，均在 2 000 ℃附近，甚至更高。MgO 陶瓷是典型的碱性耐火材料，用于冶炼高纯度 Fe 及其合金。其缺点是力学强度低、热稳定性差、易水解。BeO 陶瓷在还原性气氛中特别稳定，其热导性极好（与 Al 相近），故抗热冲击性能好，可用于制作高频电炉坩埚和高温绝缘子等电子元件，以及用于制作激光管、晶体管的散热片，集成电路的外壳和基片等；Be 的吸收中子截面小，故 BeO 陶瓷还是核反应堆的中子减速剂和反射材料，但 BeO 粉末及蒸汽有剧毒，生产和应用中应注意。ZrO_2 陶瓷的耐热性好，热导率小，高温下是良好的隔热材料；室温下是绝缘体，但在 1 000 ℃以上时将变为导体，是优异的固体电解质材料，用于制作离子导电材料（电极）、传感及敏感元件及 1 800 ℃以上的高温发热体。

（3）非氧化物工程陶瓷。常用的非氧化物陶瓷主要有氮化物陶瓷，如 Si_3N_4、BN 陶瓷，碳化物陶瓷如 SiC、B_4C 陶瓷等。

Si_3N_4 陶瓷是以 Si_3N_4 为主要成分的陶瓷。它的稳定性极强，除氢氟酸外，能耐各种酸碱腐蚀，也可抵抗熔融非铁金属的侵蚀；硬度很高，仅次于金刚石、立方氮化硼和 B_4C；耐磨性、减摩性好，具有自润滑性，是很好的耐磨材料；热膨胀系数小，有很好的抗热振性；电绝缘性好。可用于腐蚀介质下的机械零件，如密封环、高温轴承、燃气轮机叶片、冶金容器和管道以及精加工刀具等。近年来，在 Si_3N_4 陶瓷中加入一定量的 Al_2O_3，形成 Si - Al - O - N 系陶瓷，即赛伦瓷，是目前强度最高的陶瓷，并具有优异的化学稳定性、热稳定性和耐磨性。

BN 陶瓷包括六方结构和立方结构两种。六方 BN 陶瓷结构与石墨相似，性能也比较接近，因此又称为"白石墨"，具有良好的耐热性、热导性（热导性与不锈钢类似）和高温介电强度，是理想的散热和高温绝缘材料；化学稳定性好，能抵抗大部分熔融金属的侵蚀；具有极好的自润滑性 BN 陶瓷一般用于熔炼半导体材料的锅、高温容器、半导体散热绝缘件、高温润滑轴承和玻璃成型模具等。立方 BN 陶瓷为立方结构，结构紧密，其硬度与金刚石接近，是优良的耐磨材料，常用于制作磨料和金属切削刀具。

SiC 陶瓷的主晶相是 SiC，也是共价键结合晶体，键能高，很稳定。其最大特点是高温强度高，在 1 400 ℃时抗弯强度仍达 500～600 MPa；且其热导性好，仅次于 BeO 陶瓷，热稳定性、耐蚀性、耐磨性也很好。其主要可用于制作火箭尾喷管的喷嘴、炉管、热电偶套管，以及高温轴承、高温热交换器、各种泵的密封圈和核燃料的包封材料等。

B_4C 陶瓷的硬度极高，抗磨粒磨损能力很强，熔点高达 2 450 ℃左右。但在高温下会快速氧化，并与热或熔融黑色金属发生反应，因此其使用温度限定在 980 ℃以下。其主要用途是制作磨料，还可用于超硬质工具材料。

8.2.5 金属陶瓷

金属陶瓷是以金属氧化物（如 Al_2O_3、ZrO_2 等）或金属碳化物（如 TiC、WC、TaC、NbC 等）为主要成分，再加入适量的金属粉末（如 Co、Cr、Ni、Mo 等）通过粉末冶金方法制成，具有金属某些性质的陶瓷。它是制造金属切削刀具、模具和耐磨零件的重要材料。

1. 硬质合金

硬质合金是金属陶瓷的一种，它是以金属碳化物（如 WC、TiC、TaC 等）为基体，再加入适量金属粉末（如 Co、Ni、Mo 等）作黏结剂而制成的具有金属性质的粉末冶金材料。

（1）硬质合金的性能特点。

①高硬度、耐磨性好、高热硬性。这是硬质合金的主要性能特点。由于硬质合金是以高硬度、高耐磨性和高热稳定性的碳化物为骨架起坚硬耐磨作用的，所以在常温下硬度可达 86～93 HRA（相当于 69～81 HRC），热硬度可达到 900～1 000 ℃。故硬质合金作为切削刀具使用时，其耐磨性、寿命和切削速度都比高速钢显著提高。

②抗压强度、弹性模量。高抗压强度高可达 6 000 MPa，高于高速钢；但抗弯强度低，只有高速钢的 1/3～1/2。其弹性模量很高，为高速钢的 2～3 倍；但它的韧性很差，仅为 a_k=2.5～6 J/cm² ，约为淬火钢的 30%～50%。

此外，硬质合金还有良好的耐蚀性和抗氧化性，热膨胀因数比钢低等优点。而抗弯强度低、脆性大、导热性差是其主要缺点，因此在加工、使用过程中要避免冲击和温度急剧变化。

硬质合金由于硬度高，不能用一般的切削方法加工，只有采用电加工（电火花、线切割）和专门的砂轮磨削。一般是将一定形状和规格的硬质合金制品，通过黏结、钎焊或机械装夹等方法固定在钢制刀体或模具体上使用。

（2）硬质合金的分类和编号。常用的硬质合金按成分和性能特点分为以下三类。

①钨钴类硬质合金，由碳化钨和钴组成，常用代号有 YG3、YG6、YG8 等。代号中"YG"为"硬""钴"两字的汉语拼音字首，后面的数字表示钴的含量（质量分数×100）。如 YG6，表示 $\omega_{Co}=6\%$，余量为碳化钨的钨钴类硬质合金。

②钨钴钛类硬质合金，是由碳化钨、碳化钛和钴组成，常用代号有 YT5、YT15、YT30 等。代号中"YT"为"硬""钛"两字的汉语拼音字首，后面的数字表示碳化钛的含量（质量分数×100）。如 YT15，表示 $\omega_{TiC}=15\%$，余量为碳化钨及钴的钨钴钛类硬质合金。

③通用硬质合金，在成分中添加 TaC 或 NbC 来取代部分 TiC。其代号用"硬"和"万"两字汉语拼音节首"YW"加顺序号表示，如 YW1、YW2。它的热硬性高（>1 000 ℃），其他性能介于钨钴类与钨钴钛类之间。它既能加工钢材、又能加工铸铁和有色金属，故称为通用或万能硬质合金。

硬质合金中，碳化物含量越多，钴含量越少，则硬质合金的硬度、热硬性及耐磨性越高，但强度及韧性越低。当含钴量相同时，钨钴钛合金由于含有碳化钛，故硬度、耐磨性较高；同时，由于这类合金表面形成一层氧化钛薄膜，切削时不易粘刀，故有较高的热硬性。但其强度和韧性比钨钴合金低。

（3）硬质合金的应用。硬质合金主要用于制造切削刀具、冷作模具、量具和耐磨零件。

钨钴类合金刀具主要用来切削加工产生断续切屑的脆性材料，如铸铁、有色金属、胶木，以及其他非金属材料；钨钴钛类合金刀具主要用来切削加工韧性材料，如各种钢。在同类硬质合金中，由于含 Co 量多的硬质合金韧性好些，适宜粗加工，含 Co 量少的韧性差些，适宜精加工。

通用硬质合金既可切削脆性材料，又可切削韧性材料，特别对于不锈钢、耐热钢、高锰钢等难加工的钢材，切削加工效果更好。

硬质合金也用于冷拔模、冷冲模、冷挤压模和冷锻模；在量具的易磨损工作面上镶嵌硬质合金，使量具的使用寿命和可靠性都得到提高；许多耐磨零件，如机床顶尖、无心磨导杠和导板等，也都应用硬质合金。硬质合金是一种贵重的刀具材料。

2. 钢结硬质合金

钢结硬质合金是近年来发展的一种新型硬质合金。它是以一种或几种碳化物（WC、TiC）等为硬化相，以合金钢（高速钢、铬铝钢）粉末为黏结剂，经配料、压型、烧结而成。钢结硬质合金具有与钢一样的可加工能力，可以锻造、焊接和热处理。在锻造退火后，硬度为 40～45 HRC，这时能用一般切削加工方法进行加工。加工成工具后，经过淬火、低温回火后，硬度可达 69～73 HRC。用其作刀具，寿命与钨钴类合

金差不多，而大大超过合金工具钢。它可以制作各种复杂的刀具，如麻花钻、铣刀等，也可以制作在较高温度下工作的模具和耐磨零件。

本 章 小 结

工程材料家族是非常庞大的，不仅包括金属材料，还包括非金属材料，并且随着科学技术的进步，这些材料的发展日益迅速，应用越为广泛。本章介绍了高分子材料以及工程陶瓷的性能特点、分类及应用等。

常用的高分子材料主要是塑料、橡胶和纤维，另外还包括黏结剂和涂料。

塑料是在玻璃态下使用的高分子材料，根据塑料受热时所表现出的特性又分为热塑性塑料和热固性塑料。最常用的塑料品种有通用塑料：聚乙烯（PE）、聚氯乙烯（PVC）、聚丙烯（PP）、聚苯乙烯（PS）、酚醛塑料（PF）和环氧塑料（EP），以及具有较高机械性能的工程塑料：ABS塑料、聚酰胺（PA）、聚碳酸酯（PC）和氟塑料等。

合成橡胶是使用温度下处于高弹态的聚合物，它最大的特点是高弹性，另外还有耐磨、绝缘、隔声、减震等特性。

合成纤维是指长径比大于100的丝状高分子材料。

工程陶瓷分为普通陶瓷、特种陶瓷和金属陶瓷三类。

普通陶瓷可分为日用陶瓷、建筑陶瓷、电器绝缘陶瓷、化工陶瓷等。

特种陶瓷主要有氧化物陶瓷、碳化物陶瓷、氮化物陶瓷等，是很好的耐火材料、工具材料和重要的高温结构材料。

思 考 与 练 习

1. 什么是高分子材料？高分子化合物的合成方法有哪些？

2. 举出四种常用的热塑性塑料和两种热固性塑料，说明其主要的性能和用途。

3. 简述 ABS 塑料的组成及特点。

4. 用全塑料制造的零件有何优缺点？

5. 用热塑性塑料和热固性塑料制造零件，应分别采用什么工艺方法？

6. 比较金属、陶瓷和高分子材料耐磨的主要原因，并指出它们分别适合哪一种磨损场合。

7. 说明橡胶和纤维的主要特性和用途。

8. 现代陶瓷材料有哪些力学性能特点？举例说明其主要应用领域。

第9章
现代新型材料

本章导读

　　材料是人类用来制造各种产品的物质，是人类生活和生产的物质基础。人类社会的发展伴随着材料的发明和发展。现代新型材料根据材料的结合键进行分类，主要包括金属材料、高分子材料、陶瓷材料和复合材料四大类。它的结合键主要是离子键、共价键、金属键和分子键四种。日常生活中所看见的如碳钢、合金钢、铸铁、有色金属及其合金都是金属材料。在周期表中又把金属分为以金属键结合的简单金属和以金属键及共价键结合的过度族金属，但它们分子间的结合键基本上为金属键。本章主要介绍近些年出现的新型材料如复合材料、纳米材料、形状记忆材料、超导材料等。

本章目标

- 了解复合材料的定义、分类、原理。
- 了解新型材料的定义、分类、原理。

9.1 复合材料

9.1.1 复合材料概述

　　现代复合材料是材料历史中合成材料时期的产物，所说的现代复合材料不包括天然复合材料和许多历史遗迹中所发现的所谓早期复合材料。学术界开始使用"复合材料"（composite materials）一词大约是在 20 世纪 40 年代，当时出现了玻璃纤维增强不饱和聚酯树脂，开辟了现代复合材料的新纪元。20 世纪 60 年代开始，陆续开发出多种高性能纤维。20 世纪 80 年代后，由于各类作为复合材料基体的材料的使用和改进，使现代复合材料的发展达到了更高水平，即进入了高性能复合材料的发展阶段。

　　复合材料的历史一般可分为两个阶段：早期复合材料和现代复合材料。这里不包括具有复合材料特征的天然物质（如树木、骨骼、贝壳和海带等）。早期复合材料的历

史较长，很多实例表现与现存的历史遗迹中。

（1）中国西安半坡村原始人遗址中发现用草拌泥作墙体和地面，即以天然纤维材料—草—作为黏土的增强剂，用来阻止黏土的干裂和剥落，提高墙体和地面耐受侵蚀的能力，增强了黏土的实用性能，这可以算作纤维复合材料的渊源。

（2）中国春秋战国时期（距今约 2 500 年），用含锡量较低的青铜作剑身，采用两次浇注技术。另外，在其刃部复合一层含锡量较高的青铜，并在锡青铜表面涂覆一层硫化铜（含铬和镍）制成花纹，使其内柔外刚，刚柔相济，作为其代表的著名的越王勾践剑，1965 年在湖北江陵楚墓出土时，仍然光可鉴人，锋利异常，被誉为"永不生锈的青铜剑"。它可看成最早的包层金属复合材料；

（3）古埃及文明时代，木材复合材料已有所应用，人们利用紫檀木贴在普通木材上进行表面装饰，到了工业革命以后，欧、美等国家发明了薄片加工机械和各种锯，并与粘接剂技术结合，才演变到胶合板和装饰板的工业生产，这是叠层复合材料的前身；

（4）公元前，埃及人建造了闻名于世的金字塔，当时采用了砂石和火山灰制成的混凝土。古印度人用细砂和虫胶制作磨刀石，是现代砂轮的前身，两者均可看成是颗粒增强复合材料的例子。

（5）早期复合材料中最具有代表的例子是中国古代发明的漆器。1972—1974 年，湖南省马王堆出土的漆器（距今 2 200 年以上）是西汉初年的文物。这些漆器用丝和麻作增强材料，用漆作粘接剂，或以木材为胎，外表涂以漆层，制成酒壶、盆具、茶几等物品，在潮湿的地下埋藏了 2 000 多年，依然熠熠生辉，光彩夺目；

（6）魏晋南北朝时期创造了夹苎胎法制造佛像的工艺，即先塑出泥胎，再在泥胎外面粘贴麻布，在麻布上进行涂漆和彩绘，当油漆干燥后，挖出并用水冲去泥胎，得到中空的佛像。特点：质轻耐久，几米高的佛像，一个人就轻易举起行走（称为"行像"）。该技术唐朝传入日本。日本至今还保留当年唐代高僧鉴真和尚东渡日本在该国圆寂时塑制的夹苎麻像，成为"国宝级"文物，每年只对外开发数天供人瞻仰。这座佛像经历了 1 000 多年仍然保持完好。这充分说明了早期复合材料优异的抗老化性能。

20 世纪 60 年代，为满足航空航天等尖端技术所用材料的需要，先后研制和生产了以高性能纤维（如碳纤维、硼纤维、芳纶纤维、碳化硅纤维等）为增强材料的复合材料，其比强度大于 4×106 cm，比模量大于 4×108 cm。为了与第一代玻璃纤维增强树脂复合材料相区别，将这种复合材料称为先进复合材料。按基体材料不同，先进复合材料分为树脂基、金属基和陶瓷基复合材料。其使用温度分别达 250～350 ℃、350～1 200 ℃和 1 200 ℃以上。先进复合材料除作为结构材料外，还可用作功能材料，如梯度复合材料（材料的化学和结晶学组成、结构、空隙等在空间连续梯变的功能复合材料）、机敏复合材料（具有感觉、处理和执行功能，能适应环境变化的功能复合材料）、仿生复合材料、隐身复合材料等。

　　随着新型复合材料的不断涌现，复合材料不仅在导弹、火箭、人造卫星等尖端工业中，在航空、汽车、造船、建筑、电子、机械、医疗和体育等各个部门都得到了广泛的应用。

　　飞船的制造需要多种具有特殊性能的复合材料。复合材料通常是由搭建作用的基本材料和分散于其中的增强材料两部分组成。以金属为基体的金属基复合材料，由于金属和增强材料的共同作用，使其有强度高、密度小、耐摩擦、耐高温等性能，成为航天、航空等尖端领域的常用材料之一。

　　波音 787 梦想飞机是飞机设计领域的一次革命，它是全球第一款以碳纤维合成物为主体材料的民用喷气客机，不仅油耗降低 20％，而且碳化合物排放更少，起降更安静（图 9-1）。

图 9-1　波音 787

　　在保证飞行性能和安全性的前提下，要设计出能被人们接受的轻型运动飞机（图 9-2），就必须通过选择合理的材料，降低飞机结构的制造成本。复合材料具有重量轻、高强度、高模量、结构功能一体化和设计制造一体化、易于成大型制品等优点，采用复合材料的部件可在满足同样强度要求的情况下，比金属材料的部件更轻。

图 9-2　国产 DF2 全复合材料轻型运动飞机

9.1.2　复合材料的组成和分类

1. 复合材料的组成

复合材料是指两种或两种以上不同材料的组合材料，其性能取决于它的组成材料。材料主要指增强体和基体，也被称为复合材料的增强相和基体相。增强相与基体相之间的界面区域因为其特殊的结构与组成也被视作复合材料中的"相"，即界面相。

增强相和基体相是根据它们组分的物理性质、化学性质，和在最终复合材料中的形态来区分的。其中以细丝、薄片或颗粒状，具有较高的强度、模量、硬度和脆性，在复合材料承受外加载荷时是主要承载相，称为增强相或增强体。它们在复合材料中呈分散形式，被基体相隔离包围，因此也称为分散相；另一个组分是包围增强相并相对较软和韧的贯连材料，称为基体相。基体相也被称为连续相，具有支撑和保护增强相的作用，在复合材料承受外加载荷时，基体相主要以剪切变形的方式起向增强相分配和传递载荷的作用。

在复合材料中，增强相和基体相之间存在明显的结合面。位于增强相和基体相之间并使这两相彼此相连的化学成分和力学性质与相邻两相有明显区别、能够在相邻两相间起传递载荷作用的区域，称为复合材料的界面。通常复合材料中界面层的厚度在亚微米以下，但界面层的总面积在复合材料中相当可观，且复合材料的界面特征对复合材料的性能、破坏行为及应用效能有很大影响。

复合材料的性能取决于材料的种类、性能、含量和分布，包括增强体的性能和它们的表面物理、化学状态；基体的结构和性能；增强体的配置、分布和体积含量。另还取决于复合材料的制造工艺条件、复合方法、零件几何形状和使用环境条件。选择复合材料的组分、增强体分布和复合材料制造工艺，使其具有使用要求的过程，就是复合材料的设计。

2. 复合材料的分类

随着复合材料品种不断增加，人们为了更好地研究和使用复合材料，需要对复合材料进行分类。材料的分类方法有以下几种。

（1）按材料的化学性质分类，有金属材料、非金属材料之分。

（2）按材料的物理性质分类，有绝缘材料、磁性材料、远光材料、半导体材料和导电材料等。

（3）按材料的用途分类，有航空材料、电工材料、建筑材料和包装材料等。

（4）按材料的结构特点又分为以下几种。

①纤维复合材料。将各种纤维增强体置于基体材料内复合而成。如纤维增强塑料、纤维增强金属等。

②夹层复合材料。由性质不同的表面材料和芯材组合而成，通常面材强度高、薄；芯材质轻、强度低，但具有一定刚度和厚度。夹层复合材料分为实心夹层和蜂窝夹层

两种。

③细粒复合材料。将硬质细粒均匀分布于基体中，如弥散强化合金、金属陶瓷等。

④混杂复合材料。由两种或两种以上增强相材料混杂于一种基体相材料中构成。与普通单增强相复合材料比，其冲击强度、疲劳强度和断裂韧性显著提高，并具有特殊的热膨胀性能。混杂复合材料分为层内混杂、层间混杂、夹芯混杂、层内/层间混杂和超混杂复合材料。

（5）按材料的作用分类，有结构复合材料和功能复合材料。

①结构复合材料。结构复合材料主要用于制造受力构件。结构复合材料主要是作为承力结构使用的复合材料，基本上是由能承受载荷的增强体组元与能联接增强体成为整体承载，同时又起分配与传递载荷作用的基体组元构成。结构复合材料又可按基体材料类型和增强体材料类型来分类：

A. 按基体类型分类

聚合物基复合材料：金属基复合材料；陶瓷基复合材料；水泥基复合材料；碳基复合材料；热固性树脂基；热塑性树脂基；橡胶基。

陶瓷基复合材料：高温陶瓷基；玻璃基；玻璃陶瓷基。

金属基复合材料：轻金属基；高熔点金属基；金属间化合物基。

B. 按增强体类型分类

结构复合材料：叠层式复合材料；片材增强复合材料；颗粒增强复合材料；纤维增强复合材料。

片材增强复合材料：人工晶片；天然片状物。

颗粒增强复合材料：微米颗粒；纳米颗粒。

纤维增强复合材料：不连续纤维复合材料；连续纤维增强复合材料。

不连续纤维复合材料：晶须增强复合材料；短切纤维增强复合材料。

连续纤维增强复合材料：单向纤维增强复合材料；二维织物增强复合材料。

结构复合材料的特点是可根据材料在使用中受力的要求进行组元选材和增强体排布设计，从而充分发挥各组元的效能。

②功能复合材料。功能复合材料是指具备各种特殊物理与化学性能的材料。例如声、光、电、磁、热、耐腐蚀、零膨胀、阻尼、摩擦、屏蔽或换能等。

功能复合材料中的增强体又可称为功能体组元，分布于基体组元中。功能复合材料中的基体不仅起到构成整体的作用，还能够产生协同或加强功能的作用。除了上面的各种各样的复合材料以外，还有同质复合材料和异质复合材料。同质复合材料（增强材料和基体材料属于同种物质，如碳/碳复合材料）；异质复合材料（前面提及的复合材料多属此类）。

9.1.3 复合材料的性能特点

1. 优异的力学性能

对于航空应用的高端结构材料，轻质、高强是不断追求的目标，而碳纤维复合材料正是在这一点上体现出了独特的优势，具体表现在超高的比强度和比模量上。比强度和比模量是真实反映材料力学性能的两个参数，也是单位质量所能提供的强度的模量，显然比强度和比模量高的材料。相对予其他材料，磷纤维复合材料质量轻但承载能力高，这对减轻结构质量，发挥材料效率是非常有利的。

碳纤维复合材料的比强度可达钢的 14 倍，是铝的 10 倍，而比模量则超过钢和铝的 3 倍。碳纤维复合材料这一特性使得材料的利用效率大为提高，实践证明，用碳纤维复合材料代替铝制造飞机结构，减重效率可达 20％～40％。由此可以看出，复合材料在航空航天领域内的重要地位。不仅如此，其他如汽车、海运、交通、风电等与运行速度有关的部门都会因采用复合材料而大为受益，如图 9-3 所示。

图 9-3　各种轻量化设计

2. 各向异性和性能可设计性

目前用得最多的是层压复合材料，由单向预浸带逐层叠合并固化而成，宏观上表现出非均匀和各向异性。单向带沿纤维方向的性能与垂直纤维方向的性能差别很大，因此按不同的方向，铺设不同比例的单向带，可以设计出不同性能的层压板来满足不同的结构要求，这种性能可设计性也叫性能"剪裁"通过这种"剪裁可以使复合材料的效率充分发挥，真正做到"物尽其用"。例如在主承力方向，可以适当增加纤维含量比例而达到提高承载能力的效果，而不需要额外增加结构的重量。

层压复合材料各向异性的另一表现为层间性能低，在外力作用下，层与层的结合界面可能首先破坏；另外，层压复合材料对外来冲击敏感，冲击会引起局部分层，成为断裂源，因此在复合材料结构设计和使用中，分层和冲击损伤必须有所考虑。

3. 制造成型的多选择

一般复合材料厂家是将其材料成型和结构成型是同时完成的，这使得大型的和复杂的部件整体化成型成为可能。经过数千年的发展，到现在有数十种不同的成型工艺供选择，如热压罐、模压、纤维缠绕、树脂传递模塑（RTM）、拉挤、注射、喷塑，以及高度自动化的预浸带自动铺叠和纤维丝束的自动铺放等。实际应用时可根据构件的性能、材料的种类、产量的规模和成本的考虑等选择最适合的成型方案。

4. 良好的耐疲劳性能

层压的复合材料对疲劳裂纹扩张有"止扩"作用，这是因为当裂纹由表面向内层扩展时，到达某一纤维取向不同的层面时，会使得裂纹扩展的断裂能在该层面内发散。这种特性使得 FRP 的疲劳强度大为提高。研究表明，钢和铝的疲劳强度是静力强度的 50%，而复合材料可达 90%。

5. 良好的抗腐蚀性

由于复合材料的表面是一层高住能的环氧树脂或其他树脂塑料，所以具有良好的耐酸、耐碱及耐其他化学腐蚀性介质的性能。这种优点使复合材料在未来的电动汽车或其他有抗腐蚀要求的应用领域具有强大的竞争力。

6. 环境影响

除了极高的温度，一般不考虑湿热对金属强度的影响，但复合材料结构则必须考虑湿热环境的联合作用。这是因为复合材料的树脂基体是一种高分子材料，会吸进水分，高温可加速水分吸收，湿热的联合作用会降低其玻璃化转变温度，对结合界面形成影响，从而引起由基体控制的力学性能（如压缩、剪切等）的明显下降。

综上所述，优异的比强度和比刚度以及性能可设计性是复合材料两个最突出的优点，它们为复合材料的应用提供了极为产阔的空间，也使得各种新型材料，如结构—功能一体化、多功能化、高功能化、智能化材料的开发成为可能。

9.1.4　复合材料的不足

（1）增强体和基体可供选择的范围有限，其性能还不能完全满足复合材料设计的要求。

（2）制备复合材料的工艺较复杂，制造质量重复性尚不能完全保证，性能离散性大。

（3）组分材料，特别是增强体的价格偏高，制造工艺耗资较高，制造成本较高。

低成本、高性能、多功能配是未来复合材料的发展方向。其中，低成本制造技术是未来复合材料发展的重点。过去主要注重复合材料的性能，较少考虑成本，但是现在越来越多的研究重点放在了降低成本上。未来复合材料发展的核心是低成本原材料快速成型工艺技术、产品的大型化、整体化和集成化。因此必须在复合材料的关键技术上进行重点研制和创新，结合当前实际，通过引进高新技术，学习再创新，迈入复合材料强国。

9.2 新型材料

新型材料是高新技术的基础和先导，其本身也能形成很大的高新技术产业。当代高科技的竞争在很大程度上是新材料的发展和竞争，可以说任何高科技的进步都离不开新材料的发展和利用，谁掌握了关键新型材料的核心技术，谁就掌握了高新技术竞争的主动权。因而，材料科学已被公认为高科技产业的基石，并与信息技术、能源技术和生物技术一起列为 21 世纪最重要、最有发展潜力的领域。

新材料满足的条件三个条件：第一，新出现或正在发展中的具有传统材料所不具备的优异性能的材料；第二，高技术发展需要，具有特殊性能的材料；第三，由于采用新技术（工艺、装备），使材料性能比原有性能有明显提高，具有特殊性能的材料。

9.2.1 现代新型材料分类

同传统材料一样，新型材料也可以从结构组成、功能和应用领域等多种不同角度对其进行分类，不同的分类之间又相互交叉和嵌套。目前，一般按应用领域和当今的研究热点把新型材料分为以下的主要领域：纳米材料、新型功能材料（含高温超导材料、磁性材料、金刚石薄膜、功能高分子材料等）、形状记忆合金、非晶合金、电子信息材料、新能源材料、先进复合材料、先进陶瓷材料、生态环境材料、生物医用材料、高性能结构材料、智能材料、新型建筑和化工新材料等。

1. 纳米材料

纳米材料是指由纳米微粒（粒径为 1~100 nm）凝聚成的材料，或由纳米微粒与常规材料组成的复合材料。当微粒尺寸在 1~100 nm 范围内时，纳米效应（表面效应、小尺寸效应、量子尺寸效应）随之表现出来，各种纳米效应都可使纳米材料产生某一方面新的特性。

纳米材料应用越来越广，主要在机械工业、催化工业、能源工业、涂料工业、仪器仪表工业、航空航天工业、塑料工业、信息产业、高储存量器件、微型集成电路、废水治理、医学方面、细胞分离技术、纳米药物、隐身材料、化妆等方面。

（1）机械工业。日本东北大学用非晶晶化法制备出了在非晶基体上分布纳米粒子的 Al－Ce－过渡族金属合金复合材料，这类合金的强度达到 1 340～1 560 MPa。

采用纳米技术对机械关键零部件进行金属表面纳米涂层处理，可提机械设备的耐磨性、硬度和使用寿命。我国合肥工业大学研究纳米 TiN 改 TiC 基刀具材料，在金属陶基体中加入纳米 TiN、A1N 以细化晶粒，大幅提高刀具材料的强度、硬度和韧性，如图 9-4 所示。

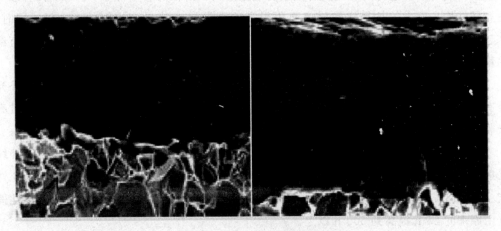

图 9-4　AlN 纳米耐磨涂层

纳米磁流体技术可以大幅度减少机械运行中的磨损，降低噪声，延长设备寿命。利用磁流体密封技术还可以加强构件之间的密封，实现无磨损动密封。利用纳米技术还可以制造微型机械例如，纳米齿轮、纳米轴承、纳米弹簧、纳米传感器、纳米喷嘴、微型泵、纳米发动机等。

（2）催化工业。纳米催化剂由于其高效的还原或氧化作用，在催化领域的应用非常广泛，与普通商用催化剂相比，表现出高活性和高选择性等优异的催化性能。在反应中，纳米催化剂的尺寸、形貌、表面性质等对其活性和选择性起到了关键的作用。纳米颗粒由于尺寸小，表面所占的体积分数大，表面的键态和电子态与颗粒内部不同，表面原子配位不全等，导致表面的活性位置增加，这就使纳米颗粒具备了作为催化剂的基本条件。随着粒径的减小，表面光滑程度变差，形成了凹凸不平的原了台阶，这就增加了化学反应的接触面。

（3）能源工业。燃油添加剂就是为了弥补燃油在某些性质上的缺陷，并赋予燃油一些新的优良特性，在燃油中要加入的功能性物质。其添加量以微量为特征，从百万分之几到百分之几。用了使添加剂效果进一步提升，通过纳米技术将其微量元素制成纳米单位的成分配制其中，以提升产品功效，称之为纳米燃油添加剂。纳米燃油添加剂含有特殊的纳米成分和有机化合物，首先对发动机起润滑作用，减少损伤。并能及时清理发动机中生成的积炭、胶质物及乳渣等，对发动机具有防腐、防锈工润滑、保洁等功能，长期使用最终能延长 5～10 年寿命。

纳米反射技术及纳米光电科技在照明行业的应用，突破了光源节能仅仅节约能源

20％的极限，将节能进一步提升至 60％以上，同时光源寿命提高达 30％以上，使照明节能取得了划时代的进步，上升到了一个崭新的境界。当今纳米反射技术在照明领域的应用也是目前世界上最为节能、最为高效、最为环保的技术。

碳纳米管具备一定的储氢能力并能快速地释放氢。自发现以来由于其独特的结构优良的性能对其所进行的研究具有重大的理论意义和潜在的应用价值。CNTs 具有准一维管状结构，巨大的长径比和比表面积很高的力学强度其强度为钢的 100 倍。同时，基于强 C－C 化合键的作用，CNTs 具有优良的导电性能，能够填充和吸附颗粒具有高的稳定性。

（4）涂料工业。纳米粒子的粒径远小于可见光的波长（400～760 nm），对紫外光具有很强的吸收和散射能力。某些粒径小于 100 nm 的纳米村料对 α 射线、γ 射线具有吸收和散射作用，可提高涂层防辐射的能力。

内外墙涂料中添加少量的纳米 SiO_2 后，纳米 SiO_2 具有极强的紫外吸收、红外线反射特性，对 400 nm 以内的紫外光的吸收率达到 70％以上。明显提高涂料的抗老化性能。纳米 TiO_2 有很强的散射和吸收紫外线的能力，用其改性后的涂料抗紫外老化性能可由原来的 25 h 提高到 600 h 以上。

纳米材料的表面催化特性赋予了纳米 SiO_2、TiO_2、ZnO 填究的涂料以消毒槽和自清洁作用，用涂料可其耐性和抗污染力。研究发现，纳米 ZnO 具有一般的 ZnO 元法比拟的新性能和新用途，能使涂层具有屏蔽紫外能、吸收红外以及杀菌防毒的作用。

（5）仪器仪表工业。传感器是现代器与自动化控制系统的信息采集技术。它的研究和开发对仪器仪表和自动化制系统的展具重要的意义。传感器是纳米材料最有前途的应用领域之一。纳米微粒（金属）是黑色，具有吸收红外线等特点；表面积巨大、表面活性高，对周围环境敏感（温、气氛、光、湿度等）很高。用作气体传感器的微粒粒怪越小，比表面积越大，表面与周围接触而发生相互作用越大，敏感度越高。

（6）航天航空工业。航空发动机叶片等构件表面作纳米材料涂层处理后大大提高其使用寿命。传统热处理工艺生产出的叶片的平均命约 4～8 年，用纳米表面覆层术处理的叶片的用命可达 20 年左右。纳米火箭和卫星如图 9-5 所示。

图 9-5　纳米火箭和卫星

要提高发动机的效率，需要提高燃气的温度，这要能承受超高温的材料。增韧陶瓷在 1 000 ℃的高温下也不变形，可在发动机中实现应用，发动机用增韧陶瓷后可在更高的温度下工作，彻底甩掉冷却系统，重量大大减轻。

目前我国已试制和生产出硅、钙、钾三大系列七大类多种抗菌剂，而且还为各种制剂选配了合适载体，较好地解决了部分抗菌纳米材料制品的生产工艺技术难题。如抗菌尼龙丝、聚乙烯板，药品包装材料食品包装膜、聚丙编织丝料、无纺布、ABS、PS、聚酯泡沫塑料、涂料、空气清新剂等多种抗菌制品，经过进一步严格筛试，均可应用于载人航天技术领域。

（7）塑料工业。纳米塑料是指基体为高分子聚合物，通过纳米粒子在塑料树脂中的充分分散，有效地提高了塑料的耐热、耐磨等性能。纳米塑料能使普通塑料具有像陶瓷材料一样的刚性和耐热性，同时又保留了塑料本身所具备的韧性、耐冲击性和易加工性。目前，能实行产业化的有通过纳米粒子改性的纳米聚乙烯、纳米 PET 聚酯等，都是利用纳米粒子，将银（Ag＋）设计到粒子表面的微孔中并稳定，就能制成纳米栽银抗菌材料，将这种材料加入到塑料中去就能使塑料具有抗菌防，自洁等优良性能，使其成为绿色环保产品。目前，已在 ABS、SPVC、HIPS、PP 塑料中得到应用。

（8）废水治理方面。污水中的重金属对人体的危害很大，重金属的流失也是资源的浪费。纳米粒能对水中的重金属离子通过光电子产生很强的还原能力。如纳米 TiO_2 能将高氧化态汞、银、铂等贵重金属离子吸附于表面，并将其还原为细小的金属晶体，既消除了废水的毒性，又回收了贵重金属。

（9）国防方面。纳米装甲采用纳米材料，对雷达波、红外线等具有良好的吸收能力，从而可以达到隐形的效果，并且纳米纤维具有非常好的纤维弹性，不拍弯曲、可挤压、可作成薄，轻的防弹装甲。纳米机器人（见图 9-6）运用了纳米微型摄像头、有效载荷、纳米尾巴等一些高科技产品，是现代战争中的杀手锏，是未来军事发展的方向。

图 9-6　纳米机器人

2. 形状记忆材料

形状记忆材料是一种特殊功能材料，这种集感知和驱动于一体的新型材料可以成为智能材料结构。1951 年美国 Read 等人在 Au－Cd 合金中首先发现形状记忆效应（shape memory effect，简称 SME）。1953 年在 In－T1 合金中也发现了同样的现象，但当时未能引起人们的注意。直到 1964 年布赫列等人发现 TiNi 合金具有优良的形状记忆性能（图 9-7），并研制成功实用的形状记忆合金，引起了人们的极大关注，世界各国科学工作者和工程技术人员进行了广泛的理论研究和应用开发。形状记忆合金已广泛用于人造卫星天线、机器人和自动控制系统、仪器仪表、医疗设备和能量转换材料。近年来，又在高分子聚合物、陶瓷材料、超导材料中发现形状记忆效应，而且在性能上各具特色，更加促进了形状记忆材料的发展相应用。

图 9-7　全程 Ti－Ni 记忆合金花

常见的形状记忆材料有形状记忆合金、形状记忆陶瓷和形状记忆聚合物。

（1）形状记忆合金。具有形状记忆效应的合金叫形状记忆合金。它是通过热弹性与马氏体相变及其逆相变而具有形状记忆效应的由两种以上金属元素所构成的材料。一般来说，给金属施加外力使它变形，之后取消外力或改变温度，金属通常不会恢复原形；而这种合金在外力作用下虽会产生变形，当把外力去掉，在定的温度条件下，能恢复原来的形状。由于它具有百万次以上的恢复功能，因此叫做记忆合金。人们发现的具有形状记忆效应的合金有 50 多种。

形状记忆合金主要应用于工业领域和医学领域。在工业领域中的应用如下。

①利用单程形状记忆效应的单向形状恢复。如管接头、天线、套环等。

②外因性双向记忆恢复。即利用单程形状记忆效应并借助外力随温度升降做反复动作，如热敏元件、机器人、接线柱等。

③内因性双向记忆恢复。即利用双程记忆效应随温度升降做反复动作，如热机、热敏元件等。但这类应用记忆衰减快、可靠性差，不常用。

④超弹性的应用。如弹簧、接线柱、眼镜架等。

（2）形状记忆陶瓷。氧化铝、氧化硅等陶瓷有很好的耐热性、耐腐蚀性、耐磨性和机械强度。但在室温或相近温度下没有塑性变形，不能进行象金属加工上用的塑性加工，因此必须进行切断，切削，研磨。这样在进行精加工、复杂形状的加工时，需要很多工序。陶瓷材料具有优良的物理性质，但不能在室温下进行塑性加工，性质硬脆，因而限制了它的许多应用。

（3）形状记忆聚合物。形状记忆聚合物是指具有初始形状的制品，在一定的条件下改变其初始形状并固定后，通过外界条件（如热、光、电、化学感应等）的刺激，又可恢复其初始形状的高分子材料。与形状记忆合金和陶瓷相比，形状记忆聚合物由于其刺激方式多样化、质轻价廉、更优异的弹性形变、力学性能可在较宽范围内调节、潜在的生物相容性及生物可降解性、柔初性好、变形温度范围可调整、原材料充足、易加工成型、耐腐蚀、电绝缘性和保温效果好等优势，成为被大力发展的一种新型形状记忆材料。1981 年，热致形状记忆聚合物交联聚乙烯的发现，使具有形状记忆功能的聚合物材料得到了很大程度的发展，并作为功能材料的一个重要分支倍受关注。

固态的形状记忆聚合物材料（如含氟塑料和聚氨酯）和高分了表胶是形状记忆聚合物的两大体系，都属于新型功能高分子材料的范时。在已发现的所有形状记忆聚合物中，根据形状恢复响应条件的不同，可将它们分为热致形状记忆聚合物、电致形状记忆聚合物、光致形状记忆聚合物、化学感应形状记忆合金。形状记忆聚合物具有质轻价廉、易于成型、形状恢复温度较容易调整且与体温相当的特点，其中一些聚合物生物相容性良好、可生物降解，因此在医疗器械、矫形固定、手术缝合、人工组织及器官和药物缓释体系等生物医学领域得到了广泛的应用。

3. 超导材料

超导材料是指具有在一定的低温条件下呈现出电阻等于零以及排斥磁力线的性质的材料。现已发现有 28 种元素和几千种合金和化合物可以成为超导体。超导材料的基本物理参量为临界温度（T_c），临界磁场（H_c）和临界电流（I_c）。业界通常以液氮温度为分界线，把超导材料分为低温和高温，高温超导材料在液氮温区下使用，低温超导材料在液氦温区下使用，而液氮成本是液氦的 1%，因此高温超导材料更具大规模应用价值。

低温超导材料具有低临界转变温度（$T_c < 30$ K），在液氦温度条件下工作的超导材料，分为金属、合金和化合物。具有实用价值的低温超导金属是铌，T_c 为 9.3 K 已制成薄膜材料用于弱电领域。合金系低温超导材料是以 Nb 为基的二元或三元合金组成的 β 相固溶体，T_c 在 9 K 以上。

低温超导材料已得到广泛应用。在强电磁场中，NbTi 超导材料用作高能物理的加速器、探测器、等离子体磁约束、超导储能、超导电机及医用磁共振人体成像仪等。

高温超导材料具有零电阻、完全抗磁性和超导隧道效应等优异的特性。高温超导材料的用途非常广阔，大致可分为三类：大电流应用、电子学应用和抗磁性应用。大电流应用即超导发电、输电和储能；电子学应用包括超导计算机、超导天线、超导器件等；抗磁性主要应用于磁悬浮列车和热核聚变反应堆等，如图 9-8 所示。

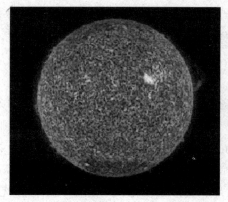

图 9-8　热核聚变

4. 储氢材料

为了开发新能源，人们利用太阳能、地热、风能及海水的温差等，试图将它们转化为二次能源。氢由于其优异的特性受到高度重视，首先氢由储量丰富的水做原料，资源不受限制；第二，氢燃烧的生成物是水，环境污染极少，不破坏自然循环；第三，氢由于很高的能量密度。此外氢可以储存输送，用途十分广泛。

储氢材料是在通常条件下能可逆地大量吸收和放出氢气的特种材料。常用储氢材料分为储氢合金和碳质储氢材料。

储氢合金主要有镁系、稀土系、钛系和锆系四类。储氢合金储氢方便、安全，储氢时间长，无损耗，无污染，制备技术和工艺成熟，可批量生产，成本低，是目前主要的储氢材料，应用较广。

碳质储氢材料主要有高比表面积活性碳、碳纳米管和石墨纳米纤维。经特殊加工后的高比表面积活性碳需在超低温（77K）下才能储存大量氢，因此应用受限；碳纳米管和石墨纳米纤维的储氢量大，但成本高，不能批量生产，应用不广。

5. 非晶合金

非晶合金是由超急冷凝固，合金凝固时原子来不及有序排列结晶，得到的固态合金是长程无序结构，没有晶态合金的晶粒、晶界存在。

通常金属材料在固态下都是晶体，但是在金属材料结晶过程中采用特殊方法可以打乱金属材料原子的规则排列，得到原子排列混乱的固态金属材料，称其为非晶金属材料。非晶合金是非晶金属材料里的一种。

（1）非晶合金的性能。

①力学性能。非晶合金具有很高的强度和硬度，能在常温下产生塑性形变。与结晶合金相比，非晶合金具有较高的拉伸强度和显微硬度，较低的杨氏模量。在杨氏模量相同的情况下，非晶合金的拉伸强度和显微硬度约为结晶合金的3倍。它的强度和硬度比现有的许多晶态金属能高达每平方毫米 4 000 牛顿，超过了超高硬度工具钢，同时还具有相对较高的韧性。非晶合金的拉伸塑性较低，在拉伸时小于1%，但在压缩、

弯曲时具有较好的塑性，压缩塑性可达 40%。非晶合金薄带弯达 180°也不断裂。

②物理性能。非晶合金具有良好的磁学性能。非晶合金因矫顽力小、导磁率高、铁损小，非常适用于制作变压器、电池开关、磁放大器等磁芯。非晶合金可屏蔽外来电磁场对高分辨率电子显微镜的干扰。利用其优异的磁性能制作各种磁记录头和磁光光盘等。非晶态材料电学性能方面展现出许多优于的晶态的特点。如非晶合金具有比晶态合金大 10 到 100 倍的高电阻率。部分非晶态合金还具有超导特性。

③化学性能。非晶态合金比相同成分的晶态合金有强得多的耐腐蚀性能，如 Fe43Cr16Co16C18B8 非晶合金的耐腐蚀性恪比不锈钢高 1 万多倍。由于非晶态材料的显微组织均匀不包含位错、晶界等缺陷使腐蚀液不能入侵。同时，非晶态合金自身的活性很高，能够在表面迅速的形成均匀的钝化膜，或一旦钝化膜局部破裂也能够及时修复。

（2）非晶合金的应用。非晶态材料有着其十分优越的价值，应用范围也十分广泛，可用于日常用品保护和装饰、功能材料的功能膜层、电子、电力、化工等领域，块状化的非晶合金在这些行业也显示出十分广阔的应用前景。

在电力领域，非晶得到大量应用。例如铁基非晶合金的最大应用是配电变压器铁芯。由于非晶合金的工频铁损仅为硅钢的 $1/5\sim1/3$，利用非晶合金取代硅钢可使配电变压器的空载损耗降低 $60\%\sim70\%$。因此，非晶配电变压器作为换代产品有很好的应用前景。

目前在逆变焊机电源中非晶合金已经获得广泛应用，在通讯、电动交通工具、电解电镀等领域的开关电源中的应用正在积极开发之中。非晶合金的性能指标与应用如表 9-1 所示。

表 9-1　非晶合金的性能指标与应用

性能指标	铁基非晶	铁镍基非晶	钴基非晶	铁基纳为晶
应用	配电变压器中频变压器功率因数校正器	梯屏蔽盗标签	磁放大器高频变压器扼流圈脉冲变压器饱和电抗器	磁放大器高频变压器扼流圈脉冲变压器饱和电抗器互感器
饱和磁感 8/T	1.56	0.77	0.6—0.8	1.25
矫顽力 8/A/m	<4	<2	<2	<2
最大磁导率	45×10^4	>200 000	>200 000	>200 000
磁致伸缩系数	27×10^{-6}	15×10^{-6}	$<1\times10^{-6}$	$<2\times10^{-6}$
居里温度/℃	415	360	>300	560
电阻率/（mW·cm）	130	130	130	80

本 章 小 结

新材料为人类的生活提供了最基本的服务，新材料在种类上的扩展和功能上的发掘，为工业经济的持续发展提供了必不可少的支持，从而极大地推动了人类社会的发展，而且随着新工艺与新技术的迅速发展，新材料产业对于现代生活的影响远越来越大。

思考与练习

1. 简述复合材料的定义、特点和分类。
2. 简述复合材料的应用。
3. 新型材料的定义、特点和分类。
4. 简述新型材料的应用。

第 10 章
机械零件材料选择与失效形式

本章导读

机械产品的性能和使用寿命取决于基础零件的综合性能，正确地选择机械零件材料和成型工艺方法，对于保证零件的使用性能要求，降低成本、提高生产率和经济效益，有着重要的意义。本章主要介绍机械零件的失效分析、选材的基本原则，根据机械零件的工作条件，选择合理的材料，并制定其热处理工艺等。

本章目标

- 掌握零件的用途、工作条件和力学性能等要求，能正确选用材料。
- 能根据材料的成分、组织、性能之间的关系，制定正确的热处理工艺。
- 熟悉零件失效的方式和原因。

10.1 机械零件的失效分析

10.1.1 零件失效类型

机械零件由于各种原因造成不能完成规定的功能称为机械零件失效，简称失效。为了使机械零件可靠工作，在设计机械零件时要进行失效分析，即在实际工作条件下，按照理论计算、实验和实际观察，充分预计机械零件可能的失效，并采取有效措施加以避免。失效分析是正确设计机械零件的基础，一个机械零件可以有几种失效形式，应全面考虑。机械零件的失效并不是单纯意味着破坏，可归纳为三种情况：完全不能工作；虽然能工作，但性能恶劣，超过规定指标；有严重损伤，失去安全工作能力。机械零件常见的失效形式有以下几种。

1. 断裂

机械产品的失效一股可分为非断裂失效与断裂失效两大类。非断裂失效一般指磨损失效、腐蚀失效、变形失效和功能退化失效等。断裂失效是机械产品最主要和最具危险性的失效，其分类比较复杂，一般有如下几种：①按断裂机理分为滑移分离、韧窝断裂、蠕变断裂、解理与准解理断裂、沿晶断裂和疲劳断裂；②按断裂路径分为穿晶、沿晶和混晶断裂；③按断裂性质分为韧性断裂、脆性断裂和疲劳断裂。

在失效分析实践中大都采用这种分类法。断裂失效分析是从分析断口的特征入手，确定断裂失效模式，分析研究断口形魏特征与材料组织和性能、零件的受力状态以及环境条件（如温度、介质等等之间的关系，揭示断裂失效机理、原因与规律，进而采取改进指施与预防对策。

按照断裂性质可以分为韧性断裂、脆性断裂和疲劳断裂。

（1）韧性断裂。韧性断裂又叫延性断裂和塑性断裂，即零件断裂之前，在断裂部位出现较为明显的塑性变形。在工程结构中，韧性断裂一般表现为过载断裂，即零件危险截面处所承受的实际应力超过了材料的屈服强度或强度极限而发生的断裂。

在正常情况下，机载零件的设计都将零件危险截面处的实际应力控制在材料的屈服强度以下，一般不会出现韧性断裂失效。由于机械产品在经历设计、用材、加工制造、装配直至使用维修的全过程中，存在着众多环节和各种复杂因素，因而机械零件的韧性断裂失效至今仍难完全避免。

（2）脆性断裂。工程构件在很少或不出现宏观塑性变形情况下发生的断裂称作脆性断裂，由于其断裂应力低于材料的屈服强度，所以又称作低应力断裂。由于脆性断裂大都没有事先预兆，具有突发性，对工程构件与设备以及人身安全常常造成极其严重的后果，所以脆性断裂是人们力图予以避免的一种断裂失效模式。

尽管各国工程界对脆性断裂的分析与预防研究极为重视，从工程构件的设计、用材、制造到使用维护的全过程中采取了种种措施，然而由于脆性断裂的复杂性，至今由脆性断裂失效导致的灾难性事故仍时有发生。

（3）疲劳断裂。在交变应力作用下，虽然零件所承受的应力低于材料的屈服点，但经过较长时间的工作而产生裂纹导致发生断裂，称金属的疲劳断裂。

多数工程构件承受的应力呈周期性变化称为循环交变应力。如活塞式发动机的曲轴、传动齿轮、涡轮发动机的主轴、涡轮盘与叶片、飞机螺旋桨以及各种轴承等。这些零件的失效，据统计 $60\%\sim80\%$ 是属于疲劳断裂失效。疲劳破坏表现为突然断裂，断裂前无明显变形。不用特殊探伤设备，无法检测损伤痕迹，除定期检查外，很难防范偶发性事故。造成疲劳破坏的循环交变应力一般低于材料的屈服极限，有的甚至低于弹性极限。零件的疲劳断裂失效与材料的性能、质量、零件的形状、尺寸、表面状态使用条件、外环境等众多因素有关。很大一部分工程构件承受弯曲或扭转载荷，其应力分布是表面最大，故表面状况对疲劳抗力有极大的影响。

2. 塑性变形

零件受载荷作用后发生弹性变形，过度的弹性变形会使零件的机械精度降低，造成较大的振动，引起零件的失效；当作用在零件上的应力超过了材料的屈服极限时，零件会产生塑性变形，甚至发生断裂。在高温、载荷的长期作用下，零件会发生变形，造成零件的变形失效。在设计机械零件时，一般不允许发生塑性变形。机械零件发生塑性变形后，其形状和尺寸产生永久的变化，破坏零件间的尺寸配合关系或啮合关系，产生振动、噪声承载能力下降，严重时机械零件甚至不能正常工作。例如，齿轮的轮齿发生塑性变形，不能满足正确啮合条件和定传动比传动，在运转时将产生剧烈的振动和噪声；弹簧发生塑性变形后，直接导致丧失其功能。

3. 表面损伤失效

零件在长期工作中，由于磨损、腐蚀、磨蚀、接触疲劳等原因，造成零件尺寸变化超过了允许值而失效，或者由于腐蚀、冲刷、气蚀等而使零件表面损伤失效。如齿轮表面由于接触疲劳产生麻点剥落而失效等。

（1）磨损失效。磨损是工程材料又一种普遍的失效形式。据资料介绍，70％的机器是由过量磨损而失效的。磨损不仅消耗材料，损坏机器，还耗费大量能源。

运动产生摩擦，因而带来磨损。只要材料与其环境存在相对运动，就会出现材料的磨损问题。工具钢需要耐磨性，这是因为工具在运动中完成任务；机器及仪器在运转时，转轴与轴承间有摩擦；碎石机在工作时，鄂板与岩石之间有摩擦；水管中的流水与管的内壁有摩擦；汽轮机的叶片受着蒸汽或燃气的冲击，都要产生磨损。磨损是从表面损坏材料，产生磨损的原因是力学的摩擦作用。

磨损是材料的表面薄层断开而脱离基体的过程，而摩擦是接触表面相互运动产生热量，从而使温度升高的过程。对于材料的耐磨性来说，可将"摩擦副"作为一个系统来考虑。耐磨性是这个系统的性能，也可将"摩擦副"的另一组元作为环境的一个因素来处理。因此，磨损时摩擦副的另一组元是一个重要因素。在工程材料中，磨损可区分为如下两方面：一是机器零件之间相互运动产生"摩擦副"的磨损；二是机件与环境之间产生的磨损。

磨损的基本类型主要有粘合磨损、磨粒磨损和表面疲劳磨损。

（2）腐蚀失效。材料受环境介质的化学或电化学作用引起的破坏或变质现象，称为材料的腐蚀。按腐蚀环境的不同，腐蚀分为大气腐蚀、海洋腐蚀、淡水腐蚀、土壤腐蚀、生物和微生物腐蚀、化工介质腐蚀等。

腐蚀失效给人类造成了严重的损失，因此在选材时必须考虑材料的耐蚀性。

4. 材质变化失效

冶金元素、化学作用、辐射效应、高温长时间作用等引起零件的材质变化，使材料性能降低而发生失效。

5. 破坏正常工作条件而引起的失效

有些零件只有在一定条件下才能正常工作，如带传动，只有当传递的有效圆周力小于临界摩擦力时，才能正常工作；液体摩擦的滑动轴承只有存在完整的润滑油膜时，才能正常工作。如果这些条件被破坏，将会发生失效。在使用中，一批零件一部分可能在短时间内就发生失效，而另一部分可能经过很长时间后才失效；特别是在超过使用寿命期后，失效将加速发生。

总之，机械零件虽然有很多种可能的失效形式，但最主要的原因是由于强度、刚度、耐磨性、温度对工作能力的影响或振动稳定性、可靠性等方面的问题造成的。

10.1.2　防止疲劳失效的措施

在实际的设计时，为提高零件和机器的使用寿命，除在选材时提高金属零件的疲劳抗力来防止零件发生疲劳断裂外，工程上常采用以下几种措施来提高零件抗疲劳抗力。

（1）降低作用于零件危险部位上的实际应力。当零件表面存在缺陷、表面粗糙和表面有应力集中时，都会加速裂纹的萌生。设计中应尽量避免应力集中。尤其是复杂的焊接结构，设计不当或焊接工艺不良都会引起较大的焊接残余应力，这往往是造成疲劳失效的重要原因。因此，在结构允许的情况下，焊后应进行去应力退火以消除残余应力。

（2）采用滚压或喷丸使表面强化。表面强化可以在零件表面产生很高的残余压应力，从而延缓或抑制疲劳裂纹在表面的萌生。喷丸强化工艺在渗碳淬火后的齿轮、钢板弹簧等零件中得到了广泛的应用。

（3）表面进行热处理。表面淬火和表面化学热处理既能获得表硬心韧的综合力学性能，又能在零件表层获得残余压应力，从而能有效地提高零件疲劳抗力。

（4）细化晶粒。细化晶粒对阻止疲劳裂纹的萌生和扩展都是有利的。

（5）其他因素。在设计方面应正确分析工作应力，合理选取安全系数；在制造方面应合理安排铸、锻焊、热处理、切削、抛光等工序，并保证质量要求。

10.1.3　零件失效分析的方法步骤

（1）现场调查研究。这是十分关键的一步。尽量仔细收集失效零件的残骸，并拍照记录实况，从而确定重点分析的对象，样品应取自失效的发源部位。

（2）详细记录并整理失效零件的有关资料，如设计图纸、加工方式和使用情况。

（3）对所选定的试样进行宏观和微观分析，确定失效的发源点和失效的方式。扫描电镜断口分析确定失效发源地和失效方式；金相分析，确定材料的内部质量。

（4）测定样品的有关数据：性能测试、组织分析、化学成份分析和无损探伤等。

（5）断裂力学分析。

（6）综合各方面分析资料作出判断，确定失效的具体原因，提出改进措施，写出分析报告。

10.2　机械零件选材的原则

机械零件所使用的材料是多种多样的，但是金属材料尤其是黑色金属材料应用得最多、最广。随着科学技术的发展和人类需求的日益增大，传统的材料已不能满足人类的需要，越来越多的新功能材料，如纳米材料等，在机械中的应用逐渐增多。在选择材料时，选材是否恰当，特别是一台机器中关键零件的选材是否恰当，将直接影响到产品的使用性能、使用寿命和制造成本。选材不当，严重的可能导致零件的完全失效。判断零件选材是否合理的基本标志是：能否满足必需的使用性能；是否具有良好的工艺性能；能否实现最低成本。选材的任务就是求得三者之间的统一。

10.2.1　使用性能原则

使用性能主要是指零件在使用状态下材料应该具有的机械性能、物理性能和化学性能。对大量机器零件和工程构件，主要考虑其机械性能。对一些特殊条件下工作的零件，则必须根据要求考虑到材料的物理、化学性能。材料的使用性能应满足使用要求。

1. 零件使用时的工作条件

（1）受力状况，主要是载荷的类型（例如动载、静载、循环载荷或单调载荷等）和大小；载荷的形式；载荷的特点等。

（2）环境状况，主要是温度特性、介质情况等。

（3）特殊要求，如对导电性、磁性、热膨胀、比重、外观等的要求。

2. 零件根据使用性能选材的步骤

（1）通过对零件工作条件和失效形式的全面分析，确定零件对使用性能的要求。

（2）利用使用性能与实验室性能的相应关系，将使用性能具体转化为实验室机械性能指标。

（3）根据零件的几何形状、尺寸及工作中所承受的载荷，计算出零件中的应力分布。

（4）由工作应力、使用寿命或安全性与实验室性能指标的关系，确定对实验室性能指标要求的具体数值；利用手册根据使用性能选材。

表 10-1 是几种常用零件的工作条件、失效形式和要求的主要力学性能。部分常用材料的力学性能见表 10-2，各种材料的力学性能在使用时可参考相关的性能手册。

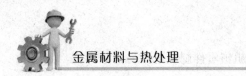

表 10-1　几种常用零件的工作条件、失效形式和要求的主要力学性能指标

| 零件 | 工作条件 | | | 常见失效形式 | 要求的主要力学性能 |
	应力种类	载荷性质	其他		
普通紧固螺栓	拉应力切应力	静		过量变形、断裂	屈服强度、抗剪强度
传动轴	弯应力扭应力	循环冲击	轴颈处摩擦，振动	疲劳破坏、过量变形、轴颈处磨损	综合力学性能
传动齿轮	压应力弯应力	循环冲击	强烈摩擦，振动	磨损、麻点剥落、齿折断	表面硬度及弯曲疲劳强度、接触疲劳抗力，心部屈服强度、韧性
弹簧	扭应力弯应力	循环冲击	振动	弹性丧失、疲劳断裂	弹性极限、屈服比、疲劳强度
油泵柱塞副	压应力	循环冲击	摩擦，油的腐蚀	磨损	硬度、抗压强度
冷作模具	复杂应力	循环冲击	强烈摩擦	磨损、脆断	硬度，足够的强度、韧性
压铸模	复杂应力	循环冲击	高温度、摩擦、金属液腐蚀	热疲劳、脆断、磨损	高温强度、热疲劳抗力、韧性与红硬性
滚动轴承	压应力	循环冲击	强烈摩擦	疲劳断裂、磨损、麻点剥落	接触疲劳抗立、硬度、耐磨性
曲轴	弯应力扭应力	循环冲击	轴颈摩擦	脆断、疲劳断裂、咬蚀、磨损	疲劳强度、硬度、冲击疲劳抗立、综合力学性能
连杆	拉应力压应力	循环冲击		脆断	抗压疲劳强度、冲击疲劳抗立

表 10-2　部分常用材料的主要力学性能

| 性能 | 金属 | | 塑料 | | 无机材料 | |
	钢铁	铝	聚丙烯	玻璃纤维增强尼纶－6	陶瓷	玻璃
密度（g/cm^{-3}）	7.8	2.7	0.9	1.4	4.0	2.6
拉伸强度/MPa	460	80～280	35	150	120	90
比拉伸强度	59	30～104	39	107	30	35
拉伸模量/GPa	210	70	1.3	10	390	70

（续表）

性能	金属		塑料		无机材料	
	钢铁	铝	聚丙烯	玻璃纤维 增强尼纶－6	陶瓷	玻璃
韧性	优	优	良	优	差	差

零件所要求的机械性能数据不能简单地同手册、书本中所给出的完全等同相待，还必须注意以下情况：材料的性能不单与化学成分有关；也与加工、处理后的状态有关。材料的性能与加工处理时试样的尺寸有关，必须考虑零件尺寸与手册中试样尺寸的差别，进行适当的修正。材料的化学成分、加工处理的工艺参数本身都有一定波动范围。

10.2.2　工艺性能原则

工艺性能原则是指所用的材料能否保证顺利地制成零件。工艺性能的好坏对零件加工的难易程度、生产率、生产成本等影响很大。材料的加工工艺性能主要有热处理工艺性、铸造工艺性、锻造工艺性、焊接工艺性、切削加工工艺性和装配工艺性等。其加工工艺性能的好坏直接影响到零件的质量、生产效率及成本。材料的工艺性能是选材的重要依据之一。

（1）铸造性能。凡相图上液－固相线间距越小、越接近共晶成分的合金均具有较好的铸造性能。因此铸铁、铸造铝合金、铸造铜合金的铸造性能优良；在应用最广泛的钢铁材料中，铸铁的铸造性能优于铸钢；在钢的范围，中、低碳钢的铸造性能又优于高碳钢，因此高碳钢较少用做铸件。

（2）压力加工性能。压力加工性能主要包括变形抗力，变形温度范围，产生缺陷的可能性，以及加热、冷却要求等。一般来说，铸铁不可压力加工，而钢可以压力加工，但工艺性能有较大差异。随着钢中碳及合金元素的含量增高，其压力加工性能变差；高碳钢或高碳高合金钢一般只进行热压力加工，且热加工性能也较差，如高铬钢、高速钢等。变形铝合金和大多数铜合金，像低碳钢一样具有较好的压力加工性能。

（3）焊接性能。钢铁材料的焊接性随其碳和合金元素含量的提高而变差，因此钢比铸铁易于焊接，且低碳钢焊接性能最好、中碳钢次之，高碳钢最差。铝合金、铜合金的焊接性能一般不好，应采用一些高级的焊接方法（如氩弧焊）或特殊措施进行焊接。

（4）机械加工性能。这主要指切削加工性和磨削加工性，其中切削加工性最重要。一般来说材料的硬度越高、加工硬化能力越强、切屑不易断排、刀具越易磨损，其切削加工性能就越差。在钢铁材料中，易切削钢、灰铸铁和硬度处于 $180\sim230$ HBS 范围的钢具有较好的切削加工性能；而奥氏体不锈钢、高碳高合金钢（高铬钢、高速钢、高锰耐磨钢）的切削加工性能较差。铝、镁合金及部分铜合金具有优良的切削加工性能。

（5）热处理工艺性能。热处理工艺性能主要指淬透性、变形开裂倾向及氧化、脱碳倾向等。钢和铝合金、钛合金都可以进行热处理强化。合金钢的热处理工艺性能优于碳钢。形状复杂或尺寸大、承载高的重要零部件要用合金钢制作。碳钢含碳量越高，其淬火变形和开裂倾向越大。选用渗碳钢时，要注意钢的过热敏感性；选调质钢时，要注意钢的高温回火脆性；选弹簧钢时，要注意钢的氧化、脱碳倾向。

总之，良好的加工工艺性可以大大减少加工过程的动力、材料消耗、缩短加工周期及降低废品率等。优良的加工工艺性能是降低产品成本的重要途径。除此之外，为了合理选用成形工艺，还必须对各类成形工艺的特点、适用范围以及成形工艺对材料性能的影响有比较清楚的了解。金属材料的各种毛坯成形工艺的特点见表10-3。

表 10-3　各种毛坯成形工艺的特点

	铸件	锻件	冲压件	焊接件	轧材
成形特点	液态下成形	固态塑性变形	固态塑性变形	结晶或固态下连接	固态塑性变形
对材料工艺性能的要求	流动性好，收缩率低	塑性好，变形抗力小	塑性好，变形抗力小	强度高，塑性好，液态下化学稳定性好	塑性好，变形抗力小
常用材料	钢铁材料，铜合金，铝合金	中碳钢，合金结构钢	低碳钢，有色金属薄板	低碳钢，低合金钢，不锈钢，铝合金	低、中碳钢，合金钢，铝合金，铜合金
金属组织特征	晶粒粗大，组织疏松	晶粒细小，致密，晶粒成方向性排列	沿拉伸方向形成新的流线组织	焊缝区为铸造组织，熔合区和过热区晶粒粗大	晶粒细小，致密，晶粒成方向性排列
力学性能	稍低于锻件	比相同成分的铸件好	变形部分的强度硬度高，结构钢度好	接头的力学性能达到或接近母材	比相同成分的铸件好
结构特点	形状不受限制，可生产结构相当复杂的零件	形状较简单	结构轻巧，形状可稍复杂	尺寸结构一般不受限制	形状简单，横向尺寸变化较少
材料利用率	高	低	较高	较高	较低
生产周期	长	自由锻短，模锻较长	长	较短	短
生产成本	较低	较高	批量越大，成本越低	较高	较低

（续表）

	铸件	锻件	冲压件	焊接件	轧材
主要适用范围	各种结构零件和机械零件	传动零件，工具，模具等各种零件	以薄板成形的各种零件	各种金属结构件，部分用于零件毛坯	结构上的毛坯料
应用举例	机架、床身、底座、工作台、导轨、变速箱、泵体、曲轴、轴承座等	机床主轴、传动轴、曲轴、连杆、螺栓、弹簧、冲模等	汽车车身、机表仪壳、电器的仪壳，水箱、油箱。	锅炉、压力容器、化工容器管道，厂房构架、桥梁、车身、船体等	光轴、丝杠、螺栓、螺母、销子等

10.2.3　经济性合理的选材原则

质优、价廉、寿命高，是保证产品具有竞争力的重要条件。在选择材料和制定相应的加工工艺时，应考虑选材的经济性原则。

所谓经济性选材原则，不是指选择价格最便宜的材料、或是生产成本最低的产品，而是指运用价值分析的方法，综合考虑材料对产品的功能与成本的影响，以达到最佳的技术经济效益。

（1）材料的价格。零件材料的价格无疑应该尽量低。材料的价格在产品的总成本中占有较大的比重，在许多工业部门中可占产品价格的 $30\%\sim70\%$，因此设计人员要十分关心材料的市场价格。

（2）零件的总成本。零件选用的材料必须保证其生产和使用的总成本最低。零件的总成本与其使用寿命、重量、加工费用、研究费用、维修费用和材料价格有关，

（3）国家的资源等因素。随着工业的发展，资源和能源的问题日渐突出，选用材料时必须对此有所考虑，特别是对于大批量生产的零件，所用材料应该来源丰富并顾及我国资源状况。选材的资源、能源和环保原则要求在材料的生产—使用—废弃的全过程中，对资源和能源的消耗尽可能少，对生态环境的影响尽可能小，且材料在废弃后可以再生利用或不造成环境恶化或可以降解。

10.3　常用零件的选材与工艺分析

金属材料、高分子材料、陶瓷材料和复合材料是目前的主要工程材料，它们各有自己的特性，各有其合适的用途。

高分子材料的强度、刚度（弹性模量）低，尺寸稳定性较差，易老化，因此在工

程上，目前还不能用来制造承受载荷较大的结构零件。在机械工程中，常制造轻载传动齿轮、轴承、紧固件及各种密封件等。

陶瓷材料在高温下几乎没有塑性，在外力作用下不产生塑性变形，易发生脆性断裂。因此，一般不能用来制造重要的受力零件。但其化学稳定性很好，具有高的硬度和红硬性，因此用于制造在高温下工件的零件、切削刀具和某些耐磨零件。其制造工艺较复杂、成本高，一般机械工程应用还不普遍。

复合材料综合了多种不同材料的优良性能，如强度、弹性模量高，抗疲劳、减磨、减振性能好，化学稳定性优异，是一种很有发展前途的工程材料。

在工程中，应用最多的是金属材料。金属材料具有强度高、韧性好、疲劳抗力高等优良性能，用来制造各种重要的机器零件和工程结构件。一个合格的零件不仅仅体现在有较高的加工质量，更要体现在合理的选材和合理的热加工工艺，以得到理想的晶相组织，达到工件的使用要求。

10.3.1　零件的选材步骤

在产品设计的过程中，选择合适的材料是非常关键的。一般零件的选材必要的步骤如下。

（1）分析零件的工作条件及失效形式，提出关键的性能要求。分析零件的工作条件是选材的前提，在机械产品设计的过程中要对核心和重要的工作部件的受力状况进行分析计算，通过计算得到工件在静态力下的值，进而核算出载荷作用的应力形式，通过对工件的分析并结合工程技术人员的经验判断或用先进的分析软件预估零件的失效形式，全方面地对工件进行校核，得到关键的性能参数要求，例如材料的硬度、抗拉强度、韧性等指标要求。选材是材料改进，即一个设备的关键部件经常更换。此时的选材步骤是对工件的失效形式进行分析，通过分析试图找出使工件失效的真正原因，通过分析失效的工件的形式、部位，其他配合件的工作状况、材质和技术性能指标等第一手资料，分析原因，提出材料的性能指标要求。

（2）确定零件应具有的主要性能指标：力学性能、化学性能和物理性能指标。在提出的性能指标后，要根据要求选择综合机械性能的材料。在这个阶段不是满足主要技术指标，而是全面地分析和计算工件的各项指标，在此基础之上提出材料技术性能参数的范围。

（3）初步选定材料牌号，并确定相应的热处理和其他强化方法。在技术指标确定的材料范围内，初步选择一种材料，并根据材料的材质按给定的性能指标，如强度、抗拉强度、硬度来制定工件的热处理方法和内部或表面的强化方法。

（4）加工性能审定。弄清楚材料的热加工性能（可锻性、铸造性能和可焊性）和冷加工性能，并确定相应工艺结构和零件外形。根据初选材料和已经拟定好的热加工工艺路线，制定工件的其他加工性能，如切削加工方法、锻造方法、铸造合金及铸造结构性分析等。

（5）经济合理性审定，包括材料费用、试验费用、加工费用和使用寿命。在确定了不同材料的加工方案后，对不同工艺路线的经济性进行审核，力求在满足条件的基础上，较为经济地得到符合要求的工件。

（6）通过比较，通盘考虑后，最后选定材料牌号。通过工艺性和经济性的分析后，确定理想的材料牌号。

下面就机械产品上常用的典型工件的选材进行概要的介绍，试图扩宽材料应用的知识和强化热加工的知识和理论。

10.3.2　典型零件的选材及应用实例

1. 轴杆类零件

轴杆零件的结构特点是其轴向尺寸远比径向尺寸大。这类零件包括各种传动轴、机床主轴、丝杠光杠曲轴、偏心轴、凸轮轴、连杆拔叉等。

（1）轴的工作条件。轴是机械工业中重要的基础零件之一。大多数轴都在常温大气中使用，其受力情况如下。

①传递扭矩，同时还承受一定的交变弯曲应力。

②轴颈承受较大的摩擦。

③大多承受一定的过载或冲击载荷。

（2）选材。作为重要的轴，几乎都选用金属材料。多数情况下，轴杆类零件是各种机械中重要的受力和传动零件，要求材料具有较高的强度、疲劳极限、塑性与韧性，即要求具有良好的综合力学性能。这类零件几乎都采用锻造成形方法，常用中碳钢和合金钢材料。中碳钢中 45 钢使用最多，合金钢中 40Cr、40CrNi、20CrMnTi、18Cr2Ni4W 等也常用。这些材料一般须经调质处理，以使零件具有较好的综合力学性能。

其制造工艺流程如下：棒料锻造→正火或退火→粗加工→调质处理→精加工。对于在高温或介质中使用的轴，可考虑使用具有相应耐热、耐磨、耐腐蚀的材料。

现以 C6132 车床主轴为例进行选材，其简图如图 10-1 所示。

该轴在工作时承受弯曲和扭转应力，但承受的应力和冲击力不大，运转较平稳，工作条件较好。锥孔和外圆锥面工作时与顶尖、卡盘有相对摩擦，花键部位与齿轮有相对滑动，因此这些部位要求有较高的硬度和耐磨性。该主轴在滚动轴承中运转，轴颈处硬度要求为 220～250 HBS。

根据以上分析，该主轴可选用 45 钢制造，热处理工艺为调质处理，硬度为 220～250 HBS；锥孔和外圆锥面局部淬火，硬度为 45～50 HRC；花键部位高频感应淬火，硬度为 48～53 HRC。其加工工艺路线如下：下料→锻造→正火→粗加工→调质→半精加工（花键除外）→精磨（外圆、外圆锥面、锥孔）→花键高频感应淬火、回火→铣花键→粗磨（外圆、外圆锥面、锥孔）→局部淬火、回火（锥孔、外圆锥面）。

在满足使用要求的前提下，某些具有异截面的轴，如凸轮轴曲轴等，也常采用

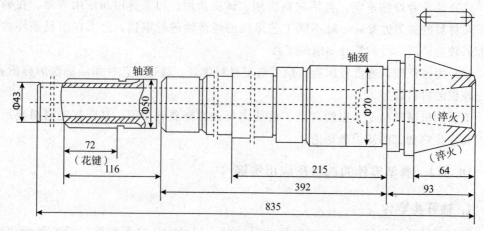

图 10-1　C6132 车床主轴简图

QT450－10、QT500－5、QT600－2 等球墨铸铁毛坯，以降低制造成本。与锻造成形的钢轴相比，球墨铸铁有良好的减振性、切削加工性及低的缺口敏感性。此外，它还有较高的力学性能，疲劳强度与中碳钢相近，耐磨性优于表面淬火钢，经过热处理后，还可使其强度硬度韧性有所提高。对于主要考虑刚度的轴以及主要承受静载荷的轴，采用铸造成形的球墨铸铁是安全可靠的。目前部分负载较重但冲击不大的锻造成形轴已被铸造成形轴所代替，既满足了使用性能的要求，又降低了零件的生产成本，取得了良好的经济效益。

2. 齿轮类零件

齿轮主要是用来传递扭矩，有时也用来换档或改变传动方向，有的齿轮仅起分度定位作用。齿轮的转速可以相差很大，齿轮的直径可以从几毫米到几米，工作环境也有很大的差别，因此齿轮的工作条件是复杂的。

大多数重要齿轮的受力共同特点是：由于传递扭矩，齿轮根部承受较大的交变弯曲应力；齿的表面承受较大的接触应力，在工作过程中相互滚动和滑动，表面受到强烈的摩擦和磨损；由于换档启动或啮合不良，轮齿会受到冲击。

作为齿轮的材料应具有以下主要性能：高的弯曲疲劳强度和高的接触疲劳强度；齿面有高的硬度和耐磨性；轮齿心部要有足够的强度和韧性。

对于传递功率大、接触应力大、运转速度高而又受较大冲击载荷的齿轮，通常选择低碳钢或低碳合金钢，如 20Cr、20CrMnTi 等制造，并经渗碳及渗碳后热处理，最终表面硬度要求为 56～62 HRC。这类齿轮一般有精密机床的主轴传动齿轮、走刀齿轮和变速箱的高速齿轮。其制造工艺流程如下：棒料镦粗→正火或退火→机械加工成形→渗碳或碳氮共渗→淬火加低温回火。

对于小功率齿轮，通常选择中碳钢，并经表面淬火和低温回火，最终表面硬度要求为 45～50 HRC 或 52～58 HRC。这类齿轮通常是机床的变速齿轮。其中硬度较低的，用于运转速度较低的齿轮；硬度较高的，用于运转速度较高的齿轮。

在一些受力不大或无润滑条件下工作的齿轮，可选用塑料（如尼龙、聚碳酸脂等）来制造。一些低应力、低冲击载荷条件下工作的齿轮，可用 HT250、HT300、HT350、QT600－3、QT700－2 等材料来制造。较为重要的齿轮一般都用合金钢制造。

具体选用哪种材料，应按照齿轮的工作条件而定。首先，要考虑所受载荷的性质和大小、传动速度、精度要求等；其次，也应考虑材料的成形及机加工工艺性、生产批量、结构尺寸、齿轮重量、原料供应的难易和经济效果等因素。此外，在选择齿轮材料时还应考虑以下三点。

（1）应根据齿轮的模数、断面尺寸、齿面和心部要求的硬度及强韧性，选择淬透性相适应的钢号。钢的淬透性低了，则齿轮的强度达不到要求；淬透性太高，会使淬火应力和变形增大，材料价格也较高。

（2）某些高速、重载的齿轮，为避免齿面咬合，配合的齿轮应选用不同材料制造。

（3）在齿轮副中，小齿轮的齿根较薄，而受载次数较多。因此，小齿轮的强度硬度应比大齿轮高，即材料较好，以利于两者磨损均匀，受损程度及使用寿命较为接近。

现以某载重汽车的变速齿轮进行选材，其简图如图 10-2 所示。该齿轮工作中承受重载和大的冲击力，要求齿面硬度和耐磨性高；为防止在冲击作用力下轮齿折断，要求齿的心部强度和韧性高。为满足上述性能要求，选用合金渗碳钢 20CrMnTi 钢，经渗碳、淬火和低温回火后使用。

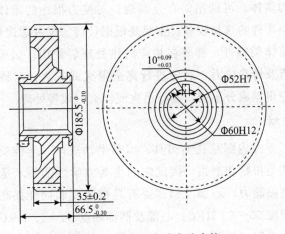

图 10-2　载重汽车的变速齿轮

该齿轮的加工工艺流程如下：下料→锻造→正火→粗、半精加工→渗碳→淬火和低温回火→喷丸→校正花键孔→精磨齿。

对开式传动齿轮，或低速、轻载、不受冲击或冲击较小的齿轮，宜选相对价廉的材料，如铸铁、碳钢等；对闭式传动齿轮，或中高速、中重载、承受一定甚至较大冲击的齿轮，宜选用相对较好的材料，如优质碳钢或合金钢、并须进行表面强化处理。在齿轮副选材时，为使两者寿命相近并防止咬合现象，大、小齿轮宜选不同的材料，且两者硬度要求也应有所差异，通常小齿轮应选相好的材料、硬度要求较高一些。

3. 水中使用的水泵叶轮和水泵轴的选材

由于海水对材料的腐蚀作用较大，在海水中使用的材料必须考虑材料的耐蚀性问题。在淡水中能够使用的 3Cr13 或 4Cr13 马氏体不锈钢，在海水中就不耐腐蚀。

水泵叶轮主要考虑材料的耐腐蚀性，可选用含钼奥氏体不锈钢，如 1Cr18Ni12Mo2Ti、0Cr17Ni12Mo2。对于泵轴，由于其的负荷较大，要求轴颈处有高的硬度和耐磨性，可选用奥氏体不锈钢，并在轴颈部位进行渗氮处理，提高其硬度和耐磨性，满足轴的性能要求，但工艺较复杂；选用沉淀硬化型不锈钢，强韧性好，硬度为 40HRC 左右，基本上可满足耐磨性的要求，同时在海水中使用也具有良好的耐蚀性，是比较理想的材料。

4. 体类零件

箱体是工程中重要的一类零件，如工程中所用的床头箱、变速箱、进给箱、溜板箱、内燃机的缸体等，都是箱体类零件。由于箱体类零件结构复杂，外形和内腔结构较多，难以采用别的成形方法，几乎采用铸造方法成形。所用的材料均为铸造材料。

对受力较大、要求高强度、受较大冲击的箱体，一般选用铸钢；对受力不大，或主要是承受静力，不受冲击的箱体可选用灰铸铁，如该零件在服役时与其它部件发生相对运动，其间有磨擦，磨损发生，可选用珠光体基体的灰铸铁；对受力不大、要求重量轻或导热性好的箱体，可选用铝合金制造；对受力很小的箱体，还可考虑选用工程塑料。总之箱体类零件的选材较多，主要是根据负荷情况考虑选材。

对于大多数大箱体类零件，都要在相应的热处理后使用。如选用铸钢材质，为了消除粗晶组织，偏析及铸造应力，对应进行完全退火或正火；对铸铁，一般要进行应力退火；对铝合金应根据成分不同，实行退火或淬火时效等处理。

5. 用丝锥的选材

手用丝锥是加工零件内螺纹孔的刃具。因是手动攻丝，丝锥受力较小，切削速度很低，主要失效形式是扭断和磨损。因此它的主要力学性能要求是齿刃部应有高的硬度与耐磨性增加抗磨损能力，心部及柄部要有足够强度和韧性提高抗扭断能力。其硬度要求是；齿刃部硬度 59~63 HRC；心部及柄部硬度 30~45 HRC。

根据上述分析，手用丝锥的含碳量应较高，以使其淬火后获得高硬度，并形成较多的碳化物以提高耐磨性。由于手用丝锥对热硬性、淬透性要求较低，受力较小，所以可选用含碳量为 1%~1.2% 的碳素钢。考虑到需要提高丝锥的韧性及减小淬火时开裂的倾向，应选硫、磷杂质很少的高级优质碳素工具钢，常用 T12A 钢。它除能满足上述要求外，其过热倾向也较 T8 小。

为了使丝锥齿刃部具有高的硬度，而心部有足够韧性，并使淬火变形尽可能减小，以及考虑到齿刃部很薄，故可采用等温淬火或分级淬火。

T12 钢的 M12 手用丝锥的加工工艺流程为：下料→球化退火→机械加工→淬火、

低温回火→柄部回火→防锈处理。

淬火冷却时，采用硝盐等温冷却。淬火后，丝锥表层组织为贝氏体＋马氏体＋渗碳体＋残余奥氏体，硬度大于 60 HRC，具有高的耐磨性；心部组织为托氏体＋贝氏体＋马氏体＋渗碳体＋残余奥氏体。硬度为 30～45 HRC，具有足够的韧性。丝锥等温淬火后变形量一般在允许范围以内。

采用碳素工具钢制造手用丝锥，原材料成本低，冷、热加工容易，并可节约较贵重的合金钢，因此使用广泛。目前，有的工厂为提高用丝锥寿命与抗扭断能力，采用 GCr9 钢来制造手用丝锥，也取得较好的经济效益。

本 章 小 结

本章阐述了零件失效的形式和防止失效的措施，着重论述了机械零件的选材原则、方法和步骤，对典型的零件的功能、分类、失效的形式和选材进行了说明。结合实例，分析给出零件的工作条件、失效形式、热加工要求，在分析的基础之上，提出了选材思路，并制定了零件的加工工艺流程。

思考与练习

1. 简述机械零件的失效形式。
2. 简述机械零件选材的原则。
3. 简述机械零件选材的步骤。
4. 齿轮常见的失效形式有哪些？
5. 轴常见的失效形式有哪些？
6. 试拟定汽车变速箱齿轮（高速、重载）的材料和热加工工艺路线。
7. 某设备上传动轴要求用 GCr15 制造，要求重要部分硬度为 50～58 HRC，其余部分硬度为 250～260 HB，请拟定热加工工艺略线，要求写出每个热加工的处理过程和目的。

参考文献

[1] 方勇．工程材料与金属热处理［M］．北京：机械工业出版社，2019.

[2] 崔振铎，刘华山．金属材料及热处理［M］．长沙：中南大学出版社，2019.

[3] 于相龙．属材料的高温氧化铁皮［M］．北京：科学出版社，2019.

[4] 王顺兴．机械工程材料［M］．北京：化学工业出版社，2019.

[5] 李蕾．金属材料与热加工基础［M］．北京：机械工业出版社，2018.

[6] 尹文艳．金属材料及热处理［M］．北京：冶金工业出版社，2018.

[7] 韩志勇．金属材料与热处理［M］．北京：中国劳动社会保障出版社，2018.

[8] 王学武．金属材料与热处理［M］．北京：机械工业出版社，2018.

[9] 吴广河，沈景祥，庄蕾．金属材料与热处理［M］．北京：北京理工大学出版社，2018.

[10] 李念奎．铝合金材料及其热处理技术［M］．北京：冶金工业出版社，2018.

[11] 崔忠圻．金属学与热处理原理［M］．哈尔滨：哈尔滨工业大学出版社，2018.